控制科学与工程|电子信息学科
研究生培养方案

中国自动化学会教育工作委员会 编著

清华大学出版社

北京

内 容 简 介

《自动化专业培养方案》《机器人工程专业培养方案》《控制科学与工程 | 电子信息学科研究生培养方案》三本书由中国自动化学会教育工作委员会集中全国自动化高校优势力量编撰，旨在为全国自动化方向高校本科生和研究生培养方案制定提供参考。本套书中的本科培养方案分为自动化和机器人工程两个专业。自动化专业按创新型、复合型、应用型三类高校分组，机器人工程专业按照创新型、应用型两类高校分组。研究生培养方案不区分高校类型，按学术型硕士、专业型硕士、学术型普博、本科直博、工程博士五类分组。本套书以培养方案模板、案例、大纲和调研报告结合的方式呈现给读者，以期提供一定的参考价值。

图书在版编目 (CIP) 数据

控制科学与工程 / 电子信息学科研究生培养方案 / 中国自动化学会教育工作委员会编著 . —北京：清华大学出版社，2024.5
ISBN 978-7-302-66277-8

Ⅰ . ①控… Ⅱ . ①中… Ⅲ . ①自动控制理论－研究生教育－培养模式－研究②电子信息－学科发展－研究生教育－培养模式－研究 Ⅳ . ① TP13 ② G203-12

中国国家版本馆 CIP 数据核字 (2024) 第 098078 号

责任编辑：赵 凯
封面设计：刘 键
版式设计：方加青
责任校对：韩天竹
责任印制：杨 艳

出版发行：清华大学出版社
　　　　网　　　址：https://www.tup.com.cn，https://www.wqxuetang.com
　　　　地　　　址：北京清华大学学研大厦 A 座　　　　邮　　编：100084
　　　　社 总 机：010-83470000　　　　　　　　　　邮　　购：010-62786544
　　　　投稿与读者服务：010-62776969，c-service@tup.tsinghua.edu.cn
　　　　质 量 反 馈：010-62772015，zhiliang@tup.tsinghua.edu.cn
印 装 者：三河市铭诚印务有限公司
经　　销：全国新华书店
开　　本：185mm×230mm　　印　　张：21.75　　字　　数：408 千字
版　　次：2024 年 6 月第 1 版　　印　　次：2024 年 6 月第 1 次印刷
印　　数：1 ～ 1500
定　　价：79.00 元

产品编号：106011-01

前　言

为规范国内高校自动化专业和学科人才培养，中国自动化学会教育工作委员会（下面简称"教工委"）集中优势力量，着力编制了全国高校自动化方向相关专业和学科培养方案，为国内高校自动化方向制定本科和研究生培养方案提供参考。

2020年1月，教工委启动了全国高校自动化方向培养方案编制工作，并明确了相关任务要求、工作目标、工作机制、工作方案、组织架构和实施计划。培养方案编制的工作任务：一是形成全国高校自动化方向本科和研究生培养方案标准化模板；二是培养方案构建涵盖985、211和一般高校，为不同层次高校的培养方案制定提供参考；三是培养方案编制既体现自动化方向的传统人才培养要求，又体现人工智能、大数据、机器人等方向的人才培养需求。

本科培养方案分为自动化和机器人工程两个专业。自动化专业按创新型、复合型、应用型三类高校分组，机器人工程专业按照创新型、应用型两类高校分组。研究生培养方案不区分高校类型，按学术型硕士、专业型硕士、学术型普博、本科直博、工程博士五类分组。本套书以培养方案模板、案例、大纲和调研报告结合的方式呈现给读者，期望能给相关高校提供一定的参考。

为了完成培养方案编制工作，教工委组织成立了指导委员会、总体组和专业组，专业组又分为本科生专业组和研究生专业组。指导委员会负责培养方案编制工作的决策和审议工作；总体组负责本方案实施过程中各项工作的组织和协调；专业组负责建设编写小组，制定小组工作方案，对全国高校自动化方向培养方案开展调查研究，提供培养方案模板以及核心课程内容简介等。

本科和研究生各成立四个专业组，共八个专业小组。每个专业组由教工委委员或教工委推荐的高校自动化专业负责人负责组建，并牵头整理相应的培养方案模板。每个专业组按照总体组的整体时间规划，在项目建设的不同阶段，向指导委员会和总体组汇报建设方案、建设成效。

期间，教工委多次邀请了自动化领域专家对培养方案进行审议，充分听取了专家意见和建议，然后根据专家意见和建议进行了多次修改，最终将呈现给读者《自动化专业培养方案》、《机器人工程专业培养方案》和《控制科学与工程 | 电子信息学科研究生培养方案》三本书。

应当指出的是，这毕竟是教工委第一次较大范围地组织编制全国高校自动化方向培养方案指导用书，不免存在问题，欢迎广大读者批评指正。

这套书的编辑出版得到了全国自动化相关高校的大力支持，由教工委主任委员张涛牵头，副主任委员魏海坤、张爱民组织编写，参加编写的包括于乃功、王小旭、朱文兴、刘娣、李世华、杨旗、佃松宜、张军国、张蕾、陈峰、罗家祥、金晶、周波、郑恩让、侯迪波、黄云志、黄海燕、潘松峰、戴波等专家学者（以姓氏笔画为序），都付出了大量的精力和辛勤劳动。在此，谨向他们表示最衷心的感谢！

中国自动化学会教育工作委员会

2024 年 5 月

目　录

上　篇　控制科学与工程 | 电子信息学科硕士研究生培养方案

第一部分　控制科学与工程硕士研究生

下　篇　控制科学与工程｜电子信息学科博士研究生培养方案

第三部分　控制科学与工程博士研究生（普博）

第四部分　控制科学与工程博士研究生（直博）

第五部分　工程博士

上　篇

控制科学与工程 | 电子信息学科硕士研究生培养方案

第一部分
控制科学与工程硕士研究生

第1章

控制科学与工程硕士研究生培养方案模板

学科名称：控制科学与工程

学科代码：0811

1.1 培养目标及基本要求

本学科培养德、智、体、美、劳全面发展，具有正确的世界观、人生观和价值观，具有爱国主义的民族精神和改革创新的时代精神，具备控制科学与工程领域中坚实的基础理论及系统的专门知识，具有严谨思维、创新素质和实践能力，能够适应我国经济建设和社会发展需要的高水平人才。具体要求如下：

（1）品德素质：具有爱国主义的民族精神和改革创新的时代精神，掌握辩证唯物主义和历史唯物主义的基本原理，掌握中国特色社会主义理论体系，树立科学的世界观与方法论。遵守社会公德和伦理道德，具备良好的敬业精神和科学道德。品行优良、身心健康。服从国家需要，积极为祖国的社会主义建设服务。

（2）学术素养：应具有从事本学科工作的才智、涵养和创新精神。掌握本学科坚实宽广的基础理论和系统深入的专业知识。熟悉所从事研究的最新科技发展动态。至少熟练掌握一门外语，能熟练阅读和翻译专业文献，能用外语进行交流和撰写科技论文。

（3）基本能力：本学科硕士研究生应具有通过各种方式和渠道，有效地获取研究所需知识、研究方法的能力；应具有评价和利用已有研究成果解决实际问题的能力，掌握必要的实验技能，具有独立开展科学研究、技术开发的能力；具有实事求是、科学严谨的工作作风及协作、奉献、勇于创新的精神，在实际工作中勇于承担责任，勇于解决科学技术难题。

（4）有创新精神、创造能力和创业素质，在科学研究或专门技术上能做出创造性的成果。

1.2 学科概况及培养方向

控制科学与工程以控制论、系统论、信息论为基础，以工程系统为主要对象，以数理方法和信息技术为主要工具，研究各种控制策略及控制系统的理论、方法和技术，是研究动态系统的行为、受控后的系统状态以及达到预期动静态性能的一门综合性学科，研究内容涵盖基础理论、工程设计和系统实现，是机械、电力、电子、化工、冶金、航空、航天、船舶等工程领域实现自动化不可缺少的理论基础和技术手段，在工业、农业、国防、交通、科技、教育、社会经济乃至生命系统等领域有着广泛应用。

控制科学与工程学科的培养方向包括：控制理论与控制工程、检测技术与自动化装置、系统工程、模式识别与智能系统、导航、制导控制与动力学及智能感知与自主控制、机器人与无人机系统、认知与生物信息学、仿真科学与工程等学位授予单位按照经济社会发展需求自主设置的新兴、交叉培养方向。

本学科主要培养方向及研究内容：

1. 控制理论与控制工程

复杂系统的建模、控制、优化、决策与仿真；鲁棒控制与自适应控制；非线性系统分析与控制；工程系统的综合控制与优化；运动控制系统分析与设计；先进控制理论与方法；生物医学信息处理；无人系统自主控制。

2. 检测技术与自动化装置

先进传感与检测技术；电、液、气传动与控制；新型执行机构与自动化装置；智能仪表及控制器；测控系统集成与网络化；测控系统故障诊断与容错技术；医学信号检测与智能医疗仪器。

3. 系统工程

非线性系统建模、人工神经网络和复杂系统自组织理论方法的研究和应用；智能技术和集成技术的研究与应用；电子商务系统研究、开发与应用；企业管理信息系统与决策支持系统的研究与开发；宏观社会经济系统综合发展和区域开发规划等。

4. 模式识别与智能系统

智能控制与智能系统；计算智能与优化决策；模式识别与机器学习；图像理解与计算机视觉；多智能体协同控制；指挥控制与决策系统；无人系统智能控制；复杂系统分布式仿真。

5. 导航、制导控制与动力学

惯性定位定向导航；组合导航与智能导航；惯性器件及系统测试；仿生导航；地球物

理场辅助导航；飞行器制导、控制与仿真；新型惯性器件；多源导航信息共享与控制。

1.3　学制及学习年限

全日制硕士研究生的基本学习年限为 2 ～ 3 年，最长学习年限不超过 5 年。

1.4　培养模式

本学科硕士研究生的培养主要采取课程学习、科研训练、学术交流相结合的方式。硕士研究生培养实行导师负责制，也可实行以导师为主的指导小组负责制。导师根据培养方案的要求和因材施教的原则，对每个硕士研究生制订培养计划。导师要全面关心硕士研究生的成长，以立德树人为根本任务，注重硕士研究生学风和学术道德教育。培养过程中课程学习和科学研究并重，导师负责制订和调整硕士研究生培养计划、组织开题、指导科学研究和学位论文等。在硕士研究生培养过程中，既充分发挥导师的指导作用，又特别注重硕士研究生自主学习、独立工作和创新能力的培养。

1.5　课程设置及学分要求

1. 课程设置

本专业课程设置分为公共学位课、公共选修课、学科基础课、专业学位课和专业选修课；专业选修课根据学位授予单位主要培养方向或本领域学术前沿设置。

关于控制科学与工程学术型硕士研究生课程，详见表 1.5.1。

表 1.5.1　控制科学与工程学术型硕士研究生课程设置及必修环节

课程类别	课程名称	学　分	学　时	课程性质	备　注
公共学位课	第一外国语 / 英语 First Foreign Language/English	2	32 ～ 40	必修	
	新时代中国特色社会主义理论与实践研究 Theory and Practice of Socialism with Chinese Characteristics for New Era	2	36	必修	
	科学素养与学术规范 Scientific Literacy and Academic Norms	1	16 ～ 20	必修	

续表

课程类别	课程名称	学分	学时	课程性质	备注
公共选修课	自然辩证法概论 Dialectics of Nature	1	18	选修	选课总学分须满足学分要求
	马克思主义与社会科学方法论 Marxism and Social Science Methodology	1	16～20	选修	
	科学研究方法与论文写作 Scientific Methodology and Paper Writing	1	16～20	选修	
	学术交流英语 English for Academic Exchange	2	32～40	选修	
学科基础课	线性系统理论 Linear System Theory	2	32～40	必修	选课总学分须满足学分要求
	最优化理论与方法 Optimization Theory and Method	2	32～40	必修	
	数理统计 Mathematical Statistics	2	32～40	选修	
	矩阵分析 Matrix Analysis	2	32～40	选修	
	泛函分析 Functional Analysis	2	32～40	选修	
	数值分析 Numerical Analysis	2	32～40	选修	
	随机过程 Stochastic Process	2	32～40	选修	
	算法设计与分析 Algorithms Design and Analysis	2	32～40	选修	
	学术前沿技术 Academic Frontier Technology	2	32～40	选修	
	智能控制理论与应用 Intelligent Control Theory and Application	2	32～40	选修	
专业学位课	非线性控制 Non-linear Control	2	32～40	必修	控制理论与控制工程方向
	鲁棒控制 Robust Control	2	32～40	必修	
	现代检测技术与参数估计 Modern Detection Technology and Parameter Estimation	2	32～40	必修	检测技术与自动化装置方向

续表

课程类别	课程名称	学分	学时	课程性质	备注
专业学位课	系统建模与信号处理 System Modeling and Signal Processing	2	32～40	必修	检测技术与自动化装置方向
	系统工程原理与应用 Principles and Applications of System Engineering	2	32～40	必修	系统工程方向
	系统优化与调度 System Optimization and Scheduling	2	32～40	必修	
	模式识别与智能系统 Pattern Recognition and Intelligent System	2	32～40	必修	模式识别与智能系统方向
	神经网络设计 Neural Network Design	2	32～40	必修	
	导航与制导 Navigation and Guidance	2	32～40	必修	导航、制导控制与动力学方向
	现代飞行控制系统 Modern Flight Control System	2	32～40	必修	
专业选修课	系统辨识与参数估计 System Identification and Parameter Estimation	2	32～40	选修	控制理论与控制工程方向 选课须满足学分要求
	自适应与学习控制 Adaptive Control and Learning Control	2	32～40	选修	
	稳定性理论及其应用 Stability Theory and Applications	2	32～40	选修	
	控制系统的参数化设计 Parametric Design of Control System	2	32～40	选修	
	控制系统仿真 Control System Simulation	2	32～40	选修	
	伺服与驱动控制 Servo and Drive Control	2	32～40	选修	
	机器人动力学与控制 Robot Dynamics and Control	2	32～40	选修	
	电力电子与电力传动控制 Power Electronics and Power Drive Control	2	32～40	选修	
	现代运动控制系统 Modern Motion Control System	2	32～40	选修	

课 程 类 别	课 程 名 称	学　分	学　　时	课程性质	备　　注
专业 选修课	工业过程监测理论及应用 Industrial Process Monitoring Theory and Applications	2	32～40	选修	控制理论与控制工程方向 选课须满足学分要求
	数字控制系统分析与设计 Computer Control Technology	2	32～40	选修	检测技术与自动化装置方向 选课须满足学分要求
	系统辨识与参数估计 System Identification and Parameter Estimation	2	32～40	选修	
	传感器网络信息处理技术 Sensor Network Information Processing	2	32～40	选修	
	嵌入式控制系统设计 Embedded control system design	2	32～40	选修	
	故障诊断与容错技术 Fault Diagnosis and Fault Tolerance Technology	2	32～40	选修	
	图像测量技术 Image Measuring Technology	2	32～40	选修	
	数字信号分析与处理 Digital Signal Analysis and Processing	2	32～40	选修	
	复杂网络导论 Introduction to Complex Networks	2	32～40	选修	
	多智能体协同与控制 Multi-agent Collaboration and Control	2	32～40	选修	系统工程方向 选课须满足学分要求
	博弈论 Game Theory	2	32～40	选修	
	复杂采样控制系统分析与设计 Analysis and Design of Complex Sampling Control System	2	32～40	选修	
	知识图谱 Knowledge Graph	2	32～40	选修	
	数据分析与数据挖掘 Data Analysis and Data Mining	2	32～40	选修	
	人工智能 Artificial Intelligence	2	32～40	选修	模式识别与智能系统方向 选课须满足学分要求

续表

课程类别	课程名称	学 分	学 时	课程性质	备 注
专业选修课	模式分类及机器学习 Pattern Classification and Machine Learning	2	32～40	选修	模式识别与智能系统方向 选课须满足学分要求
	强化学习与智能控制 Reinforcement Learning and Intelligent Control	2	32～40	选修	
	自然语言处理与应用 Natural Language Processing and Applications	2	32～40	选修	
	机器视觉识别与检测技术 Machine Vision Recognition and Detection Technology	2	32～40	选修	
	故障诊断与容错技术 Fault Diagnosis and Fault Tolerance Technology	2	32～40	选修	
	惯性器件与导航系统 Inertial Device and Navigation System	2	32～40	选修	导航、制导控制与动力学方向 选课须满足学分要求
	卫星导航定位与地理信息系统 Satellite Navigation and Geographic Information System	2	32～40	选修	
	现代数字信号处理 Modern Digital Signal Processing	2	32～40	选修	
	多源信息融合理论与应用 Multi-source Information Fusion Theory and Applications	2	32～40	选修	
	飞行仿真技术 Flight Simulation Technology	2	32～40	选修	
	水下导航技术 Underwater Navigation Technology	2	32～40	选修	
	模式分类及机器学习 Pattern Classification and Machine Learning	2	32～40	选修	
	图像处理与目标跟踪 Image Processing and Target Tracking	2	32～40	选修	
必修环节	详见 1.6 节				选课须满足学分要求
补修课	跨学科（专业）学习的硕士研究生，须补修所攻读学科（专业）2 门本科主干课程；以同等学力学习的硕士研究生，须补修所攻读学科（专业）3 门本科主干课程。 补修课程建议：自动控制原理、微机原理与应用、电气传动控制系统、数字信号处理等				

注：

（1）必修课原则上安排在第一学期，选修课安排在第二学期；

（2）补修课程只记成绩，不计学分，但应列入个人培养计划。

2. 学分要求

硕士研究生课程学习实行学分制，课程学习原则上不超过 1 年。学分要求一般为 30 学分左右：课程总学分一般不低于 25 学分，其中必修课最低要求为 16 学分左右，必修环节 4 学分。课程学时和学分的对应关系为 16 ～ 20 学时计为 1 学分。

1.6　必修实践环节

1. 学术活动与学术报告（1 学分）

硕士研究生在校期间应参加包括学术会议、专题学术报告等内容的学术活动。

2. 社会实践（1 学分）

硕士研究生在校学习期间，除完成本学科规定的业务实践外，应主动接触社会、了解社会、服务社会。可以通过组织和参与社会调查、支教、扶贫及其他志愿者服务等方式进行，提倡以小组或团队形式开展活动。

3. 文献阅读与综述报告（1 学分）

硕士研究生在导师指导下根据选定的研究方向，同时结合学位论文任务，阅读一定数量的国内外文献，学习本领域的新技术、新工艺、新方法、新材料的研究进展。文献综述报告应包括研究背景及意义、国内外研究现状与发展趋势、结论、参考文献等内容。

4. 教学实践（1 学分）

主要是面向本科生的教学辅导工作，在导师或任课教师指导下讲授部分习题课、辅导答疑、批改作业、指导毕业设计等。

5. 创新创业（1 学分）

硕士研究生创业创新环节主要包含参加学科竞赛和申请知识产权两大类。

参加学科竞赛是指硕士研究生参加由政府行政主管部门、专业学术团体、专业教学指导委员会组织主办的国际、国家级学术科技类、创业创新类等相关学科竞赛。

申请知识产权是指硕士研究生申请发明专利、实用新型专利、外观设计专利、计算机软件著作权、集成电路布局专有权等知识产权。

6. 学术交流与学术研讨（1 学分）

鼓励学生积极参与各类学科领域的全国或国际学术会议，并在学术会议上积极争取机会宣读自己撰写的论文，或以张贴海报形式展示自己撰写的论文。在参加学术会议时，硕士研究生应虚心学习国内外研究前沿的最新动态，善于归纳总结与论文研究工作相关的研究进展，积极与其他参会人员进行学术交流，锻炼与他人进行学术交流的能力。学术论文由会议出版物刊出。

硕士研究生在参加学术交流的过程中应遵守国家及所在单位关于保密管理的相关规定，对涉密项目及其研究成果在未解密或公开前不得泄露涉密内容。

1.7　培养环节及学位论文相关工作

1. 开题报告

硕士研究生在充分阅读相关专业文献，构筑出论文工作框架并在进行可行性研究的基础上，确定选题范围及工作计划，在导师的指导下撰写开题报告。开题报告内容一般包括课题来源、主要参考文献、课题的国内外研究概况及发展趋势、课题研究的目的和意义、课题的技术路线和实施方案、论文工作计划安排、预期成果等。

开题报告评审由授予单位、学位点负责组织完成。根据开题报告的书面质量、报告质量和回答问题情况提出具体意见，通过后方能继续进行课题研究。选题应该来源于社会的真实或重大需求，必须有明确的专业背景和应用价值。

硕士研究生学位论文开题报告在第 2～3 学期完成。

开题报告的评价结果包括："通过"、"通过，但需修改"和"不通过"三类，并设定一定比例的不通过率。其中，开题报告评价为"通过"，硕士研究生需根据评议所提出的要求和建议，对开题报告作进一步修改和完善后，正式提交开题报告，并开展后续课题研究工作；评价为"通过，但需修改"，硕士研究生需根据评议所提出的要求和建议，对开题报告作进一步修改和完善，并由指导教师或指导团队负责导师确认并同意修改内容后，正式提交开题报告，并开展后续课题研究工作；评价为"不通过"，硕士研究生需根据评议所提出的要求和建议，开展进一步的前期论证和研究工作，待下次开题报告会（本学科硕士研究生开题报告根据需要，每学期组织两次）重新开题；二次开题报告不通过的硕士研究生，必须延长相应的课题研究工作时间、延期毕业；如三次开题报告不通过的硕士研究生，应中止硕士研究生学习，按照学校相关规定申请肄业或结业，就业及相关事宜按学校有关规定办理。

2. 中期检查

硕士研究生在撰写论文工作期间必须进行一次中期检查。由授予单位、学位点负责组织完成，全面考核硕士研究生思想政治素质，课程学习、文献综述、开题报告及学术研究成果。考核通过者，进入下一阶段学习；不通过者，可以申请再次考核；再次考核不通过者，予以分流处理。

中期检查内容一般包括课程学习的完成情况及学术研究成果、学位论文研究进展等情况。由授予单位、学位点或各导师负责组织完成。

2.5 年学制硕士研究生的中期检查应在第 4 学期结束之前完成，3 年学制硕士研究生的中期检查应在第 5 学期结束之前完成。

中期考核的评判结果包括："通过"和"不通过"两种，并设定一定比例的不通过率。其中，评判为"通过"，硕士研究生需根据指导教师或指导团队所提出的要求和建议，对研究工作进行必要的修正和完善，并开展后续研究工作；评判为"不通过"，硕士研究生需根据指导教师或指导团队所提出的要求和建议，继续补充和完善课题研究工作，并重新提交中期考核报告。二次中期考核不通过的硕士研究生，应中止进入硕士学位论文阶段，按照学校相关规定申请肄业或结业，就业及相关事宜按学校有关规定办理。

3. 论文撰写

硕士研究生在学期间要把主要精力用于学术研究和硕士学位论文的撰写，直接用于学位论文的时间一般不得少于一年。

硕士学位论文是硕士研究生科学研究工作的全面总结，是描述其研究成果、反映其研究水平的重要学术文献资料，是申请和授予硕士学位的基本依据。学位论文应在导师的指导下由硕士研究生独立完成，要体现硕士研究生综合运用科学理论、方法和技术解决实际问题的能力。内容要求概念清楚、立论准确、分析严谨、计算正确、数据可靠、文句简练、图表清晰、层次分明、重点突出、说明透彻、推理严谨，应具有创新性和先进性，能体现硕士研究生具有宽广的理论基础、较强的独立工作能力和优良的学风。

硕士研究生学位论文按顺序应包括：中文封面、英文封面、关于学位论文使用授权的声明、中文摘要、英文摘要、目录、主要符号对照表、引言、研究内容和结果、结论、参考文献、致谢、声明、必要的附录、个人科研工作经历、在学期间发表的学术论文和研究成果等。

硕士学位论文原则上要求用中文撰写。但在如下三种情况，硕士学位论文可以用英文撰写：

（1）硕士学位论文指导教师是境外兼职导师；

（2）硕士研究生参加国际联合培养项目；

（3）硕士研究生参加国际合作项目。

硕士学位论文用英文撰写时，必须有不少于 3000 字的详细中文摘要。详细中文摘要的内容与学位论文的英文摘要可以不完全对应。

4. 预答辩、论文评审与答辩

本学科硕士研究生在学位论文完成后、正式答辩前，论文由导师和指导小组进行质量把关。各研究方向根据开题报告、中期考核及培养过程监控的结果，须对可能会出现质量问题的学位论文，组织预答辩工作，如预答辩未通过，则推迟论文送审及答辩时间（一般不少于 3 个月），再次申请答辩时，需重新进行预答辩。

导师和指导小组审核通过及预答辩通过的学位论文均采用教育部学位中心的学位论文评审平台，进行"双盲审制"，论文评审的结果及处理方式依据各学位授予单位相关文件要求执行。

硕士研究生的学位论文答辩应按照各学位授予单位论文答辩程序及工作细则执行。

第2章
控制科学与工程硕士研究生培养方案案例

2.1 案例一

学科名称：控制科学与工程

学科代码：0811

2.1.1 学科简介与研究方向

"控制科学与工程"以运动体、工业装备及人机物融合系统等为研究对象，以增强人类认识世界和改造世界的能力为目的，综合运用信息技术、计算机技术、检测技术、人工智能以及研究对象的领域知识，研究具有系统建模、动态特性分析、预测、控制和决策等功能于一体的系统设计方法和实现技术的学科。本学科注重理论研究与工程实践结合、多学科交叉和军民融合，具有鲜明的特色与优势，对我国国民经济发展和国家安全具有重要作用。

"控制科学与工程"一级学科具有博士学位授予权并设博士后科研流动站。"控制科学与工程"一级学科下设"检测技术与自动化装置""模式识别与智能系统""导航、制导与控制""控制理论与控制工程""智能信息处理与控制""电气工程与控制"六个学科方向。

本学科主要研究方向及研究内容：

1. 检测技术与自动化装置

先进传感与检测技术；电、液、气传动与控制；新型执行机构与自动化装置；智能仪表及控制器；测控系统集成与网络化；测控系统故障诊断与容错技术；医学信号检测与智能医疗仪器。

2. 模式识别与智能系统

智能控制与智能系统；计算智能与优化决策；模式识别与机器学习；图像理解与计算

机视觉；多智能体协同控制；指挥控制与决策系统；无人系统智能控制；复杂系统分布式仿真。

3. 导航、制导与控制

惯性定位定向导航；组合导航与智能导航；惯性器件及系统测试；仿生导航；地球物理场信息匹配辅助导航；飞行器制导、控制与仿真；新型惯性器件；多源导航信息共享与控制。

4. 控制理论与控制工程

复杂系统的建模、控制、优化、决策与仿真；鲁棒控制与自适应控制；非线性系统分析与控制；工程系统的综合控制与优化；运动控制系统分析与设计；先进控制理论与方法；生物医学信息处理；无人系统自主控制。

5. 智能信息处理与控制

系统工程理论及应用；系统建模、优化与集成；复杂系统分析与控制；云控制与决策；智能信息分析与处理；大数据管理与分析；天地一体化系统协同控制。

6. 电气工程与控制

电力电子变换与控制；电机控制与新型电机设计；高精度伺服控制；可再生能源技术及其应用；新能源电力系统与控制；智能电网控制与管理；电工理论新技术。

2.1.2　培养目标

培养坚持习近平新时代中国特色社会主义思想，坚持党的基本路线，具有国家使命感和社会责任心，遵纪守法，品行端正，诚实守信，身心健康，富有科学精神和国际视野的高素质、高水平的德智体美全面发展的创新人才。

硕士研究生应掌握本学科坚实的基础理论和系统的专门知识，具有从事科学研究工作或独立担负专门技术工作的能力。

博士研究生应掌握本学科坚实宽广的基础理论和系统深入的专门知识，具有独立从事科学研究工作的能力，在科学或专门技术上做出创造性的成果。[1]

2.1.3　学制

关于控制科学与工程研究生学制要求，见表 2.1.1。

---

[1]　本章涉及的博士研究生的相关内容（包括表），仅供参考。

表 2.1.1　控制科学与工程研究生学制

学 科 门 类	学术型硕士研究生	学术型博士研究生	
		硕 士 起 点	本科起点（含硕士）
工学 [08]	3 年	4 年	6 年

注：1. 学术型硕士最长修业年限在基本学制基础上增加 0.5 年；
2. 学术型博士最长修业年限在基本学制基础上增加 2 年；
3. 特别优秀并提前完成学位论文的博士最多可提前 1 年毕业

2.1.4　课程设置与学分要求

关于控制科学与工程研究生的课程设置与学分要求，详见表 2.1.2。

表 2.1.2　控制科学与工程研究生的课程设置与学分要求

类别	课程代码	课程名称	学时	学分	学期	是否必修	课程层次	学分要求
公共课	2700001	中国特色社会主义理论与实践研究	36	2	1	必修	硕士	硕士 3 博士≥2
	2700002	自然辩证法概论	18	1	1	必修	硕士	
	2700003	中国马克思主义与当代	36	2	2	必修	博士	
	2700004	马克思主义经典著作选读	18	1	2	选修	博士	
	240003*	硕士公共英语中级	32	2	1/2	分级选一	硕士	硕士≥2 博士≥2
	240004*	硕士公共英语高级	32	2	1/2		硕士	
	240005*	博士公共英语中级	32	2	1/2	分级选一	博士	
	240006*	博士公共英语高级	32	2	1/2		博士	
	2200002	学术道德与科研诚信	8	0.5	1/2	必修	硕士博士	硕士 2 博士 2
	0300201	信息检索与科技写作	16	1	1/2	必修	硕士博士	
	2200003	心理健康	8	0.5	1/2	必修	硕士博士	
基础课	0600003	自动控制中的线性代数	48	3	1	必选	硕士	硕士≥2 博士≥2
	1700003	科学与工程计算	32	2	1	选修	博士	
	1700004	近代数学基础	32	2	1	选修	博士	
前沿交叉课	1800201	量子科学	8	0.5	1	选修	博士	博士 1
	1600201	生命科学	8	0.5	1	选修	博士	
	0700201	人工智能与大数据	8	0.5	1	选修	博士	
	0300203	机器人与智能制造	8	0.5	1	选修	博士	
	0900201	材料科学	8	0.5	1	选修	博士	
	2100301	管理经济	8	0.5	1	选修	博士	
学科核心课	0600009	现代检测与测量技术	32	2	2	选修	硕士	硕士≥4

续表

类别		课程代码	课程名称	学时	学分	学期	是否必修	课程层次	学分要求
学科核心课		0600010	系统工程原理与应用	32	2	1	选修	硕士	硕士≥4
		0600011	模式识别	32	2	2	选修		
		0600015	现代电力电子学	32	2	1	选修		
		0600048	最优化理论与方法	32	2	2	选修		
		0600059	最优与鲁棒控制	32	2	2	选修		
		0600050	惯性器件与导航系统	32	2	2	选修		
选修课	专业课	0600045	线性系统理论	48	3	1	必修	硕士	硕士≥10 博士≥2
		1700001	数值分析	32	2	1	必修		
		0600008	非线性控制系统	32	2	2	选修		
		0600016	现代电力系统分析	32	2	1	选修		
		0600018	自适应控制	32	2	2	选修		
		0600019	多源信息滤波与融合	32	2	2	选修		
		0600020	伺服驱动与控制	32	2	2	选修		
		0600021	故障诊断与容错技术	32	2	2	选修		
		0600022	现代电子技术	32	2	1	选修		
		0600023	智能计算与信息处理	32	2	2	选修		
		0600024	卫星导航定位与地理信息系统	32	2	2	选修		
		0600025	多智能体协同与控制	32	2	2	选修		
		0600026	图像采集与处理	32	2	1	选修		
		0600028	电力系统优化运行及控制	32	2	2	选修		
		0600029	电能质量控制技术	32	2	2	选修		
		0600046	深度学习	32	2	2	选修		
		0600047	现代能量转换与运动控制系统	32	2	1	选修		
		0600051	随机过程理论及应用	32	2	1	选修		
		0600052	智能控制	32	2	1	选修		
		0600053	复杂采样控制系统分析与设计	32	2	1	选修		
		0600054	复杂网络导论	32	2	2	选修		
		0600055	控制科学与工程专题	32	2	1	选修		
		0600056	飞行器制导与控制	32	2	2	选修		
		0600002	控制科学进展	48	3	1	必修	博士	
		0600057	自动控制中的泛函分析	32	2	1	选修		
	全英文		从留学生培养方案中选修				选修	硕士	硕士≥2
合计		硕士≥25，博士≥11							

说明：

（1）外语课。

外语为英语的学术型研究生，根据入学考试或英语水平考试成绩进行划分，以确定所修课程内容，达到免修条件者可申请免修研究生公共英语。英语免修条件按照研究生院每年发布的有关文件执行。

（2）综合素质类课程。

研究生如在硕士阶段已修过"学术道德与科研诚信"、"信息检索与科技写作"和"心理健康"课程，并且成绩合格，在博士阶段可申请免修该类课程。

（3）前沿交叉课。

前沿交叉课主要指反映学科前沿研究方向、多学科交叉融合的专业课程。博士研究生可任选除本学科课程以外的 2 门课程。

（4）学科核心课。

研究生必选本专业方向学科核心课。

（5）选修课。

全校专业课程库中选修。

学术型硕士研究生至少应选修 1 门全英文课程，可从留学研究生培养方案或全校专业课程库中选修全英文课。选择全英文课的线性系统理论（编号：0601002）、自动控制中的线性代数（编号：0601001），若替代相应的中文必选课（编号：0600045，0600003），则需另选一门英文课。

（6）本硕博课程贯通。

在导师指导下，硕士研究生根据需要可选修本科生核心课程，课程如实记录成绩档案，但不计入硕士培养计划要求学分，也可选修博士生课程，学分按照博士课程学分计算；硕士起点博士根据需要可选修硕士研究生课程，学分按照硕士课程学分记入成绩档案，但不计入博士培养计划要求学分。本科生可选修研究生课程，学分按照实际学分计算。

（7）硕博连读生在硕士阶段按照硕士研究生课程学分要求执行，进入博士阶段按照博士研究生课程学分要求执行。本科直博生原则上应先修完硕士阶段的课程，再修博士阶段的课程。

2.1.5　实践环节

1. 学术活动（1学分）

学术活动包括参加国际国内学术会议、学术论坛、学术报告，以及在国际学术会议上做口头报告等。

2. 实践活动（1 学分）

实践活动包括科技实践、社会实践以及研究生思想政治教育工作等。

具体要求见《学术型研究生实践、培养环节实施细则》。

2.1.6　培养环节及学位论文相关工作

培养环节如下：

（1）博士资格考核；（2）文献综述与开题报告；（3）中期检查；（4）博士论文预答辩；（5）论文答辩；（6）学位申请。

本学科对符合要求的硕士学位申请人或博士学位申请人分别授予工学硕士或工学博士学位。

具体要求见《学术型研究生实践、培养环节实施细则》《博士学位论文预答辩细则》《学位授予工作细则》。

2.1.7　课程教学大纲

课程教学大纲内容包括课程编码、课程名称、学时、学分、教学目标、教学方式、考核方式、适用学科专业、先修课程、主要教学内容和学时分配及参考文献等。

2.2 案例二

学科名称：控制科学与工程

学科代码：0811

关于硕士研究生电气自动化与信息工程学院控制科学与工程专业培养方案，详见表 2.2.1。

表 2.2.1 硕士研究生电气自动化与信息工程学院控制科学与工程专业培养方案

学科代码：	081100	校内编码：	2023481
一级学科：		培养单位：	电气自动化与信息工程学院
学生类别：	硕士研究生	学制学年：	2.5 年

2.2.1 学科专业介绍

"控制科学与工程"学科以探索国际科技发展前沿问题、解决国家经济建设和社会发展关键问题，培养"高素质、创新型卓越人才"为目标；以石油化工、航空航天、资源环境、先进能源、先进制造、生物医药等领域为背景；开展信息获取、过程建模、系统优化、控制策略和装备自动化等基础理论、方法与技术研究；满足人类知识的进步、科学技术的创新和国家经济建设的需要。其中，在科学研究方面，本学科以实际需求为背景，重点在能源工业流体过程信息获取、制造工业新型装备控制、新兴领域智能信息处理应用等方向，通过承担国家、国防、省部及企事业合作科研课题，开展控制科学基础理论、方法和工程实践所需关键技术的研究，为科学技术发展和国家经济建设服务，有较强的基础研究能力和很强的实际问题解决能力，具有明显的研究特色；在人才培养方面，本学科采用理论学习与研究实践相结合的培养方式，强调知识和能力的培养，特别注重科学研究、技术开发和工程实践能力的训练，同时注重因材施教。

本学科现有 5 个研究与培养方向：（1）智能检测与过程分析；（2）信息处理与智能系统；（3）运动体感知与协同控制；（4）装备自动化与控制系统；（5）复杂系统理论与应用。

2.2.2 培养目标

本学科培养面向国际学术发展和国家经济建设，具有先进思想、严谨思维、创新素质和实践能力，德智体美全面发展，能从事控制科学、信息科学和自动化工程与技术相关领域科学研究和技术开发的高级专业技术与管理人才。本学科的硕士学位获得者，应具有良好的道德品质、遵纪守法、团结协作、学风严谨、有较强的事业心和敬业精神；掌握坚实的控制科学和自动化技术理论基础、系统的专门知识和相应的专业技能；了解本学科领域国内外学术研究及科技发展动态；具有开展科学研究、工程建设和技术开发工作的能力，并能取得创新性成果；能够独立地从事科学研究和技术开发工作，适应社会进步和职业发展的需求。

2.2.3　培养方式及学习年限

培养方式：本学科硕士研究生的培养主要采取课程学习、科研训练、学术交流相结合的方式，实行指导教师与团队指导相结合的方式，根据每位研究生的基础、特点和职业发展制定个性化的培养方案，为其毕业后的发展奠定良好的基础。

学习年限：基本学习年限为 2.5 年。

2.2.4　必修环节要求

1. 文献阅读

本学科硕士研究生在学期间，每学期应至少阅读 10 篇本学科经典专著、论文及研究报告等文献，并完成文献阅读报告或综述，为科研工作奠定基础。

本环节的考核：硕士研究生在每学期末，完成本学期相关"文献阅读报告或综述"的撰写，并通过研究生培养系统网络提交，由指导教师或指导团队负责人给出是否通过的成绩结果，"文献阅读报告或综述"的纸质文档由学院备案。

2. 开题报告

本学科硕士研究生入学后的第二个学期末或第三学期初进行开题报告。开题报告由各研究方向统一组织，采用开题报告会形式，硕士研究生就拟选课题进行说明报告。由研究方向的硕士研究生导师、并可邀请部分校外导师对拟选课题国内外研究现状、主要问题；课题研究意义、目的；课题研究工作内容、拟解决的主要问题；课题研究工作所采取的研究方法与技术路线；研究工作已有基础；拟取得的研究成果和研究工作计划安排等方面进行评判。

开题报告的评价结果包括："通过"、"通过，但需改进、完善""不通过"三类。其中，开题报告评价为"通过"，硕士研究生需根据评议所提出的要求和建议，对开题报告作进一步修改和完善后，正式提交开题报告，并开展后续课题研究工作；评价为"通过，但需改进、完善"，硕士研究生需根据评议所提出的要求和建议，对开题报告作进一步修改和完善，并由指导教师或指导团队负责导师确认并同意修改内容后，正式提交开题报告，并开展后续课题研究工作；评价为"不通过"，硕士研究生需根据评议所提出的要求和建议，开展进一步的前期论证和研究工作，待下次开题报告会（本学科硕士研究生开题报告根据需要，每学期组织两次）重新开题；二次开题报告不通过的硕士研究生，必须延长相应的课题研究工作时间、延期毕业；三次开题报告不通过的硕士研究生，应中止硕士课题研究工作，按照学校相关规定申请肄业或结业。

开题报告的提交：硕士研究生的开题报告在开题报告会后，通过硕士研究生培养系统网络提交，由指导教师或指导团队负责人给出是否通过的结果，由研究方向负责人根据开题报告会论证、评判结果确定是否通过。开题报告纸质文档经硕士研究生本人、指导教师或指导团队负责人、研究方向负责人签字、确认后，交由学院备案。

3. 研究进展报告

本学科硕士研究生在学期间，每学期应至少在研究团队或课题组内的组会上完成 2 次研究进展报告，汇报研究进展或交流文献阅读综述。

本环节的考核：硕士研究生在每次参加组会前，应完成相关研究进展或文献综述的 PPT 文档；并在组会后，通过硕士研究生培养系统网络提交，由指导教师或指导团队负责人给出是否通过的成绩结果。

4. 中期考核

本学科硕士研究生入学后的第四个学期进行中期考核。中期考核由各研究方向统一组织，由硕士研究生就学位课题的研究工作进展进行总结，并撰写中期考核报告。由硕士研究生指导教师或指导团队负责人根据研究工作的规划目标及研究工作的进展情况进行评判。

中期考核的评判结果包括："通过"和"不通过"两种。其中，评判为"通过"，硕士研究生需根据指导教师或指导团队所提出的要求和建议，对研究工作进行必要的修正和完善，并开展后续研究工作；评判为"不通过"，硕士研究生需根据指导教师或指导团队所提出的要求和建议，继续补充和完善课题研究工作，并重新提交中期考核报告。二次中期考核不通过的硕士研究生，应中止硕士课题研究工作，按照学校相关规定申请肄业或结业。

中期考核报告的提交：硕士研究生的中期考核报告，通过硕士研究生培养系统网络提交，由指导教师或指导团队负责人给出是否通过的结果，由研究方向负责人根据开题报告会论证、评判结果确定是否通过。中期考核报告纸质文档经硕士研究生本人、指导教师或指导团队负责人、研究方向负责人签字、确认后，由学院备案。

5. 学科前沿讲座

本学科硕士研究生在学期间，每学期至少参加 1 次本学科或相关学科的前沿学术讲座、报告或学术会议，了解相关研究前沿进展，拓宽学术视野。

本环节的考核：硕士研究生在每学期末，完成本学期"学术前沿进展报告"的撰写，并通过研究生培养系统网络提交，由指导教师或指导团队负责人给出是否通过的成绩结果，"学术前沿进展报告"的纸质文档由学院备案。

2.2.5　学位论文要求

1. 论文选题要求

本学科的硕士研究生学位论文的选题，论文所研究的题目应涉及本学科的前沿和热点，应具有较高的理论意义或一定的实际应用价值。

2. 形式规范要求

本学科的硕士研究生学位论文的研究内容及过程应当严格遵守学术规范。学位论文的撰写内容、格式等应符合教育部学位中心颁发的控制科学与工程学科硕士学位论文规范要求和学校制定的硕士学位论文的规范要求。

3. 研究内容要求

本学科硕士研究生学位论文应当表明作者具有从事科学研究工作的能力，并在科学或专门技术上做出具有创新性的成果。论文所研究的题目应涉及本学科的前沿和热点，应具有较高的理论意义或一定的实际应用价值。论文应提出新见解或使用创新性的方法对所选课题进行研究，并得出科学的实验数据和合理的分析结论。论文研究成果的学术价值应得到本学科同行专家的认可。

4. 研究成果要求

本学科硕士研究生申请学位前，在学期间应在公开刊物发表与课题研究工作相关的学术论文或取得发明专利授权等，具体的成果要求应满足学校颁布的成果要求。

5. 预答辩、评审与答辩要求

本学科硕士研究生在学位论文完成后、正式答辩前，论文由指导教师和指导团队进行质量把关。各研究方向根据开题报告、中期考核及培养过程监控的结果，须对可能会出现质量问题的学位论文，组织预答辩工作，如预答辩未通过，则推迟论文送审及答辩时间（一般不少于 3 个月），再次申请答辩时，需重新进行预答辩。

指导教师和指导团队审核通过及预答辩通过的学位论文均采用教育部学位中心的学位

论文评审平台，进行"双盲审制"，论文评审的结果及处理方式，依据学校相关文件要求执行。

满足学校相关文件要求，可以组织答辩的学位论文，由各研究方向统一组织答辩。

2.2.6　课程设置与学分要求

总学分不少于 28 学分，其中：课程学习 23 学分，必修培养环节 5 学分，详见表 2.2.2。

表 2.2.2　课程设置与学分要求

分类	课程代码	课 程 名 称	学分	总课时	开 课 院 系	备　　注
必修课	S1318009	1 学术道德规范	1	16	研究生院	
	S131G002	2 中国特色社会主义理论与实践研究	2	36	马克思主义学院	
	S2110004	3 英文科技论文写作 I	1	20	外国语言与文学学院	
	S131GA01	4 应用泛函分析	2	40	数学学院	选 4 学分
	S131GA02	5 矩阵论	2	32	数学学院	
	S131GA03	6 工程与科学计算	2	32	数学学院	
	S131GA04	7 随机过程基础	2	32	数学学院	
	S131GA05	8 数理方程	2	32	数学学院	
	S131GA06	9 应用统计学	2	32	数学学院	
	S131GA07	10 最优化方法	2	32	数学学院	
	S2338001	11 应用数学基础	4	80	数学学院	
	S2110001	12 学术交流英语	2	40	外国语言与文学学院	选 2 学分
	S2110002	13 英语翻译	2	40	外国语言与文学学院	
	S2110003	14 高级听说	2	40	外国语言与文学学院	
	S2030001	15 专业学术研究方法论（控制学科）	1	16	电气自动化与信息工程学院	选 4 学分
	S2030003	16 自动化系统设计综合实验	1	16	电气自动化与信息工程学院	
	S2035006	17 现代检测技术与参数估计	2	32	电气自动化与信息工程学院	
	S203G012	18 线性控制系统	2	32	电气自动化与信息工程学院	
	S203G013	19 非线性控制系统（全英文）	2	32	电气自动化与信息工程学院	
	S203G017	20 模式识别	2	32	电气自动化与信息工程学院	
		学分小计	14			
选修课	S131G003	21 自然辩证法概论	1	18	马克思主义学院	二选一
	S2213002	22 马克思主义与社会科学方法论	1	18	马克思主义学院	

续表

分类	课程代码	课程名称	学分	总课时	开课院系	备注
选修课	S2213002	23 国际学术交流方法与技巧（双语）	1	16	电气自动化与信息工程学院	
	S2035001	24 多相流传感技术与流体流动	2	32	电气自动化与信息工程学院	
	S2035002	25 过程层析成像原理、技术与应用	2	32	电气自动化与信息工程学院	
	S2035003	26 复杂网络理论及其应用（全英文）	2	32	电气自动化与信息工程学院	
	S2035004	27 脑认知与信息处理	1	16	电气自动化与信息工程学院	
	S2035005	28 自主机器人感知与导航（全英文）	1.5	24	电气自动化与信息工程学院	
	S2035007	29 多传感器融合	2	32	电气自动化与信息工程学院	
	S2035008	30 预测控制系统	2	32	电气自动化与信息工程学院	
	S2035017	31 能源变换与智能控制（全英文）	2	32	电气自动化与信息工程学院	
	S203E015	32 自适应控制系统	2	32	电气自动化与信息工程学院	
	S203E016	33 智能控制系统	2	32	电气自动化与信息工程学院	
	S203E017	34 鲁棒控制	2	32	电气自动化与信息工程学院	
	S203E022	35 人工智能及应用	2	32	电气自动化与信息工程学院	
	S203E023	36 并行处理与分布式系统	1.5	24	电气自动化与信息工程学院	选 4 学分
	S203E024	37 模糊理论及应用	1.5	24	电气自动化与信息工程学院	
	S203E025	38 计算机视觉	1.5	24	电气自动化与信息工程学院	
	S203E027	39 智能信息处理技术	2	32	电气自动化与信息工程学院	
	S203G008	40 运动控制系统	2	32	电气自动化与信息工程学院	
	S203G014	41 计算机控制系统	2	32	电气自动化与信息工程学院	
	S203G016	42 非线性信息处理技术	2	32	电气自动化与信息工程学院	
	S2348001	43 系统辨识与控制	2	32	电气自动化与信息工程学院	
	B131E004	44 人际关系和沟通艺术	1	20	教育学院	
	B209G019	45 管理学（领导力）	2	40	管理与经济学部	
	S1318010	46 生命科学与生物技术	2	32	研究生院	
	S2018002	47 先进制造技术	2	32	机械工程学院	
	S2018003	48 智能网联汽车技术	2	32	机械工程学院	
	S2028002	49 面向工程科学的量子力学	2	32	精密仪器与光电子工程学院	
	S2028003	50 神经科学与工程	2	32	精密仪器与光电子工程学院	
	S2065057	51 美学与艺术欣赏	2	32	建筑学院	
	S209RC01	52 现代管理学	2	32	管理与经济学部	

续表

分类	课程代码	课程名称	学分	总课时	开课院系	备注
选修课	S209RC03	53 管理运筹学	2	32	管理与经济学部	选4学分
	S2105018	54 物理学知识与高新技术	2	32	理学院	
	S2108001	55 近代物理学专题讲座	2	32	理学院	
	S2108002	56 量子力学	2	32	理学院	
	S2165005	57 数据分析与数据挖掘	2	32	计算机科学与技术学院	
	S2168001	58 社会计算导论	2	32	计算机科学与技术学院	
	S2168002	59 知识工程	2	32	计算机科学与技术学院	
	S2168003	60 人工智能基础	2	32	计算机科学与技术学院	
	S2168004	61 大数据分析理论与算法	2	32	计算机科学与技术学院	
	S2168005	62 深度学习	2	32	计算机科学与技术学院	
	S2168006	63 高性能计算与应用	2	32	计算机科学与技术学院	
	S221G019	64 中国哲学原著选读	2	32	马克思主义学院	
	S2278001	65 现代海洋科学	2	32	海洋科学与技术学院	
	S2305001	66 法律制度专题	2	32	法学院	
必修环节	S3085020	67 中国传统文化	2	32	国际教育学院	选4学分
	S4025002	68 专利实务与专利情报分析	1	16	图书馆	
	S4028001	69 信息检索与分析	2	32	数学学院	
		学分小计	9			
	S1318001	70 文献阅读	1	0	研究生院	
	S1318002	71 开题报告	1	0	研究生院	
	S1318003	72 研究进展报告	1	0	研究生院	
	S1318004	73 中期考核	1	0	研究生院	
	S1318005	74 学科前沿讲座	1	0	研究生院	
		学分小计	5			
全程总计			28			
备注						

2.3　案例三

学科名称：控制科学与工程

学科代码：0811

2.3.1　学科概况

"控制科学与工程"是一门研究控制的理论、方法、技术及其工程应用的学科。它是20 世纪最重要的科学理论和成就之一，它的各阶段的理论发展及技术进步都与生产和社会实践的需求密切相关。本学科为 2000 年批准的第二批一级学科博士学位授权点，下设"控制理论与控制工程""检测技术与自动化装置""系统工程""模式识别与智能系统""导航、制导与控制"五个二级学科博士点。其中，"控制科学与工程"是省一级重点学科和江苏省一级国家重点学科培育点；"模式识别与智能系统"为国家重点学科。多年来，本学科在研究生培养和学术研究方面获得了十分显著的成绩，承担了一批以国家 973 计划、863 计划为代表的高层次项目，科研成果达到国内领先国际先进水平，获国家自然科学二等奖和省部级科技进步一等奖多项，是国家"211 工程"重点建设学科。

2.3.2　培养目标

培养德、智、体全面发展，具有求实严谨科学作风和创新精神，为社会主义现代化建设服务的控制科学与工程学科高级科技专门人才；使他们具有本学科较为坚实的基础理论和较为系统深入的专业知识；了解本学科的进展、动向和发展前沿；能熟练地使用英语进行专业阅读、对话及写作；熟悉本学科的最新实验技术和设备，有较强的综合分析与解决实际问题的能力，能独立从事本学科领域内的科学研究及其他各种有关的专门技术工作，拥有终身学习的能力，适应科技进步、经济建设和社会发展要求，具有一定的科学创新能力、实践能力和创业精神。

2.3.3　研究方向

控制理论与控制工程：智能控制与智能系统；智能传感器与网络化技术；自动检测理论及技术；非线性控制系统理论与网络中的控制问题；计算机控制理论与工程；广义系统、多维系统控制理论与方法。

检测技术与自动化装置：自动检测理论与技术；智能传感器与网络化技术；微光机电传感器及运动体姿态检测技术；高速信号采集与数据处理一体化。

系统工程：网络信息系统；信息与指挥自动化系统；复杂系统的建模、控制、分析与仿真；网络环境下智能信息处理与自动化数据采集；网络系统中非线性行为的研究。

导航、制导与控制：火力控制；飞行器导航及综合测量控制系统集成技术；光学制导及多模复合的制导技术；捷联和组合导航控制系统及其微型化理论与技术。

模式识别与智能系统：模式识别理论与应用；图像分析与机器视觉；智能机器人技术；机器学习与数据挖掘；医学影像分析；遥感信息处理；生物信息计算等。

2.3.4　学制和学分

全日制硕士研究生实行以 2.5 年为主的弹性学制，最长学习年限为 5 年。

非全日制硕士研究生实行以 3 年为主的弹性学制，最长学习年限为 5 年。

总学分不少于 30 学分，其中必修课程不少于 13 学分，必修不少于 2 学分全英语专业课。

2.3.5　课程设置

关于控制科学与工程的课程设置，详见表 2.3.1。

表 2.3.1　课程设置

课程	类别	课程编号	课程名称	学分	开课时间	考试方式	备　注	
必修课程	政治理论	S123A003	中国特色社会主义理论与实践研究	2	秋	考试	必修	
		S123A004	自然辩证法概论	1	秋	考试		
	第一外语	S114A08/19	硕士外语（俄、日）	2	秋	考试	限选 1 门语种	
		S114A006	硕士英语（必修）	2	春秋	考试		
	学科基础	S110B008	控制理论中的矩阵代数	3	秋	考试	选 2 门	选 4 门
		S113A012	现代分析基础	2	秋	考试		
		S113A018	高等工程数学 I	3	秋	考试		
		S106B004	模式识别技术	2	春	考试		
		S110B017	线性系统理论	2	秋	考试		
		S110B018	Optimization and Optimal Control	2	秋	考试		
		S110B031	数学建模与系统辨识	2	秋	考试		
		S110B019	智能信息处理技术	2	春	考试		

课程 类别	类别	课程编号	课程名称	学分	开课时间	考试方式	备　注	
必修课程	学科基础	S110B016	系统科学概论	2	春	考试	选2门	选4门
		S110C064	Intelligent Control & Application	2	秋	考查		
		S110C056	现代检测技术	2	春	考查		
		S113A021	高等工程数学 Ⅳ	2	春	考试		
		S106B006	人工智能原理与方法	2	秋	考查		
		S106B001	计算机视觉与图像理解	2	春	考试		
	英语选修	S114A016	硕士英语（选修）	2	春	考试		
	专业选修	S110C058	现代数字伺服系统	2	春	考查	至少选3门	
		S110C054	现代工业控制机及网络技术	2	春	考查		
		S110C029	控制网络与现场总线	2	春	考查		
		S110C035	嵌入式系统的软硬件设计	2	秋	考查		
		S110C051	先进过程控制系统	2	春	考查		
		S110C059	信息安全技术与进展	2	春	考查		
		S110C038	Video and Image Processing Technology	2	春	考查		
		S110C053	Modern Simulation Technology and Applications	2	春	考查		
		S110C041	网络系统的信息处理技术	2	春	考查		
		S110C063	指挥控制系统理论	2	春	考查		
		S110C055	现代火控理论	2	春	考查		
		S110C052	现代测量技术与误差分析	2	春	考查		
		S110C025	机器人控制理论与技术	2	春	考查		
		S110C081	非线性系统与调节理论	2	秋	考查		
		S110C082	信息物理系统安全控制	2	春	考查		
		S110C083	康复机器人学导论	2	春	考查		
		S106C027	图像分析基础	2	秋	考查		
		S106C004	Fundamentals of Image Analysis	2	秋	考查		
		S106C010	机器学习（Ⅰ）	2	秋	考查		
		S106C006	Machine Learning（Ⅰ）	2	秋	考查		
		S106C012	神经计算	2	秋	考查		
		S106C014	图像特性计算与表示	2	秋	考查		
		S106C008	机器人自主导航与环境建模	2	秋	考查		
		S106C026	最优化理论与技术	2	秋	考查		
		S106C016	智能机器人系统与设计	2	春	考查		

课程 类别		课程编号	课程名称	学分	开课时间	考试方式	备注
选修课程	专业选修	S106C029	生物信息学	2	春	考查	至少选3门
		S106C001	Bioinformatics	2	春	考试	
	公共实验	S106C028	网络工程	1	春	考查	全日制学生选1门
		S104C057	电类综合实验	1	春	考查	
		S110S002	嵌入式控制系统综合实验	2	春	考查	
		S110S005	无线控制网络综合实验	2	春	考查	
必修环节		S2440001	开题报告	1			必修
		S2440002	学术交流与学术报告	1			

注:
1. 理工科总学分不少于 30 学分,其他学科总学分不少于 32 学分。按方案中要求选课不足总学分部分可从学校开设的研究生课程中任选。跨学科或以同等学力身份入学的硕士研究生应加修由导师指定的本科层次主干课程（至少 2 门）,不计学分。
2. 其中专业选修课程模块中,S106C010 与 S106C006、S106C027 与 S106C004、S106C029 与 S106C001 三组课程中,每组中限选 1 门。

2.3.6 科研能力与水平

对于学术型硕士学位的研究生,其研究课题方向应紧密结合本学科当前最新研究领域和研究方向,理论上有一定的新意,对学科的拓展有较大的帮助作用,注重理论研究的深度与广度,鼓励进行学术交流、发表科技论文,以造就从事学术研究的专门人才。

毕业前必须以学校为第一署名单位,且本人为第一作者发表一定数量与学位论文相关的学术成果,具体要求详见学校《关于研究生发表学术论文要求的规定》。

2.3.7 开题报告

学位论文开题是开展学位论文工作的基础,是保证学位论文质量的重要环节。硕士研究生应在导师的指导下确定研究方向,在课程学习的同时,通过查阅文献、收集资料和调查研究后确定研究课题,在第三学期完成开题报告。论文选题要求对所研究的课题在基本理论、计算方法、测试技术、工艺制造等某一方面有新的见解和新的认识,或用已有的理论及新的方法解决工程技术中的实际问题;在学术上有一定的理论意义,或在经济建设和社会发展中具有一定的应用价值。文献综述通过对所查阅文献的引用、分析和对前人研究工作的总结、综合，准确地反映该研究领域的发展现状，阐明要解决的问题，并对问题的来源、意义以及拟解决问题的方法和技术路线的可行性进行论证。

开题报告字数不少于 8000 字；阅读的主要参考文献应在 40 篇以上，其中外文文献不少于总数的 1/3，近五年的文献不少于总数的 1/3。开题报告要求详见《××大学研究生学位论文选题、开题及撰写的规定》。

2.3.8　学位论文

学位论文工作是硕士研究生培养工作的重要组成部分，是对硕士研究生进行科学研究或承担专门技术工作的全面训练，是培养硕士研究生创新能力、综合运用所学知识发现问题、分析问题和解决问题能力的重要环节。硕士学位论文在导师或导师组指导下由硕士研究生独立完成。

学位论文要求概念清楚、立论正确、分析严谨、计算正确、数据可靠、文句简练、图表清晰、层次分明，能体现硕士研究生具有宽广的理论基础，较强的独立工作能力和优良的学风。

学位论文一般应包括：课题意义的说明、国内外动态、需要解决的主要问题和途径、本人在课题中所做的工作；理论分析和公式，测试装置和试验手段；计算程序；试验数据处理；必要的图表曲线；结论和所引用的参考文献等。

与他人合作或在前人基础上继续进行的课题，必须在论文中明确指出本人所做的工作，并对所引述的他人工作明确具体地标明出处。

学位论文要求详见学校《研究生学位论文选题、开题及撰写的规定》及《博士、硕士学位论文撰写格式》。

2.4 案例四

学科名称：控制科学与工程
学科代码：0811（授工学硕士学位）

2.4.1 学科简介

"控制科学与工程"以控制论、系统论、信息论为基础，是研究对象的状态信息获取与处理；根据目标和对象状态，控制和决策的规律，以及研究实现控制与决策的设备和系统的应用基础学科及应用学科。

本学科中控制理论与控制工程二级学科于 1981 年获全国首批硕士学位授予权、2006 年获得控制理论与控制工程博士学位授予权和控制科学与工程一级学科硕士学位授予权、2010 年获得控制科学与工程一级学科博士学位授予权，并设有控制科学与工程博士后流动站。本学科的研究方向涵盖了控制理论与控制工程、检测技术与自动化装置、模式识别与智能系统等二级学科。控制理论与控制工程以控制系统为主要对象，以数学方法和计算机技术为主要工具，研究各种控制策略及控制系统。检测技术与自动化装置主要研究被控对象的信息提取、转换、传递与处理的理论、方法和技术。模式识别与智能系统主要研究信息的采集、处理与特征提取，模式识别与分析，人工智能以及智能系统的设计。

本学科依托信息科学与工程学院、教育部冶金自动化与检测技术工程研究中心、省电工电子实验教学示范中心和大学生科技创新基地，并配备有控制理论与工程实验室、过程控制系统实验室、计算机控制技术实验室、计算机应用实验室等先进实验室，提供了培养本专业研究与技术开发所需的工作环境。

2.4.2 培养目标

培养德、智、体全面发展，能够适应我国经济、技术、教育发展需要，从事控制科学与工程方面的研究、开发、教学、管理的高层次人才。具体应做到：

热爱祖国，具有良好的职业道德和敬业精神，具有高度的事业心和责任感，具有崇尚科学的献身精神、开放精神和团队精神，诚实守信，恪守学术道德规范。

具有活跃学术思想、严密逻辑思维和一定创新意识，对控制科学与工程学科研究具有浓厚的学术兴趣；掌握控制科学与工程学科坚实宽广的基础理论和系统深入的专门知识，具有独立从事科学研究的能力，能从事控制理论与应用、工业过程建模控制、微光机电系统集成与测控、状态监测与故障诊断、智能信息处理和机器人与智能系统等方向的科研、设计、管理或其他工程技术工作。

具备较强的基本实验技能，掌握控制科学与工程专业的工程设计、测试与调试及综合分析的基本方法和技术，具备在导师指导下提出和完成本学科前沿性研究课题的能力，能根据实际需求设计出合理的工程实践方案，具有对有关工程环节进行创新和改良的能力，具有对有关系统研制和开发的能力，并具有较好的组织协调能力。

具有独立获取新知、利用现代信息工具检索和分析信息的能力，能在导师指导下对前沿知识进行学习和筛选，并具有批判性学习的能力；具有良好的语言和文字表达能力，具备熟练、正确、规范地运用汉语进行口头表述、撰写学术论文和著作的能力，具备熟练掌握和运用一门外语进行本学科文献阅读和学术交流的能力。

2.4.3　研究方向

（1）控制理论与应用

（2）复杂工业过程建模控制及优化

（3）微光机电系统集成与测控技术

（4）状态监测与故障诊断

（5）机器人与智能系统

2.4.4　培养方式

全日制学术型硕士研究生培养采取导师负责制的培养方式。导师负责指导硕士研究生制订个人培养计划、撰写开题报告、论文中期进展报告和学位论文，开展学术（科学）研究、组织学术交流，并召集指导团队对硕士研究生进行指导等。硕士研究生导师指导团队一般由包括导师在内的具有副高级及以上职称的 3～5 名校内外专家组成。硕士研究生导师指导团队主要协助进行硕士研究生日常指导工作，参与硕士研究生培养的各个环节。

2.4.5　学制及学习年限

全日制攻读学术型硕士学位研究生学制 3 年，学习年限一般为 2～3 年；非全日制攻读学术型硕士学位研究生学习年限一般不超过 5 年。

2.4.6 课程体系及学分要求

关于课程体系及学分要求，详见表 2.4.1。

表 2.4.1 控制科学与工程学术硕士研究生学分要求及学分分配表

总 学 分	≥ 32 学分	
修课学分	≥ 25 学分	公共必修课 5 学分 学科通识课及学科基础课 ≥ 12 学分 公共选修课 ≥ 2 学分 专业选修课 ≥ 6 学分
研究环节	7 学分	开题报告 1 学分 学术交流 1 学分 论文中期进展报告 1 学分 学位论文 4 学分

2.4.7 研究环节

1. 开题报告

以书面及答辩形式就论文选题作报告，记 1 学分，成绩按"通过 / 不通过"登记。

研究课题正式确立前，硕士研究生要完成开题报告，并申请开题。在取得导师同意后，经过开题答辩会议上的答辩并讨论通过后方可进入论文工作阶段。书面开题报告一般应为 0.5 万～ 1.0 万字；参考文献一般不少于 40 篇，其中外文文献不少于文献总数的三分之一，近五年内发表的文献一般不少于三分之一。开题报告及答辩环节须有 3 ～ 5 名具有副教授以上职称或具有博士学位的老师审定、参加并签署意见；答辩未能通过者，必须重新作开题报告。开题报告评审通过后，须完整填写《硕士研究生开题报告》，交学院留存，毕业时归入学位档案。

研究生开题报告原则上应在第三学期完成，特殊情况可推迟至第四学期。为保证有足够的论文工作时间，提交开题报告与论文答辩的时间间隔不得少于 9 个月。

2. 学术交流

学术交流为全日制学术型硕士研究生的必修环节，记 1 学分，成绩按"通过 / 不通过"登记。

硕士研究生必须参加 15 次以上学术交流。每次参加学术交流应有书面记录，并提交 5000 字以上的行业前沿综述，交导师签字认可。在申请学位前，经导师签字的书面记录交学院备案，并记相应学分。

3. 论文中期进展报告

硕士研究生必须以汇报形式对学位论文的进展情况进行汇报，并由硕士研究生导师及课题组成员参加评议和指导，记 1 学分，成绩按"通过 / 不通过"登记。中期报告须在第五学期内完成。

2.4.8　学位论文

硕士研究生完成所有培养环节，学位论文的相关要求参照学校《博士、硕士研究生申请学位取得学术成果的规定》《博士、硕士学位授予工作细则》《研究生学位论文检测规定（试行）》等文件执行。

控制科学与工程学术学位硕士研究生申请答辩资格除参照以上文件外，还需满足学院关于研究生申请学位取得学术成果的相关要求。

关于控制科学与工程（0811）学术硕士研究生课程，详见表 2.4.2。

表 2.4.2　控制科学与工程（0811）学术硕士研究生课程计划表

类别	课程性质	课程编号	课程名称	英文课程名称	学时	学分	开课学期	开课学院	备注
学位课	公共必修课	15SA51001	中国特色社会主义理论与实践研究	Study on the Theory and Practice of socialism with Chinese Characteristics	32	2	1	马克思主义学院	必修
		15SA51002	自然辩证法概论	Dialectics of Nature	16	1	2	马克思主义学院	必修
	公共必修课	15SA 14001	学术英语听说	Academic English: Listening and Speaking	32	2	1	外国语学院	A 班必修
		15SA 14003	科技英语听说	Scientific English: Listening and Speaking	32	2	1		B 班必修
	学科通识课	18SC04101	高等工程数学（控制）	Advanced Engineering Mathematics (AC)	32	2	1	信息科学与工程学院	必修
		15SC04101	专业英语读写（控制）	Professional English Reading and Writing (AC)	32	2	2		
		15SC04102	线性系统理论	Theory of Linear System	32	2	1		

续表

类别	课程性质	课程编号	课程名称	英文课程名称	学时	学分	开课学期	开课学院	备注
学位课	学科基础课	18SD04101	最优化理论与方法	Optimization Theory and Application	32	2	1	信息科学与工程学院	≥6学分
		15SD04102	模式识别	Pattern Recognition	32	2	1		
		15SD04103	系统辨识与自适应控制	System Identification and Adaptive Control	32	2	2		
		15SY04103	时间序列综合与分析	Synthesis and Analysis of Time Series	32	2	2		
		15SY04108	高级过程控制	Advanced Process Control	32	2	1		
选修课	公共选修课	15SA07001	随机过程	Stochastic Process	32	2	2	理学院	≥2学分
		15SX 14009	英语学术论文写作	English Academic Writing	32	2	2	外国语学院	
		15SX 14010	英语演讲	English Speech	32	2	2		
		15SX 14011	中西文化对比	Comparison of Chinese and Western Cultures	32	2	2		
		15SX 14012	应用文体翻译	Pragmatic Translation	32	2	2		
		15SX 14013	英语六级技巧	Skills of CET 6	32	2	2		
		17SX 14019	第二外国语（德语上）	Second Foreign Language(GermanI)	32	2	1	外国语学院	
		17SX 14020	第二外国语（德语下）	Second Foreign Language(GermanII)	32	2	2	外国语学院	
		17SX00021	就业创业实务及案例分析	Employment and Entrepreneurship: Practice and Case Analysis	16	1	2	党委研工部	
		18SX00001	心理健康教育	Mental Health Education	16	1	2	党委研工部	
		15SX07014	数学建模	Mathematical Modeling	16	1	2	理学院	
		15SX00016	人文修养类课程	Humanistic Training Course	16	1	2	文法学院	
		15SX00018	文献检索	Information Retrieval	16	1	2	图书馆	
	专业选修课	15SY04101	现代检测技术	Modern Detection Technology	32	2	1	信息科学与工程学院	≥6学分
		15SY04102	故障诊断方法与应用	Theory and Practice of Fault Diagnosis	32	2	1		

续表

类别	课程性质	课程编号	课程名称	英文课程名称	学时	学分	开课学期	开课学院	备注
选修课	专业选修课	15SY04104	新型电机控制系统	New Motor Control System	32	2	2	信息科学与工程学院	≥6学分
		15SY04105	智能控制系统	Intelligent Control System	32	2	2		
		15SY04107	机器人原理与应用	Principle and Application of Robot	32	2	2		
		18SY04101	传感器与物联网技术	Technology of Sensor and IoT	32	2	2		
		18SY04102	智能信息处理	Intelligent Information Processing	32	2	2		
		18SY04103	嵌入式系统设计（含 DSP）	Embedded System Design (including DSP)	32	2	1		
		18SY04104	网络控制系统及其应用	Networked Control System and its Application	32	2	2		
		18SY04105	多传感器数据融合技术	Multi-sensor Data Fusion Technology	32	2	2		
		18SY04106	机器学习及数据挖掘	Machine Learning and Data Mining	32	2	1		
研究环节		15SYJ0401	开题报告	Research Proposal		1	3～4	信息科学与工程学院	必修
		15SYJ0402	学术交流≥15 次	Academic Communication		1	1～5		
		15SYJ0403	论文中期进展报告	Mid-term Evaluation		1	4～5		
		15SYJ0404	学位论文	Dissertation		4	6		
补修课		0403027	自动控制原理	Principle of Automatic Control	64		1	信息科学与工程学院	导师指定，只记成绩，不计学分
		0402062	微机原理与应用	Principle and Application of Microcomputer	56		1		
		0403024	现代控制理论	Modern Control Theory	40		2		

注：跨学科或以同等学力考取的学术型硕士研究生根据导师要求须补修的相关专业基础课程，课程与本科安排一致，不计学分。

第 **3** 章

部分控制科学与工程硕士研究生核心课程教学大纲

3.1 "优化理论与优化方法"课程教学大纲

3.1.1 课程基本情况

关于"优化理论与优化方法"的课程基本情况，详见表 3.1.1。

表 3.1.1 "优化理论与优化方法"的课程基本情况

学 分	2	学 时	32
课程名称	（中文）优化理论与优化方法		
	（英文）Optimization Theory and Optimization Method		
课程类别	专业学位课		
教学方式	课堂讲授（以基本理论知识为主）、专题研究、课堂讨论		
考核方式	期末开卷 / 闭卷考试（70%）＋ 综合大作业（30%）		
适用专业	控制科学与工程		
先修课程	高等数学，线性代数，数值分析		
教材与参考书	教材： [1] 陈宝林 . 最优化理论与算法 [M]. 北京：清华大学出版社，2005. 参考书： [2] 袁亚湘 . 非线性优化计算方法 [M]. 北京：科学出版社，2008. [3] Jorge Nocedal，Stephen J. Wright. Numerical Optimization [M]. 2nd. New York：Springer，2006. [4] 博塞卡斯 . 凸优化算法 [M]. 北京：清华大学出版社，2016. [5] [日] 福岛雅夫 . 非线性最优化基础 [M]. 北京：科学出版社，2011.		

3.1.2 课程简介

优化理论与优化方法是控制科学与工程学科中一门最基本的理论性课程，也是进一步学习控制学科其他系列课程必备的基础。本课程强调严格的逻辑训练，且与培养研究生创新思维并重。具体包括：线性规划单纯形方法、对偶理论、灵敏度分析、运输问题、内点算法、非线性规划 KKT 条件、无约束最优化方法、约束最优化方法、整数规划和动态规划等内容。课程有比较系统的理论分析，介绍定理的证明和算法的推导，同时，结合经典的工程案例讲解，实用性比较强。

3.1.3　教学目标

通过对最优化理论方法系统全面地介绍，培养学生发现问题并解决问题的基本能力。运用所学的最优化理论知识将工程中的各种实际问题抽象成具体的数学最优化问题，并选择合适的优化方法进行数值求解。所掌握的基本数学技能与方法能够为后续专业课程的学习奠定理论基础。

重点介绍中国第一个最优化理论研究小组在钱学森和许志国先生领导下于中国科学院力学所诞生的历史。培养学生的社会责任感和爱国主义情怀，树立远大抱负、坚定理想信念，使学生建立正确的世界观、人生观和价值观。

3.1.4　课程内容及教学方法

关于"优化理论与优化方法"的课程内容及教学方法，详见表 3.1.2。

表 3.1.2　"优化理论与优化方法"的课程内容及教学方法

教 学 内 容	学　　时	教 学 方 法
第 0 章 引论 0.1 引言 0.2 线性规划与非线性规划问题 0.3 数学基础知识 0.4 凸集与凸函数	6	课堂讲授 专题研究 课堂讨论
第 1 章 线性规划的性质 1.1 标准形式及图解法 1.2 基本性质	2	课堂讲授 课堂讨论
第 2 章 单纯形方法原理 2.1 单纯形方法原理 2.2 两阶段法与大 M 法 2.3 退化情形 2.4 修正单纯形法 2.5 变量有界的情形	6	课堂讲授 课堂讨论

续表

教 学 内 容	学　时	教 学 方 法
第 3 章 对偶问题及灵敏度分析 3.1 线性规划中的对偶理论 3.2 对偶单纯形法 3.3 原始 - 对偶算法 3.4 灵敏度分析	6	课堂讲授 课堂讨论
第 4 章 最优性条件 4.1 无约束问题的极值条件 4.2 约束极值问题的最优性条件 4.3 对偶及鞍点问题	6	课堂讲授 课堂讨论
第 5 章 一维搜索 5.1 一维搜索概念 5.2 试探法 5.3 函数逼近法	2	课堂讲授 专题研究 课堂讨论
第 6 章 使用导数的最优化方法 6.1 最速下降法 6.2 牛顿法 6.3 共轭梯度法 6.4 拟牛顿法 6.5 最小二乘法	4	课堂讲授 专题研究 课堂讨论

3.1.5　课程实践环节

专题研究：最小二乘法在工程中的应用。

研究目的：了解最小二乘法在工程中的应用及求解。

研究内容：课程提供的 10 篇左右反映最小二乘法最新应用成果的文献供学生选读，要求学生阅读后总结出线性和非线性最小二乘的求解方法及存在的问题等，加深对理论学习重要性的认识。

3.2 "线性系统理论"课程教学大纲

3.2.1 课程基本情况

关于"线性系统理论"课程，详见表 3.2.1。

表 3.2.1 "线性系统理论"课程概况

课 程 名 称	线性系统理论	课 程 类 型	学科基础课程
开 课 学 期	第 1 学期	学时 / 学分	32/2
选 课 对 象	控制理论与控制工程、模式识别与智能系统、全日制控制工程、电气工程（硕博）、检测技术与自动化装置		
先 修 课 程	自动控制原理、现代控制理论		
参考书目和资料	[1] 郑大钟 . 线性系统理论 [M]. 北京：清华大学出版社 . 2005. [2] Chi-Tsong Chen. Linear system theory design. Oxford University Press. 2012. [3] F.M.Callier and C.A.Desoer. Linear system theory. Spring Verlag Press. 1991. [4] 王孝武 . 现代控制理论基础 [M]. 北京：机械工业出版社 . 2003.		

3.2.2 课程简介

线性系统理论是控制科学与工程学科的一门最为基本的理论性课程，也是进一步学习控制理论其他系列课程的基础。

本课程具体内容分为两部分。第 1 部分为线性系统的时间域理论，介绍线性系统的状态空间描述、线性系统的运动分析、控制系统能控性、能观测性、控制系统稳定性、线性定常系统的综合。第 2 部分为线性系统的频域理论，介绍线性系统的矩阵分式描述，复频域分析及复频域综合。

通过本课程的学习，掌握用状态空间法、复频域分析和设计线性定常控制系统的方法，培养研究生严格的逻辑能力与创新思维，强调应用理论的能力。

3.2.3 教学目标

1. 课程目标（Course Objectives，CO）

（1）（CO1）掌握线性系统的时间域分析与综合方法；

（2）（CO2）掌握线性系统的复频域分析与综合方法；

（3）（CO3）培养研究、分析和解决实际工程控制问题的基本能力。

2. 对应的学科培养目标（Learning Objectives，LO）

（1）（LO1）基础理论、专业知识及专门技术的研究与应用能力；

（2）（LO2）控制系统建模、分析与设计能力；

（3）（LO3）复杂控制系统的优化设计、决策与控制的方法和能力。

3.2.4 课程内容和教学方法

教学方法 （Pedagogical Methods，PM）	■PM1. 讲授法教学	16 学时 50%		■PM2. 研讨式学习		学时 %
	■PM3. 案例教学	16 学时 50 %		□PM4. 网络教学		学时 %
	□PM5. 角色扮演教学	学时 %		□PM6. 体验学习		学时 %
	□PM7. 服务学习	学时 %		□PM8. 自主学习		学时 %
评估方式 （Evaluation Methods，EM）	■EM1. 课堂测试	15%	□EM 2. 期中考试 %		■EM3. 期末考试	70 %
	□EM4. 作业撰写	%	□EM5. 实验分析报告 %		□EM6. 期末报告	%
	□EM7. 课堂演讲	%	□EM8. 论文撰述 %		■EM9. 出勤率	15%
	□EM10. 口试	%	□EM11. 设计报告 %			%

1. 教学日历

关于其详细的教学日历，见表 3.2.2。

表 3.2.2 教学日历

课次	学时	课程目标	教学主要内容	教学方式	评估方式
1	2	CO1	第 1 章 线性系统的状态空间描述 1.1 由系统输入输出描述导出状态空间描述 1.2 由状态空间描述导出传递函数矩阵 1.3 线性时不变系统的特征结构 1.4 状态方程的约当规范型 1.5 线性系统在坐标变换下的特性 1.6 组合系统的状态空间描述和传递函数矩阵	PM1	EM9
2	2	CO1	第 2 章 线性系统的运动分析 2.1 连续时间线性时不变系统的运动分析 2.2 状态转移矩阵	PM1	EM1 EM9
3	2	CO1	2.3 脉冲响应矩阵 2.4 连续时间线性系统的离散化 2.5 离散时间线性系统的运动分析	PM1	EM9

续表

课次	学时	课程目标	教学主要内容	教学方式	评估方式
4	2	CO1	第 3 章 线性系统的能控性和能观测性 3.1 能控性、能观测性概念 3.2 连续时间线性时不变系统、线性时变的能控性判据 3.3 连续时间线性时不变系统、线性时变的能观性判据 3.4 离散时间线性系统的能控性和能观性	PM1	EM1 EM9
5	2	CO1	3.5 对偶性 3.6 离散化线性系统保持能控性和能观测性的条件 3.7 能控规范型和能观测规范型：单输入单输出情形 3.8 连续时间线性时不变系统的结构分解	PM1	EM9
6	2	CO1	第 4 章 系统运动的稳定性 4.1 外部稳定性和内部稳定性 4.2 李雅普诺夫意义下运动稳定性 4.3 李雅普诺夫第二方法	PM1	EM1 EM9
7	2	CO1	4.4 连续时间线性系统的状态运动稳定性判据 4.5 离散时间系统状态运动的稳定性及其判据	PM1	EM9
8	2	CO1 CO3	第 5 章 线性反馈系统的时间域综合 5.1 状态反馈和输出反馈 5.2 状态反馈极点配置：单输入情形、多输入情形 5.3 输出反馈极点配置 5.4 状态反馈镇定	PM1	EM1 EM9
9	2	CO1 CO3	5.5 跟踪控制和扰动抑制 5.6 全维状态观测器 5.7 降维状态观测器 5.8 基于观测器的状态反馈控制系统的特性	PM1	EM9
10	2	CO2	第 6 章 传递函数矩阵的矩阵分式描述 6.1 传递函数矩阵的矩阵分式描述 6.2 矩阵分式描述的真性和严真性 6.3 从非真矩阵分式描述导出严真矩阵分式描述	PM1	EM1 EM9
11	2	CO2	6.4 不可简约矩阵分式描述 6.5 确定不可简约矩阵分式描述的算法 6.6 规范矩阵分式描述	PM1	EM9
12	2	CO2	第 7 章 传递函数矩阵的结构特性 7.1 史密斯 - 麦克米伦形 7.2 传递函数矩阵的有限极点和有限零点	PM1	EM1 EM9
13	2	CO2	7.3 传递函数矩阵的结构指数	PM1	EM9

续表

课次	学时	课程目标	教学主要内容	教学方式	评估方式
14	2	CO2	第 8 章 传递函数矩阵的状态空间实现 8.1 实现的基本概念和基本属性 8.2 标量传递函数的典型实现	PM1	EM1 EM9
15	2	CO2	8.3 基于有理分式矩阵描述的典型实现 8.4 基于矩阵分式描述的典型实现 8.5 不可简约矩阵分式描述的最小实现	PM1	EM9
16	2	CO2 CO3	第 9 章 线性时不变反馈系统的复频率域分析	PM1	EM1 EM9
期末考试					EM3
总学时 32　其中课内 32 学时，实验 0 学时，上机 0 学时					

2. 授课教师信息一览表

关于授课教师信息一览表的编制，见表 3.2.3。

表 3.2.3　授课教师信息一览表

姓　　　名			
电 子 邮 箱			
电　　　话			
接待咨询地点			
接待咨询时间			

3. 教学内容及要求

第 1 章　线性系统的状态空间描述

教学要求：掌握状态空间描述与传递函数（矩阵）、微分方程之间的转换关系；了解线性定常组合系统的状态空间、传递函数矩阵描述；熟练掌握线性定常系统的等价变换、状态方程的约当规范型。

教学重点：状态空间描述与传递函数（矩阵）、微分方程之间的转换。

教学难点：状态方程的约当规范型。

第 2 章　线性系统的运动分析

教学要求：掌握线性定常连续系统状态方程的求解，掌握连续系统的离散化；熟练掌握状态转移矩阵的定义、性质及算法。

教学重点：线性定常连续系统状态方程的求解。

教学难点：状态转移矩阵的算法。

第 3 章　线性系统的能控性和能观测性

教学要求：熟练掌握连续定常系统能控性与能观测性定义、能控性与能观测性判据；了解连续时变系统能控性与能观测性；掌握离散系统能控性（含能达性）与能观测性定义及判据；掌握对偶原理及其应用、离散化线性系统保持能控性和能观测性的条件；熟练掌握线性系统的能控标准形与能观测标准形，掌握按能控性的结构分解、按能观测性的结构分解，了解按能控性和能观测性的结构分解。

教学重点：能控性与能观测性定义、能控性与能观测性判据。

教学难点：能控性与能观测性判据、结构分解。

第 4 章　系统运动的稳定性

教学要求：熟练掌握平衡状态的定义及求法、李雅普诺夫稳定性判别方法；熟练掌握 BIBO（有界输入 - 有界输出）稳定性的定义及判据；熟练掌握连续定常系统特征值判据、渐近稳定性的李雅普诺夫方程判据、离散定常系统特征值判据渐近稳定性的李雅普诺夫方程判据；了解李雅普诺夫函数的规则化构造方法、克拉索夫斯基法、变量梯度法。

教学重点：李雅普诺夫稳定性判别方法。

教学难点：李雅普诺夫函数的构造方法。

第 5 章　线性反馈系统的时间域综合

教学要求：熟练掌握状态反馈极点配置原理、极点配置算法，掌握系统的镇定问题；熟练掌握渐近状态观测器的概念与方程、观测器存在的条件，掌握全维状态观测器、降维状态观测器设计；掌握带状态观测器的状态反馈系统，掌握分离原理，了解渐近跟踪与干扰抑制以及解耦控制等。

教学重点：状态反馈极点配置原理。

教学难点：全维状态观测器、降维状态观测器设计。

第 6 章　传递函数矩阵的矩阵分式描述

教学要求：熟练掌握传递函数矩阵的矩阵分式描述。熟练掌握 MFD 的真性及其判别准则。掌握由非真 MFD 导出严格真的 MFD。了解求解不可简约 MFD 的几种方法。

教学重点：传递函数矩阵的矩阵分式描述、真性及其判别准则。

教学难点：由非真 MFD 导出严格真的 MFD。

第 7 章　传递函数矩阵的结构特性

教学要求：熟练掌握 Smith-McMillan 形、多变量系统的极点零点定义和属性、结构指数。掌握无穷大处的极点和零点。了解传递函数阵在极点零点上的评价值、零空间、最小多项式基和 Kronecker 指数。

教学重点：Smith-McMillan 形、多变量系统的极点零点定义和属性、结构指数。

教学难点：无穷大处的极点和零点。

第 8 章　传递函数矩阵的状态空间实现

教学要求：熟练掌握实现的定义及属性。掌握控制器形实现和观测器形实现、能控性形实现和能观测性形实现。了解最小实现及其性质、规范 MFD 的实现。

教学重点：控制器形实现、能控性形实现。

教学难点：最小实现。

第 9 章　线性时不变反馈系统的复频率域分析

教学要求：了解组合系统的能控性和能观测性、反馈系统的渐近稳定性和 BIBO 稳定性、状态反馈的频域分析。

教学重点：反馈系统的渐近稳定性和 BIBO 稳定性。

教学难点：状态反馈的频域分析。

3.3 "模式识别理论及应用"课程教学大纲

3.3.1 课程基本情况

课程名称：模式识别理论及应用（Pattern Recognition Theory and Application）。

学　　时：32

学　　分：2.0

预修课程：数字信号处理、数字图像处理、概率论、线性代数（本科课程）

3.3.2 课程简介

模式识别是人工智能系统中的一个重要组成部分，本课程主要介绍了模式识别的代表性方法及应用，代表性方法包括监督模式识别中的贝叶斯决策理论、概率密度函数的估计、线性判别函数、非线性判别函数等，以及非监督模式识别中的基于模型的方法、混合密度估计、动态聚类方法等；应用包括车牌识别、人脸识别等。学生通过学习可以掌握或了解模式识别基本理论及应用领域。

教　　材：张学工. 模式识别 [M]. 3 版. 北京：清华大学出版社，2010.

参　考　书：

[1] 边肇祺，张学工. 模式识别 [M]. 2 版. 北京：清华大学出版社，2004.

[2] Sergios Theodoridis and Konstantinos Koutroumbas. Pattern Recognition [M]. 2 版. 北京：机械工业出版社，2006.

[3] Christopher M. Bishop. Pattern Recognition And Machine Learning[M]. Springer，2007.

3.3.3 课程内容与安排

第 1 章　绪论（4 学时）

课程教学目标：（1）了解模式识别课程的内容、开课目的，以及模式识别发展现状等；（2）掌握监督模式识别与非监督模式识别之间的关系。

思政育人目标：培养学生学会识人，人与人之间的交往需要"知根知底"，这样我们才能放心地与他人相处。

课程思政融入点：不识货，半世苦；不识人，一世苦。

课程简介：开课目的，主要内容，教学进度，考核方式，成绩给出方式等；模式识别定义、发展及现状，监督模式识别与非监督模式识别，模式识别系统构成和模式识别系统举例等。

要求：对模式识别概念及其内容有个初步了解，同时简单掌握监督模式识别与非监督模式识别的区别和联系。

第2章　贝叶斯决策理论（4学时）

课程教学目标：（1）理解贝叶斯决策的原理，并能够编程实现贝叶斯分类器；（2）理解最小错误率贝叶斯决策、最小风险贝叶斯决策及正态分布概率模型。

思政育人目标：培养学生崇尚科学，对科学执着追求的精神。

课程思政融入点：贝叶斯爱好科学，崇尚真理，成为概率论理论创始人，贝叶斯统计的创立者。

内容：最小错误率贝叶斯决策理论及实例；最小风险贝叶斯决策理论及实例；正态分布概率模型下的贝叶斯决策理论及应用。

要求：掌握最小错误率贝叶斯决策、最小风险贝叶斯决策及正态分布概率模型下的贝叶斯决策理论。

第3章　概率密度函数的估计（共4学时）

课程教学目标：（1）理解最大似然估计方法、贝叶斯学习、非参数估计方法的原理；（2）能够运用最大似然估计求解问题。

内容：最大似然估计的基本原理及求解；贝叶斯估计与贝叶斯学习理论；概率密度函数的非参数估计方法等。

要求：掌握最大似然估计方法、非参数估计方法。

第4章　线性判别方法、非线性判别方法及多类分类方法（共4学时）

课程教学目标：（1）理解线性判别、非线性判别及多类分类方法的几何意义；（2）理解Fisher线性判别原理及应用；（3）理解感知器算法的原理及应用；（4）理解最小平方误差判别、分段线性判别方法、二次判别函数、多类线性分类器等方法的原理。

思政育人目标：培养学生了解不同领域的知识能给人带来不同的收获，同时各领域知识又是息息相关的，多方涉猎，才能让人博学多闻。

课程思政融入点：英国统计学家和遗传学家RonaldFisher。

内容：线性判别函数的概念；Fisher线性判别原理；感知器；最小平方误差判别；分段线性判别方法；二次判别函数；多类线性分类器等。

要求：掌握线性判别方法、非线性判别方法及多类分类方法与应用。

第 5 章 非线性分类器（支持向量机、近邻法）（4 学时）

课程教学目标：（1）理解核函数变换、支持向量机、近邻法的原理；（2）掌握核函数变换、支持向量机、近邻法实现方法及应用。

思政育人目标：培养学生做人，做科研都要有坚忍不拔的好心态，读好书虽然重要，但融入社会，有一个健康的心理更加重要。更不能因为一次的失败和挫折而否定自己，要愈挫愈勇，奋勇直前！

课程思政融入点：FrankRosenblatt 提出感知机和反向传播算法，对人工智能做出重要贡献，后因神经网络研究受阻而自杀身亡，英年早逝。

内容：核函数变换与支持向量机的原理、实现方法及应用举例；近邻法原理、分类及应用举例。

要求：掌握支持向量机的原理、实现方法；最小近邻法及 k- 近邻法原理及实现方法。

第 6 章 特征选择、特征提取与 K-L 变换（4 学时）

课程教学目标：（1）理解选择、特征提取与 K-L 变换的基本概念；（2）理解选择、特征提取与 K-L 变换的主要方法，并能够在解决模式识别问题过程中加以应用。

内容：特征选择的评价准则；特征提取的原理及方法；K-L 变换原理与实现方法。

要求：掌握基于类内类间距离的可分性判据、基于概率分布的可分性判据、主成分分析方法、K-L 变换原理与实现方法。

第 7 章 非监督学习与聚类分析（4 学时）

课程教学目标：（1）理解非监督学习、聚类的基本概念和聚类分析的一般流程；（2）理解常用聚类分析的原理，包括动态聚类、模糊聚类；（3）能够编程实现动态聚类算法，并用于解决具体的模式识别问题。

思政育人目标：近朱者赤近墨者黑，培养学生反思自己与什么样的人为伍，先让自己成为那样的人，自己才会有可能遇见那样的人。优秀的人，会让你更加优秀；成功的人，会助你走向成功。

课程思政融入点：物以类聚，人以群分——《战国策·齐策三》引入聚类的思想。

内容：非监督学习的概念；聚类分析的基本原理及实现方法；动态聚类算法及实现；模糊聚类方法原理及实现等。

要求：掌握非监督学习的概念；聚类分析的基本原理；动态聚类算法的实现等。

第 8 章 模式识别应用举例（2 学时）

课程教学目标：（1）理解监督模式识别与非监督模式识别系统的评价方法；（2）掌握模

式识别编程实现的应用例子。

内容：监督模式识别系统的评价；非监督模式识别系统的评价；车牌识别的原理及实现举例；人脸识别的原理及举例等。

要求：掌握监督模式识别系统与非监督模式识别系统的评价方法；编程实现模式识别的一个例子。

课末作业：通过对本课程的学习，选择自己感兴趣的模式识别中的内容，查阅最新文献，形成论文，要求字数不少于 3000 字，参考文献不少于 5 篇，形成自己的观点。

考试（2 学时）

考试权重：平时成绩占 40%（到课率，作业，小测，小报告）；期末考试成绩占 60%。

3.4 "最优控制"课程教学大纲

3.4.1 课程基本情况

课程名称：最优控制。

学时学分：32 学时；2 学分。

适用的学位类型：学术学位；专业学位。

适用学科及专业：控制科学与工程；控制工程领域。

先修课程：线性系统理论，矩阵论。

使用教材（讲义）：

胡寿松，王执铨，胡维礼 . 最优控制理论与系统 [M]. 2 版 . 北京：科学出版社，2005.

主要参考书目（文献）：

[1] 王青，陈宇，张颖昕，等 . 最优控制：理论、方法与应用 [M]. 北京：高等教育出版社，2011.

[2] 吴受章 . 最优控制理论与应用 [M]. 北京：机械工业出版社，2008.

[3] 解学书 . 最优控制理论与应用 [M]. 北京：清华大学出版社，1986.

[4] James M. Longuski，Jose J. Guzman，John E. Prussing. Optimal Control with Aerospace Applications [M]. Springer，2014.

[5] F. L. Lewis，D Vrabie，V L Syrmos. Optimal Control (Third edition) [M]. John Wiley & Sons，2012.

3.4.2 课程简介

本课程面向工科学生，注重基本理论的学习和主要方法的掌握，避免过于烦琐的大篇幅数学论证，提供了许多易于学生理解的例子，注重分析和解决实际问题能力的培养，使学生能够应用最优控制理论和方法解决一些实际系统的控制问题。

介绍确定性最优控制的基本概念、基本原理、设计方法和工程应用。学生通过本课程的学习，掌握变分法、极小值原理和动态规划的基本理论，熟悉连续与离散最优控制问题的描述与求解方法，能够进行时间最短控制系统设计、燃料最省控制系统设计、线性二次型最优调节系统设计和线性最优跟踪系统设计。了解最优控制问题的数值计算方法，以及掌握 MATLAB 工具在最优控制中的应用。

3.4.3 课程的主要内容

最优控制是现代控制理论的一个重要分支，在航空航天、机器人、运动控制、工业生产过程控制、基因比对、路径规划等领域得到了广泛的应用。本课程主要内容包括：最优控制问题的提出及最优控制问题的数学建模；变分法在最优控制中的应用；连续系统的极小值原理，离散系统的极小值原理；线性系统二次型性能指标的最优控制问题；时间最优控制系统，燃料最优控制系统；最优性原理，连续系统的动态规划，离散系统的动态规划。以变分法、极大值原理和动态规划的内容、方法、使用条件及相互关系为重点，同时适当介绍其他相关知识及最优控制的新成果。通过本课程的学习，使学生掌握最优控制的理论基础、基本概念、基本原理和基本方法，并为以后学习更深层次的控制理论打下基础。

关于教学内容、教学方式及学时分配，见表 3.4.1。

表 3.4.1 教学内容、教学方式及学时分配

序 号	学 时	教 学 内 容	教学方式（讲授、研讨）
1	2	绪 论	讲授
2	2	静态优化	讲授
3	6	变分法及其在最优控制中的应用	讲授
4	6	极小值原理	讲授
5	4	时间最优控制、燃料最优控制	讲授
6	4	线性系统二次型性能指标的最优控制问题	讲授
7	4	动态规划	讲授
8	4	工程应用；计算方法；MATLAB 仿真	研讨
合计	32	—	—
其中，讲授课时：28；研讨课时：4；实验实践等环节课时：0			

第 **4** 章

控制科学与工程硕士研究生培养方案调研报告

4.1 调研背景及依据

控制科学与工程以控制论、系统论、信息论为基础，以工程系统为主要对象，以数理方法和信息技术为主要工具，研究各种控制策略及控制系统的理论、方法和技术，是研究动态系统的行为、受控后的系统状态，以及达到预期动静态性能的一门综合性学科、研究内容涵盖基础理论、工程设计和系统实现，是机械、电力、电子、化工、冶金、航空、航天、船舶等工程领域实现自动化不可缺少的理论基础和技术手段，在工业、农业、国防、交通、科技、教育、社会经济乃至生命系统等领域有着广泛应用。

研究生培养方案是研究生培养全过程的指导性文件。它既要能体现本学科的特色，又要适应经济、科技和社会发展的需要，为国家培养高素质人才。为规范国内高校自动化学科人才培养，在中国自动化学会教育工作委员会指导下对控制科学与工程学术型硕士培养方案进行全面调研。

调研对象包含：北京大学、清华大学、浙江大学、中国科学技术大学、上海交通大学、西安交通大学、北京航空航天大学、北京理工大学、哈尔滨工业大学、西北工业大学、大连理工大学、电子科技大学、天津大学、南京大学、同济大学、东北大学、东南大学、华南理工大学、华中科技大学、重庆大学等 985 高校；南京航空航天大学、华北电力大学（北京）、中国矿业大学（北京）、北京交通大学、南京理工大学、华东理工大学、西安电子科技大学、长安大学、合肥工业大学、郑州大学、中国石油大学（华东）、北京工业大学、北京科技大学、哈尔滨工程大学、中国计量大学、安徽大学等 211 高校；广东工业大学、深圳大学、北方工业大学、北京工商大学、北京石油化工学院、陕西科技大学、五邑大学、安徽工业大学、安徽工程大学等地方高校；中科院自动化所、冶金自动化研究设计院等研究所，共计 60 余所。调研对象分布情况如图 4.1.1 所示。

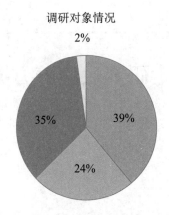

图 4.1.1　调研对象情况

调研基本依据如下：

（1）以教育部 2017 版《博士硕士授权审核办法》和 2020 版《博士硕士学位授权申请基本条件》中控制科学与工程一级学科（0811）硕士学位授权点申请基本条件中 1.1 "学科方向"作为专业培养方案和培养方向的参考。

（2）以国务院学位委员会第六届学科评议组编制的一级学科博士硕士学位基本要求中，控制科学与工程一级学科（0811）"学科概况和发展趋势"和"硕士学位的基本要求"作为本次培养方案调研的参考。

（3）以学科人才能力培养的内在联系和社会对人才需求为导向，以国务院学位委员会第七届学科评议组出版的《学术学位研究生核心课程指南》中"0811 控制科学与工程一级学科研究生核心课程指南"为依据，调研各高校的课程体系。

4.2　关于修业年限与课程分类

调研显示，大部分高校控制科学与工程的硕士学制为 3 年，部分高校为 2.5 年或 2 年，学习年限一般可延长至 5 年，部分高校可延长至 6 年，其中最长为 10 年。

在课程设置上，多数高校将开设课程分为 3 ～ 6 大类，其中大部分高校为 4 类。在分类中，各个高校设置不同类别的课程名称不同，但课程内容大体相似。这 4 类分别为公共课（或称公共基础课，公共必修课，公共学位课等）、公共选修课（或称基础理论课等）、学科基础课（或称基础学位课，专业基础课等）、学科方向课（或称学科专业课，专业方向选修课，专业主干课，专业学位课等），在所调研的高校中，98% 的高校在分类中均涉及这 4 大类。除此之外，许多高校将学位论文开题环节，中期检查环节，以及学术交流报告等以"必修环节"的形式纳入培养方案中并计入学分，该类高校在调研高校中占比为 68%。针对本科非控制科学相关专业的学生，部分高校开展了相应的本科生补修课程，该类高校占比为 36%，如图 4.2.1 所示。

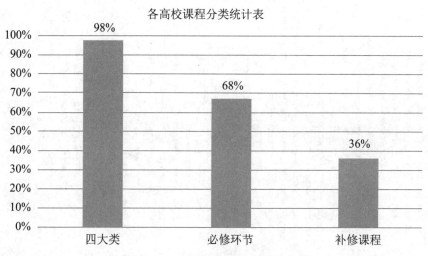

图 4.2.1　各高校课程分类统计表

大部分高校毕业所需学分集中在 25 ～ 35 学分，在四大类课程中，公共课一般 3 ～ 5 学分，公共选修课 4 ～ 6 学分，学科基础课 6 ～ 10 学分，学科方向课 4 ～ 8 学分。必修环节中的各个环节通常以不计成绩的形式计入学分，约 3 ～ 5 学分。

4.3　课程体系分析

课程体系包含公共课（公共专业课程）、公共选修课（公共类课程）、学科基础课（公共数学类课程）、学科方向课（控制方向）及必修环节（人工智能与大数据方向）、补修课程（特色方向）等。控制科学与工程方向课程体系图谱如图 4.3.1 所示。

1. 公共课

主要为思政类课程和外语类课程，所有高校均开设，其中思政类课程包括必修的中国特色社会主义理论与实践研究和选修的自然辩证法概论以及马克思主义与社会科学方法论；外语类课程主要为英语，部分高校会开设俄语、日语、法语和德语。

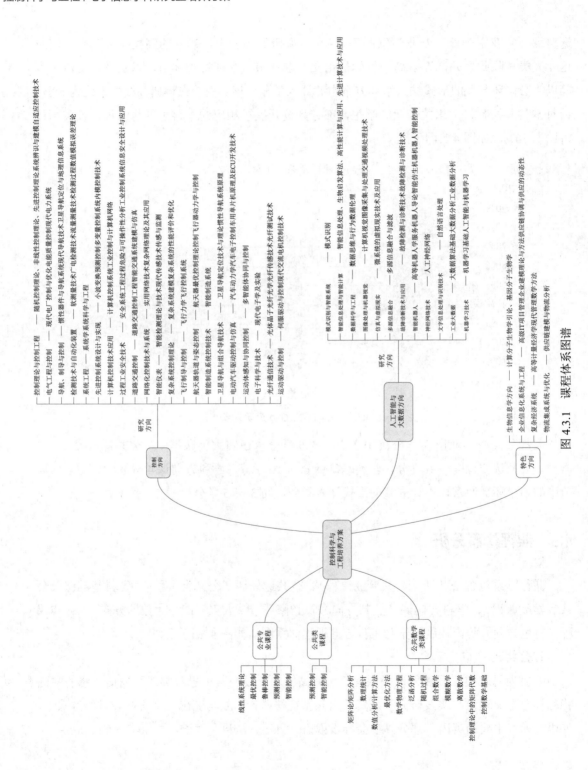

图 4.3.1　课程体系图谱

2. 公共选修课

这部分课程通常包括公共数学课以及部分与控制学科相关的数学课，其中在公共数学课部分开设较多的为矩阵论（矩阵分析）、数值分析、随机过程、最优化方法、应用数理统计、泛函分析和数学物理方程，如图 4.3.2 所示。

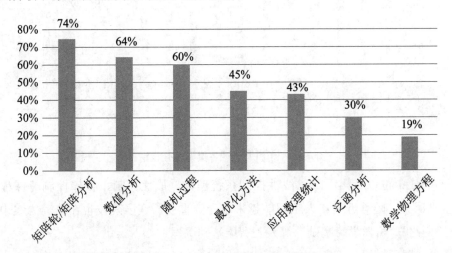

图 4.3.2　公共选修课各类课程开设情况

除了图中所列的数学类课程外，部分院校还开设了与控制学科相关性较强的数学类课程，比如模糊数学、离散数学、规划数学等。个别院校强化对学生数学素养的培养，开设更为具体的数学理论课程，比如清华大学的"系统与控制理论中的线性代数"，南京理工大学的"控制理论中的矩阵代数"等。在选课数量与学分要求上，该部分课程一般修 2 ～ 3 门课程以达到要求学分。

3. 学科基础课

该类课程多为控制学科领域的基础性专业课，其中开设较多的为线性系统理论、最优控制、模式识别、智能控制、自适应理论与控制、鲁棒控制、嵌入式、现代检测技术、人工神经网络、人工智能、系统辨识与建模、预测控制、系统工程、非线性控制、计算机控制系统、机器学习基础等，如图 4.3.3 所示。

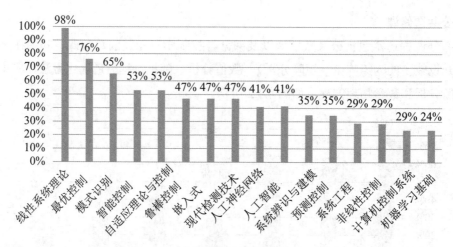

图 4.3.3　学科基础课各类课程开设情况

从图 4.3.3 中可以看出，除了线性控制系统理论、最优控制、鲁棒控制等课程依旧作为学科基础课外，随着近些年人工智能越来越受到重视，许多院校也在培养方案中加入了"人工神经网络""机器学习基础"等人工智能基础课程。

除了上述课程之外，部分高校会根据自身优势专业开设较为有特色的学科基础课，比如北京理工大学的"惯性器件与导航系统"、北京航空航天大学的"现代飞行控制系统"、清华大学的"数据可视化"等。此部分课程一般需选修 4～6 门课程来获得相应的学分要求。

4. 学科方向课

学科方向课主要是各高校根据自身实际与优势特色进行开展，相较于学科基础课，该模块课程更接近前沿。一般选 3～5 门课来满足学分要求。该部分课程具有以下特点：

（1）具有院校特色，比如华北电力大学（北京）开设的"现代电厂控制与优化"、清华大学的"计算分子生物学引论"等。

（2）更接近前沿，比如清华大学的"计算机网络与多媒体技术实验与设计"、中南大学的"工业互联网与数字孪生"和"基于 NIOSII 处理器的片上可编程系统设计技术"。

（3）由于人工智能是当今前沿与热点的研究领域，许多高校会在学科方向课中结合自身实际开展与人工智能相关的方向课，比如北京理工大学的"多智能体协同与控制"、北京航空航天大学的"智能感知技术"、南开大学的"机器人视觉控制"等。

5. 必修环节

大部分高校将开题报告与中期检查作为必修环节以不计成绩的形式计入学分，大多数高校也会将参与学术交流报告纳入必修环节，并以学分计入。

6. 补修课程

在所调研的高校中，共有 20 余所高校具有补修课程，补修课程主要针对本科为非控制学科或同等学力的硕士研究生开设，由导师与学生协商决定是否选修。在这 20 余所高校中，补修课程均计成绩但不计入学分。

除了以上的课程要求外，各个院校在培养方案中，对控制科学与工程硕士申请学位的要求设置为在公开学术期刊上发表一篇学术论文或一篇专利被受理或在指定学术会议上发表一篇学术论文。

7. 开题、中期及答辩

所有高校均设有开题环节、中期考核环节和学位论文答辩环节，部分院校会设置预答辩环节，比如南京大学。开题环节多以必修环节计入。对于中期考核，各个院校的差别较大，部分院校中期考核以导师自评形式进行，部分院校则要进行统一的答辩。在进行统一答辩的院校中，一部分院校为全体学生均参与，另一部分院校为发表一定数量的研究成果可以免去此环节。最终的学位论文答辩各个院校的组织形式差别很小，只是对于答辩未通过的学生处理方式上略微不同，南京大学答辩不通过者，延期半年以上申请再次答辩，北京化工大学通过毕业答辩而未建议授予学位者，可在毕业后一年内重新申请学位答辩一次。

4.4　培养方案比较

根据以上对各校课程设置、培养环节等介绍，比较各个院校培养方案的异同如下：

（1）各个院校虽然设置的课程模块名称不同，但其核心均为前述四大类课程，即使具体到某个课程，不同高校对其划分类别会有所差异。除此之外，多数院校会开设学术伦理与学术规范相关课程，比如北京化工大学的"科研伦理与学术规范"，主要讲述学术论文写作中的引注规范、学术不端行为及其治理，以师生关系为重点讲述的科研活动中的人际关系、科研利益冲突与知识产权保护，以及动物实验和人类实验中的伦理规则等，该类课程对于刚进入硕士阶段的学生来说有很重要的意义。

（2）大部分院校的培养方案是针对所有研究方向的学生共同设置的，学生根据自己的课题方向自行选择需要学习的课程；少部分院校会根据不同的二级学科或者不同的研究方向制定不同的培养计划，例如清华大学；或者在学科方向课部分专门再细化出供不同研究方向学生，例如河南理工大学将专业选修课再细分为"复杂系统建模与控制""工业过程控制""检测技术与自动化""运动驱动与控制""模式识别与智能控制"5 个分类。

（3）部分院校会开展少量实践类课程，但整体来说，实践类课程在高校控制科学与工程专业中开展较少。

（4）在授课形式上，部分高校会有所创新，相较于传统的讲授形式，南开大学开设的自适应控制理论及应用以讨论班的形式进行，使得学生有更强的参与感。

总的来说，各高校在培养方案的设置结构上大致相似，在结构内会有自身院校的特色，在诸如学术交流，以及论文撰写和学术论文发表上，各高校也给出了较为相似但又会结合自身实际的方案。综合各个高校的培养方案，也有一些可以相互借鉴与改进的地方，应该结合自身实际去借鉴与改进。

4.5 培养方案制定的建议

通过调研分析，对高校控制科学与工程学术型硕士培养方案制定的建议如下。

（1）培养方案整体结构考虑包含：指导思想、培养目标、基本要求、学制及学习年限、培养方式、课程设置及学分要求、培养环节（包含文献综述及开题、中期考核、学术活动）、学位论文、学位申请等。其中，课程设置时建议按照"三纵四横"的体系，横向按公共必修、一级学科基础、学科核心、专业选修四个模块；纵向考虑理论基础、实践能力及综合素质的培养。

（2）在数学课程上，可以多开设一些关于专业课程中的数学类课程，比如前述南京理工大学的"控制理论中的矩阵代数（或数学基础）"，培养学生应用数学理论解决控制领域实际工程问题的能力。在教学实践中发现许多学生在后续的科研过程中进行文献阅读时，往往不能透彻理解论文的理论基础，其中原因之一就是不能对所学习的数学知识进行深刻的认识与合理的综合应用，增加该类数学课程，对学生的认知会有较大的提升。建议在人工智能领域，可以增加"人工智能中的数学基础"。

（3）在授课形式上，可以多开展讨论型课程，具备条件的高校可以尽量开展小班讨论课程，在相互讨论与讲解中，学生的参与感会更强，而且为了能使讨论很好地进行，学生也大都会更为集中精力去思考，这样的收获会更大。

（4）开设更多的实践类课程或者要求学生必修一定的实践类课程，为后续的研究开拓思维。

（5）各个院校可以根据自身实际优势专业，制订交叉学科的培养计划，现有的高校交叉学科培养计划中，多数还停留在以某些交叉学科的选修课程来体现进行，高校可以更进一步从整体上去探索更深层次的学科交叉培养方案。

（6）在学术论文发表上，建议考虑中国自动化学会推荐的期刊、会议等。

综合各个高校的课程开设情况，结合实际给出建议的课程设置，如表 4.5.1 所示。

表 4.5.1　培养方案课程设置

公共学位课	思政类课程，外语类课程
公共选修课	思政类课程，理论类或实践类选修
学科基础课	数学类必修课程、理论类必修
	数学类选修课程
专业学位课	理论类必修课程
专业选修课（分方向）	理论类选修课程
	实践类选修课程
必修环节	开题报告，中期检查，学术交流报告
补修课程	自动控制原理等

公共学位课包含：新时代中国特色社会主义理论与实践研究、第一外国语等。建议增加一门科学素养与学术规范方面的课程。例如：研究生学术与职业素养、科学规范与表达、学术伦理、科学道德与学术诚信（北京理工大学）、学术道德与论文写作（东北大学）、论文写作与学术规范（华南理工大学）、工程伦理与学术道德、知识产权与信息检索（电子科技大学）等。

公共选修课包含：自然辩证法概论、马克思主义与社会科学方法论等。建议增加论文写作方面的课程。例如：科学研究方法与论文写作。

学科基础课包含数学类必修课程，可以设置矩阵分析、数理统计、数值分析；数学类选修课为离散数学，控制理论中的矩阵代数等与专业结合的数学课程。理论类必修课程可以由一级学科点统一设置。

专业学位课中，需选择一定数量的理论课程和实践课程，如果允许，最好将理论课程和实践课程相对应关联，使得学生在选择理论课程时自动选上对应的实践课。各学位点根据人才培养目标、学科定位、学科方向和特色课程设置有所不同。通过调研，给出了控制理论与控制工程、检测技术与自动化装置、系统工程、模式识别与智能系统和导航、制导控制与动力学 5 个二级学科培养方向的参考课程，每个方向给出了 2 门必修课程。

专业选修课部分，有的高校培养方案中也可从公共选修课中选课。通过调研，给出了 5 个二级学科培养方向的参考课程，每个方向给出了 5 ～ 9 门的学科方向选修课。

必修环节可通过多种环节选择，满足不同类型学校人才培养目标的要求。

第二部分
电子信息 / 控制工程硕士研究生

第5章

电子信息 / 控制工程硕士研究生培养方案模板

学科名称：电子信息 / 控制工程领域

学科代码（085406）

5.1 培养目标及基本要求

1. 培养目标

电子信息 / 控制工程领域工程硕士研究生培养以实际工程应用为导向，以职业需求为目标，以综合素养和应用知识与能力的提高为核心，面向国民经济信息化建设和发展的需要，面向企事业单位对控制工程专业技术人才的需求，培养掌握控制工程领域坚实的基础理论和宽广的专业知识、具有较强的解决实际问题的能力，能够承担专业技术或管理工作、具有良好的职业素养的高层次应用型、复合型的应用开发人才与技术管理人才。培养学生精益求精的大国工匠精神，激发学生科技报国的家国情怀和使命担当。

2. 基本要求

（1）拥护中国共产党的领导，热爱祖国，遵纪守法，具有服务国家和人民的高度社会责任感、良好的职业道德和创新精神、科学严谨和求真务实的学习态度和工作作风，身心健康，恪守学术道德规范和工程伦理规范。

（2）掌握控制工程领域坚实的理论基础和宽广的专业知识、掌握控制工程领域高级工程技术，具有创新意识和独立承担工程设计、工程研究、工程开发、项目管理等工作的能力。

（3）掌握一门外语，能熟练地阅读本工程领域的外文文献及科技资料。

5.2 培养方向

1. 复杂工业过程建模、控制与优化

针对复杂工业过程所具有的多变量、强耦合、强非线性、不确定性、生产边界条件变化大等综合复杂性，将控制理论与方法和智能方法（模糊推理、数据与知识挖掘、专家系统等）相结合，研究建模、控制、优化、决策与仿真的理论、方法与技术，包括智能建模与控制、软测量、监测与故障诊断、安全运行控制、智能维护、流程模拟与仿真优化、知识自动化、大数据分析与处理以及流程工业综合自动化。

2. 检测技术与自动化装置

以复杂工程系统的智能检测、诊断、预测及控制理论与方法及装置研发与应用为主要内容，深入开展计算机视觉检测、红外辐射测温、多相流参数检测、光纤传感器与光电检测、新型光电敏感材料及其传感器、集成电路及系统级芯片、大数据分析与处理、生产过程建模与控制、流程协调优化控制等理论与技术的研究，研发智能仪器仪表和人工智能系统。

3. 系统工程

针对钢铁、石化 / 有色、能源 / 电力、资源 / 物流等工业中普遍存在的能效低、成本高、资源利用率低、设备利用率低、环境污染严重等问题，对复杂的制造与物流系统进行分析、设计与优化决策，从而达到系统的最大效率和效益，实现工厂的智慧能力。研究全流程生产与物流计划、生产与物流批调度、智能工厂的过程数据解析与优化、复杂系统的建模优化理论与算法、供应链与物流管理、项目管理、风险管理与质量系统工程。

4. 模式识别与智能系统

以人工智能领域的模式识别、机器学习和计算机视觉相关理论为指导，重点开展计算机视觉、图像处理、多模态智能感知、工业视觉检测、大数据深度学习、智能优化与进化计算、系统仿真、传感器网络、新型科普展示与智能化、虚拟现实与增强现实等理论研究，在智能系统、计算机视觉系统、机器人、传感器网络、系统仿真、科普展示系统、虚拟现实等技术应用方面取得了一系列成果，为智能系统设计与应用提供创新的理论与方法。

5. 机器人科学与工程

以智能机器人为主要研究对象，研究机器人本体设计及优化、环境感知及自主导航、人机交互、人机协作、智能及仿生控制、机器学习及人工智能、机器视觉及图像处理、模式识别、无线传感器网络、虚拟现实、建筑智能化等理论与技术。

6. 智能制造系统理论与技术

以钢铁 / 有色、石化、能源 / 电力、资源 / 物流等行业为背景，基于云计算、大数据、人工智能等新一代信息技术和控制论、运筹学等经典理论，研究制造及服务过程的信息深度感知、精准控制执行和智慧优化决策的理论、方法及技术。主要研究方向包括：智能制造系统体系结构，大数据智能解析与决策优化，人工智能与机器学习，高效云计算与智能系统，智能工业的过程监测、诊断与控制，智能感知与工业互联网。

7. 无人系统

无人系统是无人机、无人车、机器人、无人车间 / 智能工厂等不同使用区域无人平台及配套设备的统称。主要研究先进的控制方法，防御攻击的安全控制方法，以及基于模型和数据的故障诊断与预测技术，提高无人系统安全性、可靠性和自身状态的感知能力；发展人工智能与信息处理技术，提高无人系统的智能化程度；研究多平台协同探测、定位、跟踪和执行等控制问题，实现无人系统的高度自主协作。

8. 先进传感技术与智能信息处理

以计算机视觉、红外辐射测温、超声、激光及光纤等先进传感技术为手段，研发智能仪器仪表与装置，并开展无线网络、大数据分析与处理、生产过程建模与控制、流程协调优化控制等智能化信息处理技术研究与集成应用。

9. 机器感知与计算智能

面向国家在感知智能与计算智能领域的战略发展需求，重点开展机器视觉与深度学习理论方法、三维视觉感知、工业视觉检测、行人重识别、视觉显著性检测、医学影像计算、混合现实生成、机器博弈、视频大数据计算、机器人 SLAM 等方向的研究，为智能系统感知与计算能力的全面提升提供创新性的理论方法与技术支撑。

5.3　学制及培养模式

专业学位研究生采取校企合作的方式进行培养，研究课题应来源于控制工程领域，具有实际和明确的工程应用背景。实行双导师制，其中一位导师来自培养单位，另一位导师来自企业与本领域相关的专家，企业导师应具有丰富工程实践经验，学科点审核并记录备案。

（1）学制 3 年，若因客观原因不能按时完成学业者，可申请适当延长学习年限，但最长不得超过 4 年。

（2）采用学分制管理，应修总学分不少于 30 学分。

5.4 课程设置

应修课程总学分不少于 26 学分。鼓励跨领域选修，但跨领域专业选修课不超过 2 门。详见表 5.4.1～表 5.4.5。

1. 外语类课程

表 5.4.1 外语类课程

课程属性	课程类别	课程名称	建议学时	建议学分	备注
必修	外语类课程	第一外国语（硕士英语） The First Foreign Language (English)	36	2	至少修 2 学分
		第一外国语（硕士日语） The First Foreign Language (Japanese)	36	2	
		第一外国语（硕士德语） The First Foreign Language (German)	36	2	
		第一外国语（硕士法语） The First Foreign Language (French)	36	2	
		第一外国语（硕士俄语） The First Foreign Language (Russian)	36	2	

2. 思政类课程

表 5.4.2 思政类课程

课程属性	课程类别	课程名称	建议学时	建议学分	备注
必修	思政类课程	自然辩证法概论 Introduction to Dialectics of Nature	18	1	至少修 3 学分
		马克思主义与社会科学方法论 Marxism and Social Science Methodology	18	1	
		中国特色社会主义理论与实践研究 The Theory and Practice of Socialism With Chinese Characteristics	36	2	

3. 数学类课程

表 5.4.3　数学类课程

课程属性	课程类别	课程名称	建议学时	建议学分	备　注
必修	数学类课程	泛函分析 Fundamentals of Modern Mathematics	72	4	至少修 4 学分
		矩阵分析 Matrix Analysis	72	4	
		数值分析 Numerical Analysis	72	4	
		随机过程 Stochastic Process	72	4	
		运筹学 Operations Research	72	4	

4. 专业类课程

表 5.4.4　专业类课程

课程属性	课程类别	课程名称	建议学时	建议学分	备　注
必修	工程前沿类	控制工程导论 Introduction to control engineering	72	4	
选修	控制类课程	智能控制及应用 Intelligent control and its application	54	3	
		最优控制 Optimal control	54	3	
		非线性控制系统 Nonlinear Control Systems	54	3	
		自适应控制 Adaptive Control	54	3	
		模型预测控制 Model Predictive Control	54	3	
	检测类课程	微弱信号检测 Weak signal detection	54	3	
		现代测试技术与虚拟仪器 Modern testing technology and virtual instrument	54	3	
		故障诊断 Fault diagnosis	54	3	
		图像处理与识别 Image Processing and Recognition	54	3	
		无损检测 Nondestructive testing	54	3	

课 程 属 性	课 程 类 别	课 程 名 称	建 议 学 时	建 议 学 分	备　　注
选修	智能类课程	机器学习 Machine learning	54	3	
		计算智能及其应用 Computational Intelligence and Its Application	54	3	
		机器视觉 Machine vision	54	3	
		模式识别 pattern recognition	54	3	
		类脑计算 Brain-like Computing	54	3	
	管理类课程	系统工程 systems engineering	54	3	
		工程管理 Engineering management	54	3	
		管理艺术 Management art	54	3	
		组织行为学 Organizational behavior	54	3	
		战略管理 Strategic management	54	3	
	行业应用类课程	智能电网 Smart grid	54	3	
		智能交通 Intelligent Transportation	54	3	
		智能制造 Intelligent manufacturing	54	3	
		智慧医疗 Intelligent medical	54	3	
		智慧农业 Smart agriculture	54	3	
	高校特色类课程	各高校自定	54	3	

5. 综合素质类课程

表 5.4.5　综合素质类课程

课程属性	课程类别	课程名称	学　时	学　分	备　注
必修	综合素质类课程	学术道德与学术规范 Academic Morality and Academic Standards	18	1	
	综合素质类课程	学术论文写作 Academic Thesis Writing	18	1	
	综合素质类课程	人文素养与科学精神 Humanistic Quality and Scientific Spirit	18	1	
	综合素质类课程	工程伦理 Engineeringethics	18	1	
选修	综合素质类课程	体育 Physical	18	1	
	综合素质类课程	职业素养与竞争力 Professionalism & Competiveness	18	1	
	综合素质类课程	创业创新领导力 Entrepreneurial Leadership	18	1	
	综合素质类课程	公共演说 Public Speaking	18	2	

5.5　必修实践环节

关于必修实践环节的具体要求，详见表 5.5.1。

表 5.5.1　必修实践环节

课程属性	课程类别	课程名称	学　时	学　分	备　注
必修	实践类课程	工程实践 Engineering Practice	至少 6 个月	2	
	实践类课程	学术交流活动 Academic Exchange Activities	15 次	2	
	实践类课程	教学实践 Teaching Practice	半学期	1	
	实践类课程	职业资格认证 Professional Qualifications Authentication		1	至少修 1 学分
	实践类课程	学科竞赛 Subject Contest		1	

续表

课程属性	课程类别	课程名称	学　时	学　分	备　注
必修	实践类课程	社会实践 Social Practice		1	至少修 1学分

注：具有2年及以上企业工作经历的工程硕士专业实践时间应不少于6个月，不具有2年企业工作经历的工程硕士专业实践时间应不少于1年。专业实践应围绕本领域行业需求来开展，实践地点可以选择与导师（及所在团队）开展科研合作的单位，也可以选择联合培养实践基地。研究生凭实践总结报告取得学分。

5.6　培养环节

1. 开题报告

（1）开题报告时间。

研究生完成培养方案规定的大部分课程学习且成绩合格，并已通过前期研究工作确定论文题目和初步研究方案之后，可撰写学位论文开题报告。研究生开题一般在第二或第三学期进行，具体时间由硕士研究生与导师根据研究进度情况确定。为保证论文质量，硕士研究生从开题到申请答辩的时间不得少于12个月。

（2）开题报告主要内容。

开题报告要以文献综述报告为基础，主要内容包括：论文题目、选题依据（含课题来源、课题的国内外研究动态及分析、课题研究的目的和意义等）、研究方法、技术路线、实施方案、工作计划和预期目标等。

（3）论文选题要求。

学位论文课题应来源于生产实际或具有实际工程背景，可以涉及控制工程领域系统或者构成系统的部件、设备、环节的设计与运行，分析与集成，研究与开发，管理与决策等，特别是针对信息获取、传递、处理和利用的新系统、新装备、新产品、新工艺、新技术或新软件的研发。

论文所涉及的课题可以是一个完整的工程项目，也可以是某一个大项目中的子项目，且应有一定的技术难度和工作量。论文要有一定的理论基础，具有先进性与创新性，建议从以下方面选取：

①新系统、新装备、新产品、新工艺、新技术或新软件的研发；

②引进、消化、吸收和应用国外先进技术项目；

③企业的技术攻关、技术改造、技术推广与应用；

④工艺过程优化；

⑤工程管理项目；

⑥控制工程设计与实施项目；

⑦控制工程应用基础性研究、应用研究、预先研究项目。

论文选题范围要适当，既不要太大太泛，也不可太小太浅，应有一定的工程工作量、技术难度和技术创新需求，特别应选择有明确工程技术背景和应用价值的项目。

2. 中期检查

（1）中期检查时间。

研究生中期检查以"答辩 + 综合问答"的形式进行。中期检查需准备的材料包括：《XX 大学研究生中期检查表》。硕士研究生需提交 1 篇文献导读（PPT 形式）或 1 篇文献综述报告或 1 篇实践过程中运用基础理论和专业知识分析解决实际问题的项目报告、技术方案。硕士研究生中期检查须在第 4 学期结束前完成。

（2）中期检查主要内容。

①政治思想、道德品质及身心健康情况。

②课程学习情况。需修完不低于 60% 的硕士课程学分，其中专业核心课程学分需修满。

③科研能力 / 实践能力情况。考察研究生专业实践能力，或其他能够体现专业实践创新能力的成果等。

④学位论文工作进展情况论证和评审。重点检查已完成的研究内容和取得的成效、是否按照开题报告的内容和进度进行、存在的问题、下阶段要完成的研究内容及其具体工作计划等。

（3）中期检查结果与分流。

研究生中期检查的结果分为优秀、合格、不合格（以下成绩均指初次考核成绩）。考核"优秀"的需要同时满足以下条件：

①政治思想、道德品质良好，身心健康；

②专业核心课程成绩的平均分达到 80 分及以上，其他课程成绩无不合格情况；

③科研能力或实践创新能力较强；

④学位论文进展顺利，有潜力出优秀成果。

注：中期检查"优秀"的赞成票数，必须达到专家组成员数的 2/3。

出现以下情况之一的，考核记为"不合格"：

①政治思想、道德品质不合规，或违反国家及学校相关要求。

②硕士 2 门专业核心课程考试不合格；或硕士研究生不合格课程总数达 4 门及以上。

③科研或实践创新能力差，难以继续培养。

硕士研究生根据中期检查结果，分别进入以下分流途径：

①中期检查为"合格"的研究生，可继续攻读硕士学位；

②中期检查"不合格"者，终止培养过程，按相关程序做退学处理。对因"科研或实践创新能力差"做出"不合格"结论的，经研究生申请，导师认可，考核领导小组通过，可在一学期后进行第二次考核；由于课程不合格，重修后参加第二次考核，考核时间视重修课程完成时间而定。第二次考核仍未通过者，按相关程序做退学处理。

因故不能参加中期检查的研究生，应于中期检查前提出延迟参加中期检查的书面申请，并得到导师认可，经学院同意后，可延期一学期参加中期检查。因个人原因，未经批准不按学院要求参加中期检查的研究生，当次中期检查的评定结果直接认定为不合格。

研究生对中期检查结果如果有异议，可以向学院考核领导小组提出申诉，考核领导小组应组织有关人员进行复核，并根据复核结果做出相应处理。

3. 学位论文撰写与论文答辩

（1）学位论文撰写要求。

①硕士专业学位研究生应在校内导师、校外导师的指导下，独立完成专业学位论文撰写工作。学位论文应反映研究生综合运用科学理论、方法和技术解决实际问题的能力和水平，可将应用基础研究、产品开发、工程设计、规划设计、案例分析、发明专利等作为主要内容，以论文形式表现。

②学位论文应具备一定的技术要求和工作量，体现作者综合运用科学理论、方法和技术手段解决实际问题的能力，并有一定的理论基础，具有先进性、实用性。学位论文答辩时间距提交开题报告时间不低于 12 个月。

（2）学位论文类型要求。

根据控制工程专业的特点，控制工程领域工程硕士专业学位论文分为以下五类：技术研究类、工程设计类、产品研发类、先进技术消化应用类、技术改造类。每类论文的研究内容差别很大，要求各不相同，在论文评审时，分别对待，各自考虑。每类论文的具体要求：

①技术研究类论文。

本类论文包括应用基础研究、应用研究、预先研究、实验研究、系统研究等。

要求紧密结合工程应用背景，结合基础理论与专业知识，论证科学严密，分析过程正确，实验方法科学，实验结果可信，能应用先进的技术方法分析与解决问题，论文成果具有先进性和实用性。

②工程设计类论文。

本类论文以控制工程设计与实施项目为主。

应以解决生产或工程实际问题为重点，要求设计方案先进可行，设计方案准确，布局及设计结构合理，数据准确，设计符合相应行业标准，技术文档齐全。

③产品研发类论文。

本类论文包括新系统、新装备、新产品、新工艺、新技术、新软件、工艺过程优化等。

应明确产品功能、组成、基本原理、应用条件，突出产品实际应用情况，必须有产品原型或样机。

④先进技术消化应用类论文。

本类论文以引进、消化、吸收和应用国外先进技术为主。

要求深入分析消化吸收技术所依附的系统，详细论述系统各部分功能，重点突出引进系统中的核心技术，技术文档齐全，消化吸收技术所依附的原系统必须先进，并且正在实际生产中运用。

⑤技术改造类论文。

本类论文以技术攻关、技术改造、技术推广与应用为主。

要求以实际系统的改造为背景，应对改造前系统进行分析，找出存在的问题，给出具体的改造方案，并做详细的技术可行性分析，给出具体的改造设计方案。如果改造已经实施，要给出具体的实现过程，对改造前后的效果进行分析，必要时可以做经济效益对比分析。

（3）论文质量标准。

①论文工作量饱满，在分析、设计、实现、实验或应用等一个或多个方面针对选题问题完成工作，至少有一学年的论文工作时间。

②论文写作要概念清晰，结构完整，条理清楚，文字通顺，格式规范。

③论文应有一定的技术先进性，有一定难度，就选题问题的某个方面提出自己的独立见解或技术创新。

④论文应在导师指导下独立完成，且内容充实，工作量饱满，在分析、设计、实现、实验或应用等一个或多个方面针对选题情况完成工作。

⑤论文应能够综合运用基础理论与专门知识解决实际工程问题，并取得一定成效。

（4）论文预答辩。

学位论文预答辩是保证论文质量的重要环节。硕士专业学位论文预答辩工作由导师、教研室或科研团队组织安排，论文预答辩以学术报告形式进行，由3～5名本领域或相关领域的教授或副教授组成的小组进行论证和评审，需要有1名行业/企业专家参加。预答辩专家组应对申请人的学位论文做出评议，预答辩结果分为"通过"和"不通过"两类。

论文预答辩不通过的研究生不能申请送审学位论文。"不通过"的申请人必须根据预答辩专家组提出的意见，在导师指导下，对论文认真进行实质性修改，修改完成后由导师再次组织预答辩。申请人预答辩通过后，达到学校规定的其他条件且提交导师签字同意的《学位论文质量审查表》后，方可提交学位论文进行评审。

（5）论文评审。

硕士专业学位研究生完成规定的课程学分、必修环节学分，开题报告、中期检查、成果要求、论文预答辩等环节考核合格，经学院审查通过后，可申请进入学位论文评审程序，专业学位论文评审工作由学院同意负责组织。专业学位论文由2名本专业领域或相关领域的具有高级专业技术职务的专家评审，其中企业（行业）或实际部门专家1人，研究生导师（包括校外导师）不能作为学位论文正式评审人。

学位论文评阅意见评价结果分为"优秀"[90，100]、"良好"[75，90)、"一般"[60，75)、"差"[0，60)四档，含单项评价结果和总体评价结果。

学位论文评阅意见中的"是否同意参加论文答辩"意见栏有"同意""基本同意，略作修改后答辩""须作重大修改，重新送审通过后答辩"和"不同意"四个选项。若专家评阅意见结果为"须作重大修改，重新送审通过后答辩"或"不同意"或总体评价得分小于60分的，该份评阅意见的总体评价结果直接视同为"差"。

评阅结果处理基本要求如下：

①总体评价结果出现2份及以上"差"的学位论文：要求至少修改5个月后重新组织论文评阅送审。

②总体评价结果仅有1份"差"且其余评阅意见总体评价得分有低于75分的学位论文：要求至少修改2个月后至少送2位专家进行双盲复审。复审仍有"差"评意见或低于75分的，至少再修改5个月后重新组织送审。

③总体评价结果仅有1份"差"且其余各份评阅意见总体评价得分均不低于75分的学位论文，或无"差"评意见但评阅意见中单项评价结果有低于60分的学位论文：可增加1

位专家进行双盲复审，无"差"评且不低于 75 分者可进入答辩环节，否则至少修改 1 个月后至少再送 2 位专家进行双盲复审，要求无"差"评且不低于 75 分，未达到要求者，至少再修改 5 个月后重新组织送审。

（6）论文答辩。

专业学位论文答辩时间距提交开题报告时间不低于 12 个月，由导师、教研室或科研团队组织并集中安排。答辩委员会应按相应专业教育指导委员会的要求组成，应有行业 / 企业专家参与。指导教师不能作为论文答辩委员会成员。

硕士专业学位研究生在学校规定的最长学习年限内，修完培养方案规定内容，成绩合格，完成学位论文并通过学位论文答辩的，准予毕业，学校发给毕业证书。经学院学位评定分委员会审核、校学位评定委员会审定通过后，授予相应学位，发给相应学位证书。

第6章

电子信息／控制工程硕士研究生培养方案案例

6.1 案例一

北京航空航天大学

6.1.1 适用类别及培养方向

电子信息（085400）

培养方向：

（1）控制理论与控制工程

（2）模式识别与智能系统

（3）检测技术与自动化装置

（4）机械电子工程

（5）电气工程

（6）导航、制导与控制

（7）建模仿真理论与技术

（8）系统工程

6.1.2 培养目标

本培养方案涉及的电子信息类别工程硕士专业学位研究生的培养目标是面向经济社会发展和行业创新发展需求，服务于电子信息工程领域的职业发展需求，强调工程性、实践性和应用性，在满足国家工程类专业学位基本要求的基础上，紧密结合自身优势与航空航天特色，明晰培养定位，突出培养特色，为国民经济电子信息技术建设与发展及企事业单位培养应用型、复合型高层次工程技术和工程管理人才。

电子信息技术领域工程硕士培养的具体要求如下：

（1）拥护中国共产党的领导，热爱祖国，遵纪守法，具有服务国家和人民的高度社会责任感、良好的职业道德和创业精神、科学严谨和求真务实的学习态度和工作作风，身心健康。

（2）掌握所从事行业领域坚实的基础理论和宽广的专业知识，熟悉行业领域的相关规范，在行业领域的某一方向具有独立担负工程规划、工程设计、工程实施、工程研究、工程开发、工程管理等专门技术工作的能力，具有良好的职业素养。

（3）掌握一门外国语。

6.1.3　培养模式及学习年限

工程硕士研究生采取校企合作的方式进行培养。采用全日制学习方式，实行学分制。

实行校企导师联合指导的校内责任导师负责制，聘请企业（行业）具有丰富工程实践经验的专家（一般应有副高级及以上技术职称）作为导师组成员。导师（组）负责指导工程硕士研究生制定个人培养计划、开题报告、专业实习实践和学位论文等。

工程硕士专业学位研究生采用全日制学习方式，学制 2.5 年，具体学习年限以及学籍管理遵循《北京航空航天大学研究生学籍管理规定》。

6.1.4　知识能力结构及学分要求

电子信息类别工程硕士专业学位要求的知识能力结构由学位理论课程、综合实践与培养环节两部分构成，包括思想政治素养、基础理论及专业知识、学术道德及工程伦理、工程实践能力、创新意识等方面。学分构成及要求如表 6.1.1 所述。

要求研究生依据培养方案，于申请学位论文答辩前，获得知识能力结构中所规定的各部分学分及总学分。

6.1.5　培养环节及基本要求

1. 制订个人培养计划

根据本类别的培养方案，由导师（组）与硕士研究生本人共同制订个人培养计划。个人培养计划包括课程学习计划和学位论文研究计划（含专业实践），一般应在每学期开学后 2 周内制定。研究生个人培养计划确定后，不应随意变更。

2. 学位理论课

本类别工程硕士专业学位要求的学位理论课程体系，包含思想政治理论课、基础及专业理论课、专业技术课、综合素养课等，各课程组构成及学分要求见表 6.1.1。

3. 综合实验

综合实验包括专业实验课程和创新实践项目。工程硕士研究生需根据个人兴趣及导师（组）要求，选择不少于 3 学分的专业实验课程或创新实践项目，并通过考核。

创新实践项目考核遵照《自动化科学与电气工程学院研究生创新实践考核办法》执行。

4. 专业实践

遵照《北京航空航天大学专业学位研究生专业实习管理与考核规定》，工程硕士研究生参加专业实践的具体要求为具有 2 年及以上企业工作经历的专业学位研究生专业实践时间应不少于 6 个月，不具有 2 年企业工作经历的专业学位研究生专业实践时间应不少于 1 年。专业实践环节完成后形成专业实践报告，由实践单位评价，培养单位考核，成绩合格者获得相应学分。

5. 课程免修

课程免修按照《自动化科学与电气工程学院研究生课程免修管理办法》（试行）执行。

6. 课程替代与学分认定

基础及专业理论核心课程可替代其他专业理论课程。

境内外联合培养所修课程及学分的认定，遵照《北京航空航天大学研究生课程及学分认定实施细则》执行。

6.1.6 学位论文及相关工作

工程硕士学位论文工作的开展，是研究生在导师（组）指导下，进行工程技术研究的过程。通过该过程的综合训练，使研究生具备综合运用所学知识解决工程技术问题的能力。

涉密学位论文执行《北京航空航天大学研究生涉密学位论文开题、评阅、答辩与保存管理办法》。

1. 开题报告

执行《北京航空航天大学研究生学位论文开题报告管理办法》和《自动化科学与电气工程学院研究生学位论文开题报告实施细则》。

2. 中期检查

执行《北京航空航天大学工程类硕士专业学位研究生培养工作基本规定》，且要求 2.5 年学制的工程硕士研究生一般在入学后第四学期 6 月底前完成中期检查。

3. 学位论文评阅与答辩

学位论文评阅与答辩执行相关文件规定，并执行《自动化科学与电气工程学院研究生学位论文匿名评审管理办法》等规定。

6.1.7 终止培养

执行《北京航空航天大学工程类硕士专业学位研究生培养工作基本规定》，详见表 6.1.1。

表 6.1.1 全日制专业型硕士培养方案学位必修课程 / 环节设置及学分要求

课程性质			课程代码	课程名称	学时	学分	要求
学位课程及环节学分要求	学位理论课	思想政治理论课	28111103	自然辩证法概论	16	1	1
			28111105	新时代中国特色社会主义理论与实践	32	2	2
		思想政治理论课课程模块					最低 3 分
		基础及专业理论核心课	03112101	矩阵理论	48	3	最低 3 分
			03112102	数值分析	48	3	
			03112103	数理统计与随机过程	48	3	
			03112104	飞行力学	48	3	
			09112192	最优化方法	48	3	
			09112295	应用泛函分析	48	3	
			03112301	线性系统理论	48	3	
			03112302	最优控制与状态估计	64	4	
			03112303	人工智能	48	3	
			03112304	检测技术与自动化	48	3	
			03112305	现代飞行控制系统	48	3	
			03112306	系统建模与仿真技术	48	3	
			03112313	电磁场与电磁波	48	3	
			03112314	现代电路理论	48	3	
			03112315	电机的矩阵分析	48	3	
			03112406	系统辨识	48	3	
			03112407	现代数字信号处理	48	3	
			03113120	电液伺服控制	48	3	
			03113101	非线性控制理论 A	48	3	最低 2 分

续表

课程性质		课程代码	课程名称	学时	学分	要求
学位课程及环节学分要求	学位理论课	03113102	智能控制理论	48	3	最低2分
		03113103	模式识别与机器学习	48	3	
		03113104	数字图像处理	48	3	
		03113105	测试系统动力学Ⅰ	32	2	
		03113106	智能感知技术	32	2	
		03113107	现代导航技术	48	3	
		03113108	制导原理	48	3	
		03113109	飞行仿真技术	48	3	
		03113110	智能制造系统	48	3	
		03113111	系统科学与工程	32	2	
		03113112	系统工程理论及方法	32	2	
		03113113	智能自主系统	48	3	
		03113114	现代电力电子技术	32	2	
		03113117	航空航天电机系统	32	2	
		03113118	电力系统分析	32	2	
		03113119	电磁兼容原理	32	2	
		03113121	容错控制系统可靠性技术	32	2	
		03113122	机电系统非线性动力学与控制	32	2	
		03113124	机器人控制技术	32	2	
		03113125	机电系统综合设计及仿真实践	32	2	
基础及专业理论核心课课程模块						最低10分
其他专业理论课		03113XXX	本学院其他专业理论课			最低0分
其他专业理论课课程模块						最低0分
专业技术课		03113115	智能电器	32	2	最低4分
		03113116	交流调速及其系统分析	32	2	
		03113203	气动技术理论与实践	32	2	
		03113207	机电系统网络控制	32	2	
		03113302	自动测试系统设计与集成技术	32	2	
		03113306	导弹系统建模与仿真	32	2	
		03113308	虚拟现实技术及应用	32	2	

续表

课程性质			课程代码	课程名称	学时	学分	要求
学位课程及环节学分要求	学位理论课	专业技术课	03113310	飞行控制系统设计与综合分析	32	2	最低 4 分
			03113311	多旋翼飞行器设计与控制	32	2	
			03113315	现场总线技术	32	2	
			03113323	先进控制系统设计	32	2	
			03113324	计算机视觉与导航技术	32	2	
			03113325	信息融合技术	32	2	
			03113328	抗干扰控制系统设计：从概念到实际	32	2	
			03113332	计算智能	32	2	
			03113335	数字系统故障诊断与可靠设计	32	2	
			03113339	深度学习与自然语言处理	32	2	
			03113340	工业互联网	32	2	
			03113341	控制实践讲堂	32	2	
		专业技术课课程模块					最低 4 分
		综合素养	00114302	英文科技论文写作与学术报告	32	2	最低 1 分
			03114102	科学写作与报告	16	1	
			03114101	英语（免修）	0	2	最低 2 分
			033131XX	专业英语类课程			
			12114112	学术英语（硕）	32	2	
			12114113	学术英语（硕免）	0	2	
			12114116	研究生德语	60	2	
			12114117	研究生日语	60	2	
			12114118	研究生俄语	60	2	
			03114101	英语（免修）	0	2	
			033131XX	专业英语类课程			
			12114112	学术英语（硕）	32	2	
			12114113	学术英语（硕免）	0	2	
			12114115	英语二外（公共）	60	2	
			00114401	工程伦理	32	2	

课程性质		课程代码	课程名称	学时	学分	要求
学位课程及环节学分要求	学位理论课 综合素养	03114105	工程管理系列讲座	32	2	最低1分
		08115302	管理类专题课：项目管理	18	1	
			综合素养课程模块			最低6分
			学位理论课小计			最低25分
	综合实践与培养环节 综合实践与培养环节	00117201	开题报告（硕）	0	1	最低1分
		031161XX	专业实验			最低3分
		03116201	创新实践A	0	5	
		03116202	创新实践B	0	3	
		03116203	创新实践C	0	2	
		03116204	创新实践D	0	1	
		XX1161XX	信息学科或航空航天学科与研究方向相关的实验课			
		00117904	专业实践（硕）	0	3	最低3分
			综合实践与培养环节课程模块			最低7分
学位课程及环节必修学分合计						最低32分

6.2　案例二

北京理工大学

6.2.1　专业学位简介

"电子信息"工程专业学位类别依托北京理工大学信息与电子学院、光电学院、计算机学院、自动化学院、集成电路与电子学院、网络空间安全学院和生命学院。研究方向涵盖光学工程、仪器科学与技术、电子科学与技术、信息与通信工程、控制科学与工程、集成电路科学与工程、计算机科学与技术、生物医学工程、网络空间安全等九个一级学科，其中信息与通信工程、控制理论与控制工程、光学工程为国家重点学科。本类别汇聚了 17 位中国科学院和中国工程院院士，形成了以院士、长江学者、国家杰出青年科学基金获得者和国家教学名师为学术带头人的高水平师资队伍；拥有自主智能无人系统全国重点实验室等 6 个国家级科研平台及 35 个省部级重点实验室，与行业及领先企业共建一批产学研研究生联合培养基地，形成良好的产教融合生态；获得多项包括国家科技进步奖一等奖、国家技术发明 / 科技进步奖二等奖、国防科技进步奖一等奖 / 二等奖等国家及省部级奖项。已成为我国电子信息领域复合型高层次工程技术研发和工程管理人才培养的重要基地。

面向国际前沿和国民经济、国防重大需求，依托国家重大科技和工程项目，本类别重点在以下领域开展工程专业硕士培养。

1. 新一代电子信息技术（含量子技术等）（085401）

本领域依托"信息与通信工程"和"电子科学与技术"两个一级学科，重点研究新体制雷达、航天测控、电磁频谱感知与识别、天线与微波技术、空间目标探测与识别、量子信息技术、信息系统与对抗、遥感信息实时处理、医学信息感知与智能分析等电子信息热点领域和前沿方向，具有鲜明的特色与优势，在高速交会目标无线电相对定位测量、雷达探测等方面处于国际领先水平。

2. 通信工程（含宽带网络、移动通信等）（085402）

本领域依托"信息与通信工程"国家级重点学科，重点研究空天网络信息传输与分发、新一代移动通信技术与系统、智能通信、多媒体信号处理、物联网通信系统、太赫兹通信技术与系统、宽带高速光通信、光纤传感技术、通信信号与信息处理、空天信息系统安全理论与技术等通信热点领域和前沿方向，面向国际前沿和国民经济、国防重大需求，在无线通信、移动通信、空天网络信息、宽带通信与网络等领域已形成了明显的特色与优势。

3. 集成电路工程（085403）

本领域依托"集成电路科学与工程"和"电子科学与技术"两个一级学科，瞄准国家关键"卡脖子"难题，重点研究集成微纳电子科学、MEMS 与集成微系统、集成电路设计与先进封装、硅基集成光电子学、射频技术与软件、微波与太赫兹技术、智能电子信息系统等集成电路与电子信息热点领域和前沿方向。在新型低维量子结构与器件、智能 MEMS 微镜、SOC 设计与应用等方向取得一系列国内和国际领先的成果，具有鲜明的特色与优势。

4. 计算机技术（085404）

本领域依托"计算机科学与技术"一级学科。围绕计算机技术领域的国家重大需求，以计算机系统体系结构的基础理论、核心技术和高性能计算工程为背景，主要研究机器翻译、语义计算、社会媒体处理、信息检索与信息抽取、智能辅助决策、计算视觉与认知、图像 / 视频学习与推理、医学影像分析与处理、立体视觉与深度感知、目标识别与跟踪、3D 场景重建与交互、智能人机交互、无线自组网络、多核计算、多 / 众核处理器等系统和技术。

5. 软件工程（085405）

本领域依托"计算机科学与技术"一级学科。围绕软件工程领域的国家重大需求，以关键基础软件和行业应用软件为背景，主要研究基于大数据的智能化软件开发方法与开发环境、复杂软件体系结构、数据库基础理论与关键技术、数据分析的理论方法与技术、跨域数据计算、边缘数据计算、图数据管理与分析，智慧数据计算、海量异构数字资源管理与互操作、智能教育软件与辅助决策、基于大数据和脑科学的辅助诊断、移动互联网软件等。

6. 控制工程（085406）

本领域依托"控制科学与工程"一级学科，面向国家复杂工程重大需求和学科前沿热点问题，以复杂环境下多约束运动体为研究对象，开展系统建模、实时感知、决策与控制相关研究，下设智能感知与运动控制、模式识别与智能系统、导航制导与控制、控制理论与控制工程、智能信息处理与控制以及电气工程与控制等六个研究方向，具有军民深度融合、理论与应用研究并重等特色。

7. 仪器仪表工程（085407）

本领域依托"仪器科学与技术"一级学科，重点研究总体设计与系统集成、混智能感测与新型成像、精密光电测试技术及仪器、光学场景仿真与系统评估等热点领域和前沿方向，具有鲜明的特色与优势。学科坚持基础研究与应用研究并重、高新技术研究与技术开发并重、研究与人才培养并重的原则，为国民经济建设与国家安全服务。

8. 光电信息工程（085408）

本领域依托"光学工程"一级学科，以光电信息技术、光电成像技术、光电子学技术、光电显示技术等光电信息工程前沿领域的工程问题作为主要研究对象，重点研究微光与超宽波段成像，混合现实与新型显示，光学设计、加工与检测，光电探测、度量与对抗，激光与光电子技术、光信息处理与微纳光学等科学问题和核心关键技术，已形成鲜明的学科特色和技术优势。学科坚持基于创新的应用研究，高新技术与技术开发并重，高层次应用型创新人才培养的原则，为国民经济建设和国家安全服务。

9. 生物医学工程（085409）

本领域依托"生物医学工程"一级学科，面向国际前沿和国民经济、国防重大需求，依托国家重大科技和工程项目，重点研究空间生物与医学工程、自主式微型生物医疗系统、数字健康与智慧医疗、医用生物技术、生物医学检测技术等医工交叉领域和前沿方向，具有电子信息技术与医学及生命科学有机融合，鲜明的"医工结合"特色与优势，在空间生命科学与载荷、医疗微辅助系统与医学机器人、生物医学检测技术等方面处于国际国内先进水平。

10. 人工智能（085410）

本领域依托"人工智能"一级学科，下设人工智能理论基础、类脑智能、群体智能、智能安全与反智、智能技术及应用五个研究方向。人工智能理论基础主要研究智能科学中的数学、控制和信息理论基础。类脑智能主要以计算建模为手段，受脑神经机制和认知行为机制启发，并通过软硬件协同实现机器智能。群体智能主要研究群体智能的自主决策和优化控制。智能安全与反智主要研究反向智能与智能反制。智能技术及应用主要研究人工智能技术在城市、交通、制造、医疗、金融、管理、法律、农业、艺术等领域的赋能应用。

11. 大数据技术与工程（085411）

本领域依托"计算机科学与技术"一级学科。要求研究生掌握数据科学的基础理论，熟练掌握大数据的算法设计与分析技术；具备数据采集与清洗、大数据管理与挖掘、大数据计算与分析、大数据可视化、大数据隐私与安全等相关理论知识与方法，能够开展行业大数据分析研究，具备大数据分析的科研与开发能力，培养从事行业大数据研究和应用的高端技术人才。

12. 网络与信息安全（085412）

本领域依托"网络空间安全"一级学科，坚持总体国家安全观，面向网络空间安全领域培养具有浓厚家国情怀、宽广国际视野、担当复兴大任系统扎实掌握信息安全、计算机与网络工程、先进计算与网络安全（包含人工智能安全、数据安全等）领域的基本理论、专业技术和研究能力，能够面向世界科技前沿、国家重大需求在电磁空间安全、网络空间安全、计算系统安全和互联网治理等方面开展高水平工程技术研究的一流技术人才。

6.2.2 培养目标与培养方式

1. 培养目标

面向国家发展的重大需求及科技前沿，以国家重大和重点项目为依托，培养应用型、复合型、创新型的高层次工程技术和工程管理人才，具体目标如下：

（1）坚持正确的政治方向，热爱祖国，遵纪守法，品行端正；

（2）具有科学严谨和求真务实的学习态度和工作作风，积极为社会主义现代化建设服务；

（3）掌握电子信息相关领域坚实的基础理论和专业知识，掌握解决工程问题的先进技术方法和现代技术手段；

（4）具有在电子信息相关学科从事管理、研究、维护和开发的能力；

（5）具有创新意识和独立负担工程技术或工程管理的能力。

2. 培养方式

培养方式实行全日制方式。对于全日制硕士专业学位研究生，实行集中在校学习和社会实践相结合的培养方式，并增强实践教学培养环节。实行双导师负责制或导师指导小组负责制。双导师制是指1名校内学术导师和1名校外社会实践部门的导师共同指导学生，其中以校内导师指导为主，校外导师参与实践过程、项目研究、部分课程与论文等环节的指导工作。导师指导小组负责制是由3～5人组成的指导小组进行合作指导制度。导师指导小组中必须有1人为首席导师，主要负责研究生的业务指导和思想政治教育，其余导师参与实践过程、项目研究、部分课程与论文等环节的指导工作。

6.2.3 学制

基本学制为3年，全日制专业学位硕士最长修业年限在基本学制基础上增加0.5年。软件工程领域（085405）学制为2年。

6.2.4 课程设置与学分要求

全日制硕士专业学位课程划分为公共课、基础课、类别核心课、专业选修课（包括领域实践课和领域选修课）四部分，详见表6.2.1。

表 6.2.1 课程设置与学分要求

类别	课程代码	课程名称	学时	学分	学期	是否必修	学分要求
公共课	2700006	新时代中国特色社会主义理论与实践	36	2	1	必修	2
	2700002	自然辩证法概论	18	1	1	必修	1
	240003*	硕士公共英语中级	32	2	1/2	分级选一	2
	240004*	硕士公共英语高级	32	2	1/2		
	0300204	工程伦理	16	1	1/2	必修	1
	0300202	科技写作实训	8	0.5	1/2	必修	0.5
	2200003	心理健康	8	0.5	1/2	必修	0.5
基础课	1700001	数值分析	32	2	1	选修	≥2
	1700002	矩阵分析	32	2	1	选修	
	0600003	自动控制中的线性代数	48	3	1	控制工程领域必选	
类别核心课	类别核心课需修满 4 学分以上，可跨领域选课						
	0500001	高等电磁场理论	32	2	1	选修	新一代电子信息技术
	0500112	毫米波系统理论、技术及应用	32	2	2	选修	
	0500110	统计信号处理基础	32	2	1	选修	
	0501003	（英）雷达系统导论	32	2	1	选修	
	0500070	信息系统及其安全对抗	32	2	1	选修	
	0501013	（英）通信网络基础	32	2	2	选修	通信工程
	0500166	高等数字通信	32	2	1	选修	
	0501020	（英）移动通信	32	2	2	选修	
	0500036	光网络与通信技术	32	2	1	选修	通信工程
	0501001	（英）统计信号处理基础	32	2	1	选修	
	1301004	（英）MEMS 原理	32	2	1	选修	集成电路工程
	1301006	（英）纳米电子器件及应用	32	2	1	选修	
	1300003	柔性电子材料与器件	32	2	1	选修	
	0700002	语言信息处理	32	2	1	选修	计算机技术
	0700004	人工智能	32	2	1	选修	
	0700009	高级计算机网络	32	2	1	选修	
	0700034	数据挖掘	32	2	2	选修	
	0700043	软件体系结构	32	2	1	选修	
	0700053	软件理论与工程	32	2	1	选修	软件工程
	0700054	软件体系结构原理与方法	32	2	1	选修	
	0700055	软件质量保障	32	2	1	选修	

续表

类别	课程代码	课程名称	学时	学分	学期	是否必修	学分要求
类别核心课	0600009	现代检测与测量技术	32	2	2	选修	控制工程
	0600010	系统工程原理与应用	32	2	1	选修	
	0600011	模式识别	32	2	2	选修	
	0600015	现代电力电子学	32	2	1	选修	
	0600048	最优化理论与方法	32	2	2	选修	
	0600049	最优与鲁棒控制	32	2	1	选修	
	0600050	惯性器件与导航系统	32	2	2	选修	
	0400013	现代光学设计方法	32	2	1	选修	仪器仪表工程
	0400073	精密光学传感技术及仪器	32	2	2	选修	
	0400084	光电仪器现代设计	32	2	2	选修	
	0400085	现代光电测试技术	32	2	1	选修	
	0400013	现代光学设计方法	32	2	1	选修	光电信息工程
	0400015	光电传感基础	32	2	1	选修	
	0400018	虚拟现实与增强现实技术	32	2	1	选修	
	0400036	光电子信息系统	32	2	1	选修	
	0400060	导波光学	32	2	1	选修	
	0400070	高等光谱学与色度学	32	2	1	选修	
	0400086	光电成像技术与系统	32	2	1	选修	
	1600066	生物医学信息与统计学	32	2	1	选修	生物医学工程
	1600065	医学生理病理学	32	2	2	选修	
	1600023	生物医学工程前沿	32	2	1	选修	
	0600010	系统工程原理与应用	32	2	1	选修	人工智能
	0600011	模式识别	32	2	2	选修	
	0700002	语言信息处理	32	2	1	选修	
	0700004	人工智能	32	2	1	选修	
	0700005	计算机视觉	32	2	1	选修	
	1600067	脑功能分析技术	32	2	1	选修	
	0700001	机器学习	32	2	2	选修	大数据技术与工程
	0700006	分布式数据库	32	2	1	选修	
	0700056	数据科学与工程	32	2	2	选修	
	1200001	计算系统安全	32	2	1	选修	网络与信息安全
	1200002	人工智能安全	32	2	2	选修	
	1201005	（英）网络空间安全导论	32	2	1	选修	
	1200026	空天信息网络理论与技术	32	2	2	选修	

续表

类别	课程代码	课程名称	学时	学分	学期	是否必修	学分要求
类别核心课	1200007	无线安全通信技术	32	2	1	选修	网络与信息安全
领域实践课	领域实践课需修满 6 学分以上，可跨领域选课						
领域实践课	1300008	手机电磁系统设计与仿真	32	2	2	选修	新一代电子信息技术
	0500211	人工智能与大数据综合实战	32	2	2	选修	
	0500067	电子测量原理与应用	32	2	1	选修	
	0500104	先进航天遥感信息获取与处理技术	32	2	1	选修	
	0500212	移动通信技术理论与实践	32	2	2	选修	通信工程
	0500109	高速光信号处理	32	2	2	选修	
	0500111	光电信号处理	32	2	2	选修	
	0500155	信道编码及其应用	32	2	2	选修	
	0500026	FPGA 与 SoPC 设计基础	32	2	2	选修	集成电路工程
	0500097	集成电路设计实践	32	2	1	选修	
	0500119	CMOS 模拟集成电路设计	32	2	2	选修	
	1301009	（英）集成电路制造技术	32	2	1	选修	
	0700030	社交网络分析	32	2	2	选修	计算机技术
	0700032	图像与视频处理	32	2	1	选修	
	0700033	内容管理与数字图书馆技术	32	2	1	选修	
	0700038	嵌入式系统	32	2	2	选修	
	0700048	虚拟现实技术及应用	32	2	1	选修	
	0800106	数据工程及数字化转型	32	2	2	选修	软件工程
	0800107	开源鸿蒙操作系统开发实践	32	2	2	选修	
	0800108	大数据分析技术及应用	32	2	2	选修	
	0800109	智能金融平台	32	2	2	选修	
	0800110	新型用户交互平台	32	2	2	选修	
	0800112	高斯数据库技术	32	2	1	选修	
	0600020	伺服驱动与控制	32	2	2	选修	控制工程
	0600030	机电控制系统的建模与仿真	32	2	2	选修	
	0600040	嵌入式系统设计	32	2	2	选修	
	0600041	智能检测技术	32	2	2	选修	
	0600042	图像处理技术	32	2	1	选修	
	0600043	数据挖掘技术	32	2	1	选修	
	0600044	智能无人平台自主导航与控制	32	2	2	选修	
	0600065	电力电子系统建模及仿真	32	2	1	选修	

续表

类别	课程代码	课程名称	学时	学分	学期	是否必修	学分要求
领域实践课	0400009	高等光电技术实验	32	2	2	选修	仪器仪表工程
	0400089	量子光电器件及应用	32	2	2	选修	
	0400090	光电感知创新实验	32	2	2	选修	
	0400091	智能光机电系统创新设计与实践	32	2	1	选修	
	0400092	光电仪器仿真与设计	32	2	2	选修	
	0400009	高等光电技术实验	32	2	2	选修	光电信息工程
	0400057	光学制造、检测与镀膜技术	32	2	2	选修	
	0400063	现代光电子学实验	32	2	1	选修	
	0400093	光电图像与视频处理技术及实践	32	2	2	选修	
	0400094	现代光纤通信技术及实践	32	2	1	选修	
	0400095	新型光场及先进粒子操控技术实验	32	2	1	选修	
	1600069	空间生命载荷技术	32	2	1	选修	生物医学工程
	1600024	生物医学机器人	32	2	2	选修	
	1600048	生物医学光学	32	2	1	选修	
	1600070	医疗器械认证与注册	32	2	1	选修	
	1600073	核磁共振成像及其应用	32	2	1	选修	
	1601008	（英）人体解剖生理学	32	2	1	选修	
	0600023	智能计算与信息处理	32	2	2	选修	人工智能
	1200027	人工智能安全与伦理	32	2	2	选修	
	1700140	统计学习与数据挖掘	48	3	2	选修	
	0700011	并行编程原理与实践	32	2	2	选修	大数据技术与工程
	0700031	信息检索	32	2	1	选修	
	0700041	大数据分析与应用	32	2	1	选修	
	1200009	智能信号处理	32	2	1	选修	网络与信息安全
	1200012	数据链系统与技术	32	2	2	选修	
	1200010	电磁空间安全测量技术	32	2	1	选修	
	1200014	隐私计算理论与实践	32	2	1	选修	
	1200025	智能可重构系统技术及应用	32	2	2	选修	
领域选修课	领域选修课需修满 6 学分以上，可跨领域选课						
	1300010	电磁频谱战系统导论	32	2	1	选修	新一代电子信息技术
	0500019	阵列信号处理	32	2	1	选修	
	0501004	（英）现代天线理论与技术	32	2	2	选修	
	0500114	现代天线理论与技术	32	2	2	选修	
	1300011	现代光电成像技术	32	2	1	选修	

续表

类别	课程代码	课程名称	学时	学分	学期	是否必修	学分要求
领域选修课	0500039	雷达目标特性分析方法	32	2	2	选修	新一代电子信息技术
	0500132	医学成像系统	32	2	2	选修	
	1300016	医学信号处理	32	2	2	选修	
	0500092	可编程数字信号处理系统设计	32	2	2	选修	
	0500202	稀疏阵列信号处理	32	2	2	选修	
	0500120	无线通信与感知一体化技术	32	2	2	选修	
	0500084	数字信号处理器结构与系统	32	2	1	选修	
	0500203	智能交通毫米波雷达信息处理	32	2	2	选修	
	0500204	行星雷达原理与应用	32	2	2	选修	
	0500205	低可探测信息获取与处理	32	2	2	选修	
	0500206	智能计算系统软硬件技术	32	2	2	选修	通信工程
	0500207	统计推断与应用	32	2	2	选修	
	0500088	无线网络和移动计算	32	2	2	选修	
	0501012	（英）语音信号数字处理	32	2	1	选修	
	0501007	（英）先进光纤通信系统	32	2	1	选修	
	0500209	宽带光无线融合通信	32	2	2	选修	
	0500083	卫星通信理论与应用	32	2	2	选修	
	0500158	空天通信系统	32	2	2	选修	
	0501014	（英）高等数字通信	32	2	1	选修	
	0500210	半导体激光原理与技术	32	2	1	选修	
	0500143	信息论	32	2	1	选修	
	0500074	多抽样率信号处理	32	2		选修	
	0500094	高级机器学习	32	2	2	选修	
	0500122	大数据思维与技术	32	2	1	选修	
	0500012	混合信号集成电路	32	2	1	选修	集成电路工程
	0500022	现代电路与网络理论	32	2	1	选修	
	0500024	高速数字电路与系统设计	32	2	1	选修	
	0500042	电磁兼容原理与应用	32	2	2	选修	
	0500043	太赫兹技术与应用	32	2	2	选修	
	0500047	三维集成技术	32	2	2	选修	
	0500116	微波毫米波电路与集成技术	32	2	2	选修	
	0500163	电子薄膜科学及技术	32	2	2	选修	
	1300018	半导体器件物理	32	2	1	选修	
	1300022	微波滤波器理论与设计	32	2	2	选修	

续表

类别	课程代码	课程名称	学时	学分	学期	是否必修	学分要求
领域选修课	1300024	电磁超材料与应用	32	2	2	选修	集成电路工程
	1300047	基于 ARM 的嵌入式系统基础与应用	32	2	1	选修	
	1301026	（英）MEMS 设计	32	2	2	选修	
	0700007	软件工程与软件自动化	32	2	2	选修	计算机技术
	0700045	计算机网络前沿技术	32	2	2	选修	
	0700046	面向对象技术与方法	32	2	2	选修	
	0700047	计算机图形学技术及应用	32	2	1	选修	
	0700057	智能科学技术	32	2	2	选修	软件工程
	0700058	数字媒体技术	32	2	1	选修	
	0800111	计算机网络系统与工程	32	2	1	选修	
	0600045	线性系统理论	48	3	1	必修	控制工程
	0600008	非线性控制系统	32	2	2	选修	
	0600016	现代电力系统分析	32	2	1	选修	
	0600018	自适应控制	32	2	2	选修	
	0600019	多源信息滤波与融合	32	2	2	选修	
	0600021	故障诊断与容错技术	32	2	2	选修	
	0600022	现代电子技术	32	2	1	选修	
	0600024	卫星导航定位与地理信息系统	32	2	2	选修	
	0600025	多智能体协同与控制	32	2	2	选修	
	0600028	电力系统优化运行及控制	32	2	1	选修	
	0600029	电能质量控制技术	32	2	2	选修	
	0600046	深度学习	32	2	2	选修	
	0600047	现代能量转换与运动控制系统	32	2	1	选修	
	0600051	随机过程理论及应用	32	2	1	选修	
	0600052	智能控制	32	2	1	选修	
	0600055	控制科学与工程专题	32	2	1	选修	
	0600060	智能计算系统	32	2	2	选修	
	0600061	电网络理论	32	2	2	选修	
	0600062	智慧能源与能源互联网	32	2	2	选修	
	0400010	傅里叶光学导论	32	2	1	选修	仪器仪表工程
	0400047	光电系统中的控制技术	32	2	1	选修	
	0400050	误差理论及应用	32	2	1	选修	
	0400074	智能光电系统设计及应用	32	2	1	选修	
	0400076	现代光信息探测技术	32	2	2	选修	

续表

类别	课程代码	课程名称	学时	学分	学期	是否必修	学分要求
领域选修课	0400078	数字成像系统性能评测	32	2	2	选修	仪器仪表工程
	0401009	（英）激光技术及其在先进仪器中的应用	32	2	1	选修	
	0401010	（英）深度学习与智能图像分析	32	2	2	选修	
	0401011	（英）光学干涉测量	32	2	1	选修	
	0400014	非线性光学	32	2	1	选修	光电信息工程
	0400022	光学与光电检测系统	32	2	2	选修	
	0400023	红外技术与系统	32	2	1	选修	
	0400025	新型光电成像器件及其应用	32	2	1	选修	
	0400029	光电雷达技术	32	2	1	选修	
	0400034	光信息处理技术及应用	32	2	1	选修	
	0400037	超快光学	32	2	2	选修	
	0400056	多源图像融合及其遥感应用	32	2	1	选修	
	0400061	光纤传感技术与系统	32	2	2	选修	
	0400071	机器学习及医学图像分析	32	2	2	选修	
	0400082	近代信息光学及新型应用	32	2	2	选修	
	0400096	光子超材料研究进展与器件设计	16	1	2	选修	
	0400097	现代显示与照明技术	32	2	1	选修	
	0401001	（英）量子光学导论	32	2	2	选修	
	0401002	（英）现代颜色技术原理及应用	32	2	1	选修	
	0401003	（英）人工智能与生物特征识别	32	2	2	选修	
	0401004	（英）生物医学中的光电子学	32	2	2	选修	
	0401005	（英）微纳光电子器件／系统制造导论	32	2	2	选修	
	1600071	医疗仪器设计与实践	32	2	2	选修	生物医学工程
	1600011	临床检验方法与仪器	32	2	1	选修	
	1600026	生物仪器分析技术	32	2	2	选修	
	1600053	现代医疗仪器设备与管理	32	2	2	选修	
	0500201	图像与视频智能处理	32	2	2	选修	人工智能
	0600063	人工智能进展	16	1	1	选修	
	0600064	群体智能与博弈对抗基础	32	2	2	选修	
	0700001	机器学习	32	2	2	选修	
	1600079	人工智能与脑科学	32	2	1	选修	
	1600080	脑机智能与神经调控	32	2	2	选修	
	1700153	人工智能的数学基础	32	2	1	选修	

类别	课程代码	课程名称	学时	学分	学期	是否必修	学分要求
领域选修课	2300360	人工智能法律专题	32	2	2	选修	人工智能
	0700003	统计模式识别	32	2	1	选修	大数据技术与工程
	0700012	高级操作系统	32	2	1	选修	
	0700036	分布式系统技术	32	2	1	选修	
	1200003	数字媒体安全	32	2	1	选修	网络与信息安全
	1200004	数据中心优化与安全	32	2	2	选修	
	1200015	群智感知技术与安全	32	2	1	选修	
	1200024	电磁防护与安全	32	2	1	选修	
	1200030	无人系统信息安全	32	2	2	选修	
	1201004	（英）物联网安全	32	2	1	选修	
总计学分	≥25						

说明：

（1）外语课：外语为英语的全日制专业学位研究生，根据入学考试成绩进行划分，以确定所修课程内容，达到免修条件者可申请免修研究生公共英语。英语免修条件按照研究生院每年发布的有关文件执行。

（2）基础课：表6.2.1中所列数学类课程若不能满足本专业学位类别（领域）对基础课的要求，可另行制定其他相关的基础课。

（3）类别核心课：各专业学位类别根据培养目标确定核心课程，可跨领域选课。

（4）领域实践课：至少选修2门本领域实践课程，另需1门可在全校领域实践课程库中选修。

（5）领域选修课：至少选修2门本领域选修课程，另需1门可在全校领域选修课程库中选修。专业学位研究生获得省部级及以上创新创业竞赛奖（一等奖及以上，团队中个人排名为前三），可最多替代1门领域实践课，学分计2学分，成绩记85分。

在导师指导下，硕士研究生根据需要可选修本科生核心课程，课程如实记录成绩档案，但不计入硕士培养计划要求学分。

6.2.5 必修环节

1. 实践环节（7学分）

全日制专业学位研究生需到校外部门、企业或本校进行专业实践，时间不少于6个月

（其中：两年制学生在企业不少于 2 个月，其余时间在校 4 个月；三年制学生在企业不少于 6 个月）；不满 2 年工作经历的工程硕士专业实践不少于 1 年。

非全日制专业学位研究生，可根据研究生所在单位的特点，结合培养目标和选题意向，深化工程技术或工程管理的研究，提高技术创新能力，学生结合课程学习内容和自己的工作实际，上报业务工作总结报告，由企业导师和校内学术导师共同出具考核评价意见。

2. 创新训练（1 学分）

创新训练包括竞赛获奖、知识产权、科技成果转化、自主创业、社会实践等。需完成一份创新训练总结报告，不少于 3000 字。

具体要求见《北京理工大学研究生培养环节实施办法》。

6.2.6　培养环节及学位论文相关工作

培养环节及学位论文相关工作包括文献综述与开题报告；中期检查；论文答辩；学位申请。

具体要求见《北京理工大学研究生培养环节实施办法》及《北京理工大学学位授予工作细则》。

本专业学位类别（领域）对符合要求的硕士学位申请人授予电子信息（领域名称）硕士专业学位。

具体的培养环节及相关工作，见表 6.2.2。

表 6.2.2　培养环节时间节点要求

培养环节及相关工作	完 成 时 间
文献综述与开题报告	第四学期第 1 周（含）前
中期检查	第五学期第 11 ~ 12 周
论文答辩	距离开题至少 12 个月
学位申请	答辩后在规定时间内提出申请

6.2.7　课程教学大纲要求

教学大纲内容包括课程编码、课程名称、学时、学分、教学目标、教学方式、考核方式、适用学科专业、先修课程、主要教学内容和学时分配、参考文献等。

6.3 案例三

天津大学

6.3.1 专业学位简介

天津大学控制工程领域以石油化工、航空航天、资源环境、先进能源、先进制造、生物医药等领域为背景，以满足国家重大建设需要为目标，开展在线检测系统、智能控制系统、状态估计与识别系统的设计与实现等研究。其中，在人才培养方面，以开展解决实际应用问题的研究为依托，以校企合作工程项目为牵引的联合培养模式；在专业实践环节方面，学生全程参与依托于合作科研项目或企业实际课题的研发过程，突出研究问题符合实际生产和工程建设需求及行业研究热点，突出技术开发与工程设计等实践创新能力的培养。

本领域结合本领域的在线检测技术与系统、自动化装备控制系统、智能信息处理系统与装置等方向研究基础，形成工业自动化仪表、自动化装备智能控制、电气系统自动化控制、智慧城市建设等特色培养方向。

6.3.2 培养目标

本授权点致力于培养具有家国情怀、全球视野、创新精神和实践能力的应用型高级科研人才；培养面向相关行业自动化技术实际工程研究、开发和应用，具有先进思想、严谨思维、创新素质和实践能力，德智体美全面发展，能从事自动化工程与技术相关领域的应用型、复合型高层次工程技术和管理人才。

6.3.3 培养方式及学习年限

培养方式：专业学位研究生的培养主要采取课程学习、科研训练、专业实践相结合的方式，实行校内外双导师指导模式。本领域重视因材施教，根据每位硕士研究生的基础、特点和职业发展制定个性化的培养方案，为其毕业后的发展奠定良好的基础。

学习年限：基本学习年限为 2.5 年。

6.3.4 必修环节要求

1. 文献阅读

本领域硕士研究生在学期间，每学期应至少阅读 10 篇本领域经典专著、论文及研究报告等文献，并完成文献阅读报告或综述，为科研工作奠定基础。

本环节的考核：硕士研究生在每学期末，完成本学期相关"文献阅读报告或综述"的撰写，并通过研究生培养系统网络提交，由指导教师或指导团队负责人给出是否通过的成绩结果，"文献阅读报告或综述"的纸质文档由学院备案。

2. 开题报告

本领域硕士研究生入学后的第二个学期末或第三学期初进行开题报告。开题报告由各研究方向统一组织，采用开题报告会形式，硕士研究生就拟选课题进行说明报告。由研究方向的硕士研究生导师、并可邀请部分校外导师对拟选课题国内外研究现状、主要问题，课题研究意义、目的，课题研究工作内容、拟解决的主要问题，课题研究工作所采取的研究方法与技术路线，研究工作已有基础，拟取得的研究成果和研究工作计划安排等方面进行评判。

开题报告的评价结果包括："通过""通过，但需改进、完善""不通过"三类。其中，开题报告评价为"通过"，硕士研究生需根据评议所提出的要求和建议，对开题报告作进一步修改和完善后，正式提交开题报告，并开展后续课题研究工作；评价为"通过，但需改进、完善"，硕士研究生需根据评议所提出的要求和建议，对开题报告作进一步修改和完善，并由指导教师或指导团队负责导师确认、并同意修改内容后，正式提交开题报告，并开展后续课题研究工作；评价为"不通过"，硕士研究生需根据评议所提出的要求和建议，开展进一步的前期论证和研究工作，待下次开题报告会（本领域硕士研究生开题报告根据需要，每学期组织两次）重新开题；二次开题报告不通过的硕士研究生，必须延长相应的课题研究工作时间、延期毕业；如三次开题报告不通过的硕士研究生，应中止硕士课题研究工作，按照学校相关规定申请肄业或结业。

开题报告的提交：硕士研究生的开题报告在开题报告会后，通过研究生培养系统网络提交，由指导教师或指导团队负责人给出是否通过的结果，由研究方向负责人根据开题报告会论证、评判结果确定是否通过。开题报告纸质文档经硕士研究生本人、指导教师或指导团队负责人、研究方向负责人签字、确认后，交由学院备案。

3. 研究进展报告

本领域硕士研究生在学期间，每学期应至少在研究团队或课题组内的组会上完成 2 次研究进展报告，汇报研究进展或交流文献阅读综述。

本环节的考核：硕士研究生在每次参加组会前，应完成相关研究进展或文献综述的 PPT 文档；并在组会后，通过研究生培养系统网络提交，由指导教师或指导团队负责人给出是否通过的成绩结果。

4. 中期考核

本领域硕士研究生入学后的第四个学期进行中期考核。中期考核由各研究方向统一组织，硕士研究生就学位课题的研究工作进展进行总结，并撰写中期考核报告。由硕士研究生指导教师或指导团队负责人根据研究工作的规划目标及研究工作的进展情况进行评判。

中期考核的评判结果包括："通过"和"不通过"两种。其中，评判为"通过"，硕士研究生需根据指导教师或指导团队所提出的要求和建议，对研究工作进行必要的修正和完善，并开展后续研究工作；评判为"不通过"，硕士研究生需根据指导教师或指导团队所提出的要求和建议，继续补充和完善课题研究工作，并重新提交中期考核报告。二次中期考核不通过的硕士研究生，应中止硕士课题研究工作，按照学校相关规定申请肄业或结业。

中期考核报告的提交：硕士研究生的中期考核报告，通过研究生培养系统网络提交，由指导教师或指导团队负责人给出是否通过的结果，由研究方向负责人根据开题报告会论证、评判结果确定是否通过。中期考核报告纸质文档经硕士研究生本人、指导教师或指导团队负责人、研究方向负责人签字、确认后，由学院备案。

5. 学科前沿讲座

本领域硕士研究生在学期间，每学期至少参加 1 次本领域或相关学科的前沿学术讲座、报告或学术会议，了解相关研究前沿进展，拓宽学术视野。

本环节的考核：硕士研究生在每学期末，完成本学期"学术前沿进展报告"的撰写，并通过研究生培养系统网络提交，由指导教师或指导团队负责人给出是否通过的成绩结果，"学术前沿进展报告"的纸质文档由学院备案。

6. 专业实践

本领域硕士研究生在课程学习完成后，须通过进入研究生校外实践基地或通过参与导师的实际工程设计、技术开发类课题或通过赴校外企事业单位，参加专业实践工作。实践不少于 1 年，专业实践工作按研究方向统一组织。专业实践期间，硕士研究生应每季度提交专业实践阶段报告，专业实践完成后提交专业实践总结报告。

本环节的考核：硕士研究生提交"专业实践总结报告"后，由硕士研究生指导教师或指导团队负责人与校外实践单位负责人共同根据研究生具体完成的实践工作及所获得的效果进行评判。"专业实践总结报告"通过研究生培养系统网络提交，由指导教师或指导团队负责人给出是否通过的成绩结果，"专业实践总结报告"的纸质文档由学院备案。

6.3.5 学位论文要求

1. 论文选题要求

本领域的硕士研究生学位论文的选题，应来源于工程实际或者具有明确的工程应用背景，应为完整的工程技术项目设计或研究课题，课题工作内容可以为技术攻关、技术改造专题，也可以为具体控制系统方案设计、控制系统装备实现、新型检测技术与仪器开发或控制方法在具体工程或技术中的应用等。

2. 形式规范要求

本领域的硕士研究生学位论文的研究内容及过程应当严格遵守学术规范。学位论文的撰写内容、格式等应符合教育部学位中心颁发的专业硕士学位论文规范要求和天津大学制定的硕士学位论文的规范要求。

3. 研究内容要求

本领域硕士研究生学位论文应当表明作者掌握本领域坚实的基础理论和系统的专业知识；具有能够综合运用科学理论、方法和技术手段解决实际工程技术问题的能力；学位论文要具有一定的技术难度和工作量，要体现解决工程技术问题的新思想、新方法和新进展，要体现新工艺、新技术和新设计的先进性和实用性，要体现学位论文研究工作的社会意义及经济效益。

4. 研究成果要求

本领域硕士研究生申请学位前，在学期间应获得与课题研究工作相关的成果，具体要求须满足天津大学及天津大学电气自动化与信息工程学院颁布的成果要求。

5. 预答辩、评审与答辩要求

本领域硕士研究生在学位论文完成后、正式答辩前，论文由指导教师和指导团队进行质量把关。各研究方向根据开题报告、中期考核及培养过程监控的结果，须对可能会出现质量问题的学位论文，组织预答辩工作，如预答辩未通过，则推迟论文送审及答辩时间（一般不少于 3 个月），再次申请答辩时，需重新进行预答辩。

指导教师和指导团队审核通过及预答辩通过的学位论文均采用教育部学位中心的学位论文评审平台，进行"双盲审制"，论文评审的结果及处理方式，依据天津大学相关文件要求执行。

满足学校相关文件要求，可以组织答辩的学位论文，由各研究方向统一组织答辩。

6.3.6　课程设置与学分要求

总学分不少于 35 学分，其中课程学习为 24 学分，必修培养环节为 11 学分。具体要求详见表 6.3.1。

表 6.3.1　课程设置与学分要求

分类	课程代码	课程名称	学分	总课时	开课院系	备注
必修课	S131A035	1 工程数学基础	4	80	数学学院	
	S131G002	2 中国特色社会主义理论与实践研究	2	36	马克思主义学院	二选一
	S2033004	3 工业过程测量、控制与自动化标准	2	32	电气自动化与信息工程学院	
	S2213003	4 工程伦理	1	20	马克思主义学院	
	S2113001	5 工程应用英语	2	40	外国语言与文学学院	二选一
	S2113041	6 商务英语	2	40	外国语言与文学学院	
	S2033003	7 自动化系统综合设计	2	32	电气自动化与信息工程学院	
	S2035006	8 现代检测技术与参数估计	2	32	电气自动化与信息工程学院	
	S203E022	9 人工智能及应用	2	32	电气自动化与信息工程学院	
	S203G012	10 线性控制系统	2	32	电气自动化与信息工程学院	
	S203G013	11 非线性控制系统（全英文）	2	32	电气自动化与信息工程学院	选 4 学分
	S203G014	12 计算机控制系统	2	32	电气自动化与信息工程学院	
	S203G017	13 模式识别	2	32	电气自动化与信息工程学院	
	S2348001	14 系统辨识与控制	2	32	电气自动化与信息工程学院	
		学分小计	15			
选修课	S131G003	15 自然辩证法概论	1	18	马克思主义学院	二选一
	S2213002	16 马克思主义与社会科学方法论	1	18	马克思主义学院	
	S2035001	17 多相流传感技术与流体流动	2	32	电气自动化与信息工程学院	
	S2035002	18 过程层析成像原理、技术与应用	2	32	电气自动化与信息工程学院	
	S2035003	19 复杂网络理论及其应用（全英文）	2	32	电气自动化与信息工程学院	
	S2035004	20 脑认知与信息处理	1	16	电气自动化与信息工程学院	
	S2035005	21 自主机器人感知与导航（全英文）	1.5	24	电气自动化与信息工程学院	
	S2035007	22 多传感器融合	2	32	电气自动化与信息工程学院	
	S2035008	23 预测控制系统	2	32	电气自动化与信息工程学院	
	S2035017	24 能源变换与智能控制（全英文）	2	32	电气自动化与信息工程学院	
	S203E015	25 自适应控制系统	2	32	电气自动化与信息工程学院	
	S203E016	26 智能控制系统	2	32	电气自动化与信息工程学院	选 4 学分
	S203E017	27 鲁棒控制	2	32	电气自动化与信息工程学院	
	S203E023	28 并行处理与分布式系统	1.5	24	电气自动化与信息工程学院	
	S203E024	29 模糊理论及应用	1.5	24	电气自动化与信息工程学院	
	S203E025	30 计算机视觉	1.5	24	电气自动化与信息工程学院	
	S203E027	31 智能信息处理技术	2	32	电气自动化与信息工程学院	
	S203G007	32 现代电力电子技术与应用	2	32	电气自动化与信息工程学院	
	S203G008	33 运动控制系统	2	32	电气自动化与信息工程学院	
	S203G016	34 非线性信息处理技术	2	32	电气自动化与信息工程学院	
	B131E004	35 人际关系和沟通艺术	1	20	教育学院	

续表

分类	课程代码	课程名称	学分	总课时	开课院系	备注
选修课	B209G019	36 管理学（领导力）	2	40	管理与经济学部	
	S1318010	37 生命科学与生物技术	2	32	研究生院	
	S2018002	38 先进制造技术	2	32	机械工程学院	
	S2018003	39 智能网联汽车技术	2	32	机械工程学院	
	S2028002	40 面向工程科学的量子力学	2	32	精密仪器与光电子工程学院	
	S2028003	41 神经科学与工程	2	32	精密仪器与光电子工程学院	
	S2065057	42 美学与艺术欣赏	2	32	建筑学院	
	S209RC01	43 现代管理学	2	32	管理与经济学部	
	S209RC03	44 管理运筹学	2	32	管理与经济学部	
	S2105018	45 物理学知识与高新技术	2	32	理学院	
	S2108001	46 近代物理学专题讲座	2	32	理学院	
	S2108002	47 量子力学	2	32	理学院	
	S2165005	48 数据分析与数据挖掘	2	32	计算机科学与技术学院	
	S2168001	49 社会计算导论	2	32	计算机科学与技术学院	
	S2168002	50 知识工程	2	32	计算机科学与技术学院	
	S2168003	51 人工智能基础	2	32	计算机科学与技术学院	
	S2168004	52 大数据分析理论与算法	2	32	计算机科学与技术学院	选 4 学分
	S2168005	53 深度学习	2	32	计算机科学与技术学院	
	S2168006	54 高性能计算与应用	2	32	计算机科学与技术学院	
	S221G019	55 中国哲学原著选读	2	32	马克思主义学院	
	S2278001	56 现代海洋科学	2	32	海洋科学与技术学院	
	S2305001	57 法律制度专题	2	32	法学院	
	S3085020	58 中国传统文化	2	32	国际教育学院	
	S4025002	59 专利实务与专利情报分析	1	16	图书馆	
	S4028001	60 信息检索与分析	2	32	数学学院	
		学分小计	9			
必修环节	S1318001	61 文献阅读	1	0	研究生院	
	S1318002	62 开题报告	1	0	研究生院	
	S1318003	63 研究进展报告	1	0	研究生院	
	S1318004	64 中期考核	1	0	研究生院	
	S1318005	65 学科前沿讲座	1	0	研究生院	
	S1318008	66 专业实践	6	0	研究生院	
		学分小计	11			
		总计	35			
备注						

6.4 案例四

同济大学

6.4.1 专业学位简介

同济大学电子信息类专业型硕士的培养由同济大学电子与信息工程学院（电信学院）、软件学院共同承担。该学位点共设置 7 个方向，包括电子与通信工程、电子技术与集成电路工程、人工智能与自动化工程、计算机与智能技术、软件工程、农业工程，以及面向中德合作的电子信息方向。

电信学院和软件学院共设有电气工程、信息与通信工程、控制科学与工程和计算机科学与技术、软件工程 5 个一级学科。拥有控制科学与工程、计算机科学与技术、信息与通信工程和软件工程 4 个一级学科博士点和控制科学与工程、计算机科学与技术博士后科研流动站。"电子信息"专业硕士学位点拥有雄厚的师资力量：博士生导师 120 名、硕士研究生导师 166 名。学位点有良好的教学、科研环境。设有"国家设施农业工程技术研究中心"、"企业数字化技术教育部工程研究中心"、"985"嵌入式系统平台（Ⅱ类）、"国家高性能计算机工程技术研究中心同济分中心"等研究机构；拥有智能机器人、单片机技术、嵌入式系统、数字信号处理技术、网络控制技术五个创新基地，及曙光、大唐、腾讯、IBM、Microsoft、Nokia、Intel、Oracle 等国内外著名企业实训中心。本学位点还拥有大批企业导师，来自华为、中兴通讯、SAP、谷歌、Apple、微软、EMC 等业界知名企业，常年参与指导硕士研究生，并与电信学院和软件学院多个研究团队保持紧密的科研合作关系。

本类别授予电子信息硕士学位。

6.4.2 培养定位及目标

坚持社会主义办学方向，立德树人，培养德智体美劳全面发展的社会主义建设者和接班人，成为引领未来的社会栋梁与专业精英。

工程类硕士专业学位是与工程领域任职资格相联系的专业学位，强调工程性、实践性和应用性，培养单位应在满足国家工程类硕士专业学位基本要求的基础上，面向经济社会发展和行业创新发展需求，紧密结合自身优势与特色，明晰培养定位，突出培养特色，更好地服务于工程类硕士专业学位研究生的职业发展需求和社会的多元化人才需求，培养应用型、复合型高层次工程技术和工程管理人才。

（1）拥护中国共产党的领导，热爱祖国，遵纪守法，具有服务国家和人民的高度社会责任感、良好的职业道德和创业精神、科学严谨和求真务实的学习态度和工作作风，身心健康。

（2）掌握所从事行业领域坚实的基础理论和宽广的专业知识，熟悉行业领域的相关规范，在行业领域的某一方向具有独立担负工程规划、工程设计、工程实施、工程研究、工程开发、工程管理等专门技术工作的能力，具有良好的职业素养。

（3）至少熟练掌握一门外国语。

6.4.3 研究方向

本学位点下设 7 个研究方向。

1. 电子与通信工程

研究通信与信息系统、信号与信息处理领域中的基础理论、基本原理、工程技术，主要设四个研究子方向，包括车联网无线通信与信息处理，轨道交通信号与通信理论和技术、宽带无线通信理论与系统、光纤通信和传感技术与系统。

2. 电子技术与集成电路工程

研究领域及子方向，包括物理电子学，含光电检测与信息处理技术，新型光电子器件研发；电路与系统，含大规模集成电路设计及 EDA 技术，SOC 方法和技术；微电子学与固体电子学，含新型半导体器件和 VLSI 可靠性，集成电路系统芯片设计与高密度集成技术，以及电磁场与微波技术，含天线理论与设计，微波电路设计，无线通信信道建模与特征分析。

3. 人工智能与自动化工程

以控制论、信息论、系统论为基础，满足和实现现代工业、农业以及其他社会经济等领域日益增长的自动化、智能化需求，具体分为 6 个研究子方向，分别是先进过程控制、智能控制、运动控制、智能检测技术与装置、工厂综合自动化、企业信息化系统与工程。

4. 计算机与智能技术

以国际计算机领域发展前沿为指引，以国家与地方需求为指南，通过多学科相互交叉渗透和协同创新，形成了具有自己特色的"认知互联网"学科建设定位，下设五个子方向：软件与信息服务、网络与分布式计算、感知与嵌入式系统、认知与智能计算、仿真与多媒体处理。

5. 软件工程

以应用计算机科学理论和技术，以及工程管理原则和方法，按预算和进度实现满足用户要求的软件产品的定义、开发、发布和维护的工程。专业设立了软件工程理论与方法、软件与人工智能、大数据系统与软件、软件与网络通信、软件与数字媒体技术等多个研究子方向。

6. 农业工程

农业工程研究方向主要包括可持续发展智慧设施农业与智能装备技术研究以及农村区域环境治理与农村能源绿色技术研究。智慧设施农业主要研究开发适合我国国情的低成本、高可靠性的设施智慧控制系统以及基于设施农作物生长发育特性的智慧监管控一体化技术；农村绿色环境主要研究农业面源污染以及基于多种农业有机废弃物的农村社区能源综合供给。

7. 电子信息（中德学院）

由同济大学和德国慕尼黑工业大学联合培养，设控制工程和电子与通信工程两个子方向。

6.4.4　学习方式及修业年限

电子信息类硕士专业学位研究生采用全日制和非全日制两种学习方式。

电子信息硕士专业学位研究生，全日制学习方式的基本修业年限为 2.5 年，最长学习年限为 4 年；非全日制学习方式的修业年限为 3 年，最长学习年限为 5 年。

6.4.5　培养方式及导师指导

电子信息类硕士专业学位研究生采用课程学习、专业实践和学位论文相结合的培养方式。课程学习、专业实践和学位论文同等重要，是工程类硕士专业学位研究生今后职业发展潜力的重要支撑。

（1）课程学习是工程类专业硕士专业学位研究生掌握基础理论和专业知识，构建知识结构的主要途径。课程学习需按照培养计划严格执行，其中公共课程、专业基础课程和选修课程主要在培养单位集中学习，校企联合课程、案例课程以及职业素养课程可在培养单位或企业开展。

（2）专业实践是工程类硕士专业学位研究生获得实践经验，提高实践能力的重要环节。工程类硕士专业学位研究生应开展专业实践，可采用集中实践和分段实践相结合的方式。具有 2 年及以上企业工作经历的工程类硕士专业学位研究生专业实践时间应不少于 6 个月，不具有 2 年企业工作经历的工程类硕士专业学位研究生专业实践时间应不少于 1 年。非全日制工程类硕士专业学位研究生专业实践和结合自身工作岗位任务开展。

（3）学位论文研究工作是工程类硕士专业学位研究生综合运用所学基础理论和专业知识，在一定实践经验基础上，掌握对工程实际问题研究能力的重要手段。学位论文选题应来源于工程实际或者具有明确的工程应用背景。学位论文研究工作一般应与专业实践相结合，时间不少于 1 年。

（4）以多种校企联合培养方式来保证提升学生的工程实践能力：①学生就读期间应深度参与导师组承担的工程类、实践类的科研项目、技术开发项目、工程服务项目等，系统地接受工程伦理、研发项目管理、技术转化等方面的培训，通过制定和实践复杂工程问题解决方案，培育学生的综合实践能力；②具有深厚工程实践经验的企业导师深度参与指导学生，全过程参与人才培养的关键环节，以专业素养和严谨的治学精神做好质量把控；③在学位标准达成方面，重视学生所获得的工程实践成果的比重，对成果的多种表现形式、特征以及价值体现进行系统量化，形成综合全面的成果评价体系；④对于工程实践能力提升的要求，需要体现在人才培养各个环节和阶段中，在开题、中期、预答辩、论文评审等多环节，增加体现学生工程实践能力提升的实际效果、评价的内容。

学位点各研究领域积极推进和扩大校企联合培养基地数量、提升质量，充分挖掘企业导师。将企业导师以多种灵活机制融入指导体系，充分调动企业积极性和企业导师参与人才培养的积极性，吸收企业优质教育资源、与之展开合作与协作，加强工程型研究生的教育体系，发挥企业在人才培养中的重要作用，推动产学结合、协同育人，提高校企联合培养质量。积极建立实体的校企共建联合培养基地，探索合作共赢的长效保障机制和高效的运行管理机制。

（5）为保证工程类硕士专业学位研究生培养质量，本学位点采取以工程能力培养为导向的导师组指导方式，旨在加强对专业学位研究生培养全过程中，理论联系实践、工程实践融合的能力指导。导师组由来自学位点的专职导师，来自企业具有丰富指导经验的工程师，以及产业界具有丰富工程实践经验的专家（称为行业导师）组成。学校导师重点指导课程学习，企业导师重点指导工程实践，校区导师共同指导学位论文。企业导师和行业导师参与到人才培养的全过程中，其中包括但不限于：①专业学位课、选修课授课；②工程实践项目的选择与启动；③复杂工程问题的挖掘与解决方案研讨；④专业学位研究生学位论文的开题答辩；⑤中期答辩；⑥学位论文预答辩；⑦学位论文的正式答辩。

6.4.6　学分要求

全日制电子信息类硕士专业学位研究生课程学习和专业实践总学分应不少于 34 学分，其中课程学习不少于 24 学分（公共学位课 7 学分，专业学位课 9 学分，非学位课 8 学分）；必修环节 10 学分（研究生学术规范 1 学分、文献综述与选题报告 1 学分、同济高等讲堂 2 学分、专业实践 6 学分、中期综合考核 0 学分）。具体的学分分配情况见表 6.4.1。

表 6.4.1　学分要求

课程类别		学　　分	百　分　比
学位课	公共学位课	7	20.59%
	专业学位课	9	26.47%
非学位课		8	23.53%
必修环节		10	29.41%
补修课		0	0.0%
总计		34	100%

6.4.7　课程设置

具体的课程设置详见表 6.4.2。

表 6.4.2　课程设置一览表

课程性质		课程代码	课程名称	学分	学时	开课学期	是否必修	分组	备　　注
学位课	公共学位课	2020578	工程伦理学	2.0	36	春秋季	是	政治课	仅限留学生、港澳台学生修读
		2260005	中国特色社会主义理论与实践研究	2.0	36	春秋季	否		
		2900006	中国概况	3.0	54	春秋季	否		
		2090044	第一外国语（法语）（中法班）	3.0	780	春秋季	否	第一外国语	中法班
		2090268	第一外国语（德语）	3.0	72	春秋季	否		
		2090270	第一外国语（日语）	3.0	72	春秋季	否		
		2090272	第一外国语（俄语）	3.0	72	春秋季	否		
		2090273	第一外国语（法语）	3.0	72	春秋季	否		
		2090305	英语学术文献阅读与翻译	1.5	36	春秋季	否		第一外国语（英语）4 选 2
		2090306	学术英语写作 II	1.5	36	春秋季	否		第一外国语（英语）4 选 2

续表

课程性质		课程代码	课程名称	学分	学时	开课学期	是否必修	分组	备　注
学位课	公共学位课	2090307	中国文化英语概论Ⅱ	1.5	36	春秋季	否	第一外国语	第一外国语（英语）4 选 2
		2090308	国际交流英语视听说Ⅱ	1.5	36	春秋季	否		第一外国语（英语）4 选 2
		2130297	第一外国语（德语）1	1.5	144	秋季	否		中德项目必修
		2130298	第一外国语（德语）2	1.5	144	春季	否		中德项目必修
		2300001	第一外国语（汉语）	3.0	72	春秋季	否		仅限留学生修读
	专业学位课	1080085	计算技术前沿	2.0	36	秋季	否		方向：计算机与智能技术
		1080086	计算机数学基础	4.0	72	秋季	否		方向：计算机与智能技术
		20002440000	高级数字信号处理	2.0	36	春季	否		方向：电子与通信工程
		2080047	算法设计技术	3.0	54	春季	否		方向：计算机与智能技术
		2080079	线性系统理论	3.0	54	秋季	否		方向：人工智能与自动化工程
		2080116	半导体器件及其工艺	2.0	36	秋季	否		方向：电子技术与集成电路工程
		2080123	集成电路测试方法学	3.0	54	春季	否		方向：电子技术与集成电路工程
		2080148	系统集成芯片设计	3.0	54	春季	否		方向：电子技术与集成电路工程
		2080293	超大规模集成电路设计	3.0	54	春季	否		方向：电子技术与集成电路工程
		2080320	通信网体系与协议	2.0	36	春季	否		方向：电子与通信工程
		2080321	宽带无线通信	2.0	36	秋季	否		方向：电子与通信工程
		2080341	现代信号处理	2.0	36	春季	否		方向：电子技术与集成电路工程
		2080344	高等电路理论	3.0	54	秋季	否		方向：电子技术与集成电路工程
		2080363	专业外语（控制工程）	2.0	36	春秋季	否		方向：人工智能与自动化工程

课程性质		课程代码	课程名称	学分	学时	开课学期	是否必修	分组	备　注
学位课	专业学位课	2080364	专业外语（集成电路工程）	2.0	36	春季	否	第一外国语	方向：电子技术与集成电路工程
		2080366	专业外语（电子与通信工程）	2.0	36	春季	否		方向：电子与通信工程
		2080370	农业工程及研究方法	2.0	36	春秋季	否		方向：农业工程
		2080371	农业生态学	2.0	36	春秋季	否		方向：农业工程
		2080372	农业环境工程	2.0	36	春秋季	否		方向：农业工程
		2080382	专业外语（计算机技术）	2.0	36	春季	否		方向：计算机与智能技术
		2080387	模式识别	3.0	54	秋季	否		方向：人工智能与自动化工程
		2080389	高级工程电磁学	2.0	36	秋季	否		方向：电子技术与集成电路工程
		2080396	设施农业	2.0	36	春秋季	否		方向：农业工程
		2080397	生物质能源工程	2.0	36	春秋季	否		方向：农业工程
		2080415	现代传感与检测技术	3.0	54	秋季	否		方向：人工智能与自动化工程
		2080418	农业工程学科进展及趋势	2.0	36	春秋季	否		方向：农业工程
		2080426	系统辨识与智能控制	3.0	54	春季	否		方向：人工智能与自动化工程
		2080427	高级运筹学与系统工程理论	3.0	54	春季	否		方向：人工智能与自动化工程
		2080428	凸优化理论与应用	2.0	36	秋季	否		方向：电子与通信工程
		2080430	现代信息理论与应用	2.0	36	秋季	否		方向：电子与通信工程
		2080433	智能数据处理及应用	2.0	36	秋季	否		方向：电子与通信工程
		2080435	现代信号处理	2.0	36	秋季	否		方向：电子与通信工程
非学位课		1080096	机器学习理论与应用	3.0	54	秋季	否		方向：计算机与智能技术
		1080098	多媒体理论与技术	2.0	36	春季	否		方向：计算机与智能技术

续表

课程性质	课程代码	课程名称	学分	学时	开课学期	是否必修	分组	备　注
非学位课	20002440001	物联网应用与数据分析	2.0	36	秋季	否	第一外国语	方向：电子与通信工程
	20002440002	无线通信物理层安全理论	2.0	36	春季	否		方向：电子与通信工程
	20002440004	量子光学	4.0	72	秋季	否		方向：电子技术与集成电路工程
	2080020	智能化仪表	2.0	36	秋季	否		方向：人工智能与自动化工程
	2080027	分布式系统	3.0	54	秋季	否		方向：计算机与智能技术
	2080042	嵌入式系统	2.0	36	春季	否		方向：计算机与智能技术
	2080050	图像处理	3.0	54	春季	否		方向：计算机与智能技术
	2080063	非线性控制系统	2.0	36	春季	否		方向：人工智能与自动化工程
	2080124	集成电路设计方法学	3.0	54	秋季	否		方向：电子技术与集成电路工程
	2080214	机器视觉	2.0	36	春季	否		方向：人工智能与自动化工程
	2080311	机器人控制与自主系统	2.0	36	春季	否		方向：人工智能与自动化工程
	2080333	基于通信的列车控制原理	2.0	36	春季	否		方向：电子与通信工程
	2080338	高等模拟集成电路原理与设计	3.0	54	春季	否		方向：电子技术与集成电路工程
	2080342	计算机系统结构	2.0	36	春季	否		方向：电子技术与集成电路工程
	2080373	实验设计与数据分析	2.0	36	春秋季	否		方向：农业工程
	2080390	天线理论与技术	2.0	36	秋季	否		方向：电子技术与集成电路工程
	2080391	高级图像处理	2.0	36	秋季	否		方向：电子技术与集成电路工程
	2080398	农业工程测量与控制	2.0	36	春秋季	否		方向：农业工程
	2080416	车联网通信与信息处理	2.0	36	春季	否		方向：电子与通信工程

续表

课程性质	课程代码	课程名称	学分	学时	开课学期	是否必修	分组	备注
非学位课	2080422	计算机控制系统	3.0	54	春季	否		中意班
	2080423	智能传感器网络	2.0	36	春秋季	否		中意班
	2080425	电波传播特征分析	2.0	36	春秋季	否		方向：电子技术与集成电路工程
	2080432	现代编码理论	2.0	36	春季	否		方向：电子与通信工程
	2080434	智能制造理念、系统与建模方法	2.0	36	秋季	否		方向：人工智能与自动化工程
	2090269	第二外国语（德语）	2.0	36	春秋季	否		
	2090271	第二外国语（日语）	2.0	36	春秋季	否		
	2102001	矩阵论	3.0	54	秋季	否		
	2102002	数值分析	3.0	54	春秋季	否		
	2102003	随机过程	3.0	54	春季	否		
	2102007	最优化方法	2.0	36	春季	否		
	2900001	健身	1.0	36	春秋季	否		
必修环节	2900002	论文选题	1.0	0	春秋季	是		
	2900007	全日制专业实践	6.0	0	春秋季	是		
	2900011	研究生学术行为规范	1.0	0	春秋季	是		
	2900012	同济高等讲堂	2.0	36	春秋季	是		
	2900013	中期考核	0.0	0	春秋季	是		
补修课								

6.4.8 专业实践

电子信息类硕士专业学位研究生在就读期间，要求通过专业实践，获得解决实际工程问题的经验。专业实践活动专业实践的时间参考本方案 6.4.5 节规定，可以采用如下方式进行：

（1）在企业中实习实践；

（2）在校内课题组从事与产业界相关的研发项目研究工作；

（3）在校外研究机构从事与研究复杂工程问题解决方案的课题相关的工作。

专业实践的主要任务包含：

（1）学习如何基于企业实际需求，提炼和总结工程问题；

（2）应用理论知识，对复杂问题进行深度了解，寻找理论依据，基于对文献和已有方法的分析，拟定解决方案，论证方法的可行性；

（3）通过理论和实践相结合的方式，实现解决方案，验证方案的有效性；

（4）从实践中总结经验，举一反三，并以多种形式固化研究成果。

专业实践的考核基于如下目标的高质量达成（满足其一）：

（1）完整陈述专业实践全过程的研究报告，字数不少于 1.5 万字，需包括问题提出、解决方案、可行性研究、方案的实现与功能、性能验证等必要部分；

（2）基于解决实际工程问题解决方案撰写的科技论文，经过同行评议，正式发表；

（3）基于问题解决方案撰写的专利申请文档，已正式提交申请，并在中国专利局网站公开；

（4）基于问题解决方案的软件著作权登记，以获得正式的著作权登记号；

（5）基于解决方案提炼而成的标准提案，已提交国内国际标准化组织，并获得提案正式编号，并已在标准化组织网站上公开；

（6）其他成果，如自主研发的芯片；自主研发并已经通过评审的新设备原型系统。

6.4.9　学位论文

选题应来源于电子信息类相关工程实际或者具有明确的工程应用背景工程类硕士专业学位研究生的论文选题由各类别或类别指定领域根据学校要求的时间集中组织。学位论文选题报告一般不迟于第三学期完成；在论文的研究过程中，若论文课题有重大变动，应重新召开选题报告会。论文选题第一次不通过者，可在 3 个月后申请重新进行选题报告会。

论文写作应在导师指导下，由研究生本人独立完成，具备相应的技术要求和充分的工作量，体现作者综合运用科学理论、方法和技术手段解决工程技术问题的能力，具有先进性、实用性，取得了较好的成效。学位论文一般应与专业实践相结合，时间不少于 1 年。

论文可以采用产品研发、工程规划、工程设计、应用研究、工程 / 项目管理、调研报告等多种形式。学位论文原则上应用汉语撰写；留学生可用英语或用事先经学位评定分委员会和研究生院批准的其他语种撰写学位论文，且必须在学位论文中附加详细汉语摘要。

中期综合考核：电子信息类硕士专业学位研究生的中期综合考核由类别或类别指定领域根据学校要求的时间集中组织。全日制电子信息类硕士专业学位研究生一般不迟于入学后的第三学期完成。非全日制电子信息类硕士专业学位研究生应当至少在学制到期前 6 个月完成中期考核。中期综合考核第一次不通过者，可在 6 个月后申请再次考核。

6.4.10 论文评审与答辩

（1）论文评审应审核：论文作者掌握本领域坚实的基础理论和系统的专业知识的情况；综合运用科学理论、方法和技术手段解决工程技术问题的能力；论文工作的技术难度和工作量；解决工程技术问题的新思想、新方法和新进展；新工艺、新技术和新设计的先进性和实用性；创造的经济效益和社会效益等方面。

（2）电子信息类硕士专业学位研究生完成培养方案中规定的所有环节，获得培养方案规定的学分，成绩合格，方可申请论文答辩。

（3）论文须有 2 位本领域或相关领域的专家评阅。答辩委员会须由 3 ～ 5 位本领域或相关领域的专家组成。学位论文评阅和答辩应有相关的企业专家参加。

（4）盲审：按照学校和学院相关规定执行。

（5）答辩：电子信息类硕士专业学位研究生的学位论文评阅、答辩组织、答辩审批、答辩过程，以及提前答辩和延期答辩的规定请参见《同济大学攻读硕士学位研究生培养工作规定》（同济研〔2018〕35 号）。

（6）涉密论文：涉密学位论文及申请学位的保密管理工作，按《同济大学涉密研究生与涉密学位论文管理规定》（同济研〔2018〕65 号）执行。

6.4.11 成果要求

具体的成果要求，详见表 6.4.3。

表 6.4.3 成果要求一览表

成 果 类 型	具 体 要 求
工程实践	详见本方案第七项"专业实践"内容
论文发表	在校期间以第一作者（包括导师为第一作者、申请人为第二作者，不含共同第一作者），且申请人署名单位为同济大学，至少在相关领域国内外学术期刊和国际学术会议上公开发表一篇与本专业相关的学术论文
发明专利	已提交国内外发明专利（排名前 3），获得"专利申请受理通知书"
成果获奖	学位论文研究成果获得省部级三等奖及以上奖项（有申请者个人获奖证书，获奖单位署名同济大学）
备注	（1）对所有方向，"工程实践"类成果为必选项； （2）"人工智能与自动化工程"方向对"论文发表"，"发明专利"和"成果获奖"无硬性要求； （3）除"人工智能与自动化工程"以外的其他方向（全日制）在满足"工程实践"以外，还需满足论文发表"，"发明专利"和"成果获奖"中之一； （4）对"农业工程"方向的学生而言，成果"工程实践"可包含农业界中的工程实践。 （5）对所有方向，非全日制学生在"论文发表"，"发明专利"和"成果获奖"方面无硬性要求

6.4.12　学位授予

修满规定学分，并通过学位论文答辩者，经学位授予单位学位评定委员会审核批准后，授予电子信息硕士专业学位。

6.4.13　退出机制

（1）在学期间累计多于 3 门（含 3 门）课程考核不合格者，予以退学处理。

（2）学制内论文选题或中期综合考核两次不通过者，视为自动终止学业，予以退学处理；学制内未通过中期考核者，予以退学处理。

6.4.14　备注

（1）课程学习一般安排在入学后前 3 学期，必修环节中研究生学术行为规范、文献综述与选题报告、同济高等讲堂或专业讲座（非全日制工程类硕士专业学位研究生）必须在中期综合考核前完成；专业实践必须在答辩前完成。

（2）学位论文选题和中期综合考核相距时间不少于 2 个月，中期综合考核和学位论文答辩相距时间不少于 6 个月。

（3）同济高等讲堂是指由研究生院、各学院组织的高水平学术讲座。全日制工程类硕士专业学位研究生应在中期综合考核前听取不少于 16 次的纳入同济高等讲堂管理的学术讲座，并将心得体会录入研究生管理信息系统。

（4）非全日制工程类硕士专业学位研究生的讲座由各类别专业学位研究生教育指导委员会认定。

6.5 案例五

中国科学技术大学

根据国务院学位委员会办公室《关于转发〈关于制定工程类硕士专业学位研究生培养方案的指导意见〉及说明的通知》（学位办〔2018〕14 号）精神和要求，参照《中国科学技术大学工程硕士专业学位研究生培养方案总则》（研字〔2018〕19 号），制定本培养方案。

6.5.1 培养目标

中国科学技术大学电子信息工程类硕士专业学位研究生教育的目标是培养应用型、复合型高层次工程技术和工程管理人才。学位获得者应满足以下具体要求：

拥护中国共产党的领导，热爱祖国，遵纪守法，具有服务国家和人民的高度社会责任感、良好的职业道德和创业精神、科学严谨和求真务实的学习态度和工作作风，身心健康；

掌握所从事行业领域坚实的基础理论和宽广的专业知识，熟悉行业领域的相关规范，在所从事的方向上具有独立担负工程规划、工程设计、工程实施、工程研究、工程开发、工程管理等专门技术工作的能力，具有良好的职业素养；

掌握一门外国语，能够顺利阅读本领域国内外工程科技文献，具有一定的外语写作能力，可以进行必要的国际合作交流。

6.5.2 培养领域及培养方向

（1）光学工程

（2）仪器仪表工程

（3）电子与通信工程

（4）集成电路工程

（5）控制工程

（6）计算机技术

（7）软件工程

（8）生物医学工程

（9）网络空间安全

（10）人工智能

6.5.3　学习方式及修业年限

工程类硕士专业学位研究生可采用全日制和非全日制两种学习方式。全日制学习方式的基本修业年限为 2～3 年；非全日制学习方式的基本修业年限应适当延长。全日制和非全日制工程类硕士专业学位研究生应在最长修业年限（5 年）内完成学业。

导师指导是保证工程类硕士专业学位研究生培养质量的重要保障。中国科学技术大学工程硕士教育实行双导师制。其中一位导师来自校内（即校内导师），是具有较高学术水平和丰富指导经验的教师，主要指导学生的课程学习和学位论文；另一位导师要求来自研究生的实践单位（即实践导师），是具有丰富工程实践经验的专家，主要指导学生专业实践环节的学习。

具体要求遵照《中国科学技术大学研究生院专业学位研究生实践导师遴选管理办法》和《中国科学技术大学工程类专业学位硕士、博士研究生授予学位实施细则》执行。

6.5.4　课程设置及学分要求

课程学习是工程类硕士专业学位研究生掌握基础理论和专业知识，构建知识结构的主要途径。课程学习应按照培养计划严格执行，其中公共课程、专业基础课和专业选修课主要在培养单位集中学习，其他课程可在培养单位或企业开展。

工程硕士课程学习和专业实践实行学分制，研究生在申请工程硕士学位时：

1. 电子信息类（不含"软件工程"领域）

硕士专业学位研究生取得的总学分不得少于 32 学分，其中课程学习不得少于 24 学分。

（1）公共课程（8 学分）。

包括政治理论 2 学分、工程伦理 2 学分、综合英语 2 学分、专业英语 2 学分。

（2）专业基础课（不少于 9 学分）。

包括数学类课程（不少于 3 学分）、专业类基础课程及实践类基础课程（不少于 6 学分）。

（3）专业选修课（不少于 7 学分）。

包括专业技术课程（不少于 6 学分）、人文素养课程及创新创业活动（或课程）（不少于 1 学分）。

（4）必修环节（8 学分）。

包括专业实践（6 学分）、学位论文开题报告（1 学分）、学位论文中期进展报告（1 学分）。

课程设置及学分具体要求见表 6.5.1～表 6.5.3。

表 6.5.1　电子信息类（不含"软件工程"领域）硕士专业学位研究生公共课程、专业基础课
（数学类、实践类）及必修环节等课程设置及学分要求

课程类别	课程编号	课程名称	学　时	学　分	教学方式	备　注
公共课程	MARX6101U	中国特色社会主义理论与实践研究	36	2	讲授	必修
	FORL6101U	研究生综合英语	40	2	讲授	必修
	EIEN6201U	专业英语	40	2	讲授	必修
	PHIL6301U	工程伦理	40	2	讲授	必修
专业基础课（数学类）	CONT6103P	随机过程理论	80	4	讲授	
	CONT6101P	矩阵代数	60	3	讲授	
	INFO6101P	矩阵分析与应用	60	3	讲授	
	CONT6102P	实变与泛函	80	4	讲授	
	CONT6104P	组合数学	60	3	讲授	
	COMP6002P	组合数学	60	3	讲授	
	INST6151P	变分法与几何造型	60	3	讲授	
	MATH5006P	图论	80	4	讲授	
	COMP6112P	计算数论	60	3	讲授	
	MATH5012P	代数数论	80	4	讲授	
	CONT6105P	最优化理论	60	3	讲授	
	MATH5015P	最优化算法	80	4	讲授	
	COMP6003P	计算机应用数学	60	3	讲授	
专业选修课		电子信息实践	60	3	讲授	各领域分别设计并开设（课名可改为领域名）
必修环节		专业实践		6		
		学位论文开题报告		1		
		学位论文中期进展报告		1		
选修课	LAWS6404P	知识产权	20	1	讲授	人文类

注：

（1）公共课程（必修，8 学分）除"专业英语"外，由研究生院统一开设；

（2）数学类专业基础课由相关院系老师开设，供本工程类全体同学按领域（方向）及导师要求选修不少于 3 学分；

（3）必修环节由各领域自行组织，并及时上报备案；

（4）公共选修课自由选修不少于 1 学分。

表 6.5.2　电子信息类（不含"软件工程"领域）硕士专业学位研究生其他专业基础课及实践课程设置及学分要求

课程类别	课程编号	课程名称	学　时	学　分	教学方式	备　注
光学工程	PHYS6252P	量子电子学	80	4	讲授	
	PHYS6251P	量子光学	80	4	讲授	
	PHYS6654P	统计光学	60	3	讲授	
	PHYS6651P	光电子技术	60	3	讲授	
	PHYS6253P	傅里叶光学	60	3	讲授	
	PHYS6254P	激光光谱	60	3	讲授	
	PHYS6256P	计算物理	80	4	讲授	
	PHYS6051P	近代物理进展	80	4	讲授	
	PHYS5051P	粒子探测技术	80	4	讲授	
	ASTR6012P	天文应用软件与编程技术	80	4	讲授	
	ELEC6103P	近代信息处理	80	4	讲授	
仪器仪表工程	INST6102P	信息光学	60	3	讲授	
	INST6401P	微光学	40	2	讲授	
	INST6104P	现代光电测试技术	60	3	讲授	
	MEEN6103P	微机电系统设计与制造	60	3	讲授	
	INST6108P	数据采集与信号分析	60	3	讲授	
电子与通信工程	INFO6202P	信息网络协议基础	60/20	3.5	讲授	
	INFO6203P	数据网络理论基础	60	3	讲授	
	INFO6204P	编码理论	60	3	讲授	
	INFO6205P	数字信号处理（Ⅱ）	60	3	讲授	
	INFO6206P	数字图像分析	60/20	3.5	讲授	
	INFO6207P	信号检测与估计	60	3	讲授	
	ELEC6214P	计算电磁学	60/20	3.5	讲授	
	ELEC6212P	高等电磁场理论	60	3	讲授	
	ELEC6213P	微波网络理论及应用	60	3	讲授	
集成电路工程	ELEC5304P	半导体器件原理	60	3	讲授	
	ELEC6205P	CMOS 模拟集成电路设计	90	3.5	讲授	
	ELEC6215P	数字系统架构	40	2	讲授	
	ELEC6206P	数字系统设计自动化	60	3	讲授	
	ELEC6420P	信号完整性分析	60	3	讲授	
	PHYS6201P	高等固体物理	100	5	讲授	
	ELEC7407P	微机电系统及其应用	40	2	讲授	
控制工程	CONT6201P	线性系统理论	60	3	讲授	
	CONT6202P	现代检测技术导论	60	3	讲授	

课程类别	课程编号	课程名称	学 时	学 分	教学方式	备 注
控制工程	CONT6203P	现代信号处理技术及应用	60	3	讲授	
	CONT6204P	系统工程导论	60	3	讲授	
	CONT6205P	模式识别	60/20	3.5	讲授	
	CONT6206P	智能系统	60	3	讲授	
	CONT6207P	飞行器动力学与控制	60	3	讲授	
	CONT6209P	高级计算机网络	60	3	讲授	
	CONT6210P	工程信息论	60	3	讲授	
计算机技术	COMP6101P	高级计算机体系结构	60	3	讲授	
	COMP6102P	并行算法	60	3	讲授	
	COMP6103P	高级计算机网络	60	3	讲授	
	COMP6104P	高级操作系统	60	3	讲授	
	COMP6105P	高级软件工程	60	3	讲授	
	COMP6108P	高级数据库系统	80	3.5	讲授	
	COMP6109P	高级人工智能	60	3	讲授	
	COMP6111P	现代密码学理论与实践	60	3	讲授	
	COMP6110P	机器学习与知识发现	60/20	3.5	讲授	
	DSCI6002P	深度学习	80	4	讲授	
	DSCI6003P	强化学习	80	4	讲授	
	COMP6001P	算法设计与分析	60	3	讲授	
生物医学工程	BMED6202P	生物医学信号处理	60	3	讲授	
	BMED6204P	医学图像处理	60	3	讲授	
	BMED6203P	生物医学信息检测与系统设计	60	3	讲授	
	BMED6201P	生物信息学算法导论	40	2	讲授	
	ELEC6406P	随机过程与随机信号处理	60	3	讲授	
	INFO6407P	统计学习	40/20	2.5	讲授	
	INFO6206P	数字图像分析	60/20	3.5	讲授	
	CONT6205P	模式识别	60/20	3.5	讲授	
	BMED6205P	神经生物学	40	2	讲授	
	BIOL5041P	细胞生物学 Ⅱ	40	2	讲授	
	BIOL5051P	分子生物学 Ⅰ	40	2	讲授	
	INFO6414P	现代医疗仪器	60	3	讲授	
	INST6106P	现代传感技术	40	2	讲授	
人工智能	COMP6109P	高级人工智能	60	3	讲授	
	COMP6110P	机器学习与知识发现	80	3.5	讲授	

续表

课程类别	课程编号	课程名称	学　　时	学　　分	教学方式	备　　注
人工智能	CONT6205P	模式识别	60/20	3.5	讲授	
	CONT6206P	智能系统	60	3	讲授	
	CONT6212P	图像测量技术	60/30	3.5	讲授	
	CONT6405P	机器人学	60	3	讲授	
	CONT6407P	计算机视觉	60	3	讲授	
	BIOL5122P	认知神经科学（心理学）	40	2	讲授	
	BIOL5181P	生物信息学	40	2	讲授	
	BIOL5182P	生物统计学	40	2	讲授	
	BIOL5481P	系统生物学	60	3	讲授	
网络空间安全	COMP6001P	算法设计与分析	60	3	讲授	
	PHYS5251P	量子信息导论	80	4	讲授	
	CYSC6201P	现代密码学	60	3	讲授	
	CYSC6202P	通信网络的安全理论与技术	60	3	讲授	
	COMP6103P	高级计算机网络	60	3	讲授	
	PHYS6251P	量子光学	80	4	讲授	

注：

（1）学生须在本表（各自培养方向规定的专业基础课程）及表 6.5.1 实践类基础课中选修不少于 6 学分；

（2）课程选择须得到校内导师的签字认可。

表 6.5.3　电子信息类（不含"软件工程"领域）硕士专业学位研究生专业选修课程设置及学分要求

课程类别	课程编号	课程名称	学　　时	学　　分	教学方式	备　　注
光学工程	PHYS6652P	高等激光技术	80	4	讲授	
	PHYS6655P	光电子器件工艺学	80	4	讲授	
	PHYS6656P	量子信息前沿专题	20	1	讲授	
	PHYS6659P	半导体光学	80	4	讲授	
	PHYS5253P	量子信息技术	60	3	讲授	
	PHYS7652P	高等量子光学	80	4	讲授	
	CHEM6003P	分子光谱分析新技术	54/20	3	讲授	
	INST6104P	现代光电测试技术	60	3	讲授	
	INST6102P	信息光学	60	3	讲授	
	INST6107P	环境光学遥感	60	3	讲授	

课程类别	课程编号	课程名称	学　　时	学　　分	教学方式	备　　注
光学工程	ATMO6102P	大气辐射学	40	2	讲授	
仪器仪表工程	INST6106P	现代传感技术	40	2	讲授	
	MEEN6101P	工程中的有限元	60	3	讲授	
	MEEN6406P	实用工程软件	40	2	讲授	
	MEEN6102P	现代控制工程	60	3	讲授	
	MEEN6105P	精度设计理论	40	2	讲授	
	INST6103P	嵌入式系统原理及接口技术	40	2	讲授	
	MEEN6407P	微细制造技术	40	2	讲授	
	INST6402P	数字图像处理	40	2	讲授	
	MEEN6405P	计算机图形学	40	2	讲授	
	MEEN6106P	现代制造系统导论	40	2	讲授	
	MEEN6404P	优化设计	40	2	讲授	
	INST6105P	纳米技术基础	60	3	讲授	
	MEEN6403P	机电控制系统分析与设计	40	2	讲授	
	MEEN6108P	机器人技术	40	2	讲授	
	INST6403P	激光原理及应用	40	2	讲授	
	INST6107P	环境光学遥感	60	3	讲授	
	INST6450P	质量工程导论	40	2	讲授	
电子与通信工程	INFO6201P	无线通信基础	60	3	讲授	
	INFO6402P	多媒体通信	40/20	2.5	讲授	
	INFO6405P	智能信息处理导论	40/20	2.5	讲授	
	INFO6411P	计算机图形学	40/20	2.5	讲授	
	INFO6408P	小波变换及应用	40/20	2.5	讲授	
	INFO6409P	多速率数字信号处理	40	2	讲授	
	INFO6412P	信息检索与数据挖掘	60	3	讲授	
	INFO6404P	视频技术基础	40	2	讲授	
	INFO6407P	统计学习	40/20	2.5	讲授	
	ELEC6415P	微波电路原理与设计	60/16	3	讲授	
	ELEC6416P	现代通信光电子学	40/20	2.5	讲授	
	ELEC6417P	光波导技术基础	40	2	讲授	
	ELEC6418P	毫米波通信技术	40	2	讲授	
	ELEC6419P	现代微波测量	40	2	讲授	
	ELEC6420P	信号完整性分析	60	3	讲授	
	ELEC6421P	耦合模理论	40	2	讲授	

续表

课程类别	课程编号	课程名称	学　　时	学　　分	教学方式	备　　注
电子与通信工程	ELEC6423P	现代天线技术	40	2	讲授	
	ELEC6422P	介质导波结构及应用	60/20	3.5	讲授	
	CONT6209P	高级计算机网络	60	3	讲授	
	CONT6210P	工程信息论	60	3	讲授	
	INFO7405P	语音信号与信息处理	40	2	讲授	
	INFO6415P	多媒体内容分析与理解	60	3	讲授	
集成电路工程	ELEC6402P	嵌入式系统原理及应用	60/40	4	讲授	
	ELEC6403P	射频集成电路设计	60/20	3	讲授	
	ELEC6405P	现代电子系统设计	60	3	讲授	
	ELEC6404P	先进模拟集成电路设计技术	60/20	3.5	讲授	
	ELEC6424P	机器学习	60	3	讲授	
	ELEC6208P	数字信号处理Ⅱ	60	3	讲授	
	ELEC6406P	随机过程与随机信号处理	60	3	讲授	
	ELEC6407P	GPU 并行计算	30/40	2.5	讲授	
	ELEC6423P	现代天线技术	40	2	讲授	
	ELEC6419P	现代微波测量	40	2	讲授	
	ELEC6415P	微波电路原理与设计	60/16	3	讲授	
	ELEC6408P	FPGA 系统设计	40/20	2.5	讲授	
	ELEC6209P	数字图像分析	60/20	3.5	讲授	
	ELEC6414P	神经网络及其应用	60	3	讲授	
	ELEC6409P	半导体先进制造技术	40	2	讲授	
	ELEC6410P	先进存储技术	40	2	讲授	
	ELEC6411P	集成电路前沿讲座Ⅰ	20	1	讲授	
	ELEC6412P	集成电路前沿讲座Ⅱ	20	1	讲授	
	ELEC7406P	功率集成电路设计	40	2	讲授	
控制工程	CONT6401P	非线性控制系统	60	3	讲授	
	CONT6402P	高级过程控制	40/20	2.5	讲授	
	CONT6403P	高级数据库系统	60/20	3.5	讲授	
	CONT6406P	计算机控制工程	60/20	3.5	讲授	
	CONT6407P	计算机视觉	60	3	讲授	
	CONT6408P	决策支持系统	60	3	讲授	
	CONT6409P	鲁棒控制	60	3	讲授	
	CONT6410P	嵌入式系统原理及应用	60/20	3.5	讲授	
	CONT6411P	算法设计与分析	60	3	讲授	

续表

课程类别	课程编号	课程名称	学　时	学　分	教学方式	备　注
控制工程	CONT6412P	系统仿真建模与分析	60/20	3.5	讲授	
	CONT6413P	系统可靠性理论	40	2	讲授	
	CONT6414P	现代运动控制	40	2	讲授	
	CONT6415P	智能传感器系统	60	3	讲授	
	CONT6416P	智能控制	60/20	3.5	讲授	
	CONT6417P	最优控制	40	2	讲授	
	CONT6211P	离散数学	60	3	讲授	
	CONT6212P	图像测量技术	60/30	3.5	讲授	
	CONT6208P	预测控制	40/20	2.5	讲授	
	CONT6213P	自适应控制	40/20	2.5	讲授	
计算机技术	COMP6201P	并行程序设计	60/20	3.5	讲授	
	COMP6203P	复杂数字系统设计技术	60/20	3.5	讲授	
	COMP6218P	自然计算与应用	60	3	讲授	
	COMP6210P	自然语言理解	60/20	3.5	讲授	
	COMP6213P	生物信息学	60	3	讲授	
	COMP6215P	信息论与编码技术	60	3	讲授	
	COMP6217P	智能物联网	40/40	3	讲授	
	DSCI6401P	数据可视化	60	3	讲授	
	COMP6107P	并行与分布式计算	60	3	讲授	
	COMP6205P	嵌入式系统设计方法	60	3	讲授	
	COMP6209P	排队论及其应用	60	3	讲授	
	COMP6207P	图像处理	60	3	讲授	
	COMP6211P	高级计算机图形学	60	3	讲授	
	COMP6212P	计算机视觉	60	3	讲授	
	COMP6214P	信号与信息处理	60	3	讲授	
	COMP6216P	网络安全	60	3	讲授	
	COMP6208P	现代计算机控制理论与技术	60	3	讲授	
生物医学工程	ELEC6401P	数据采集与处理技术	60	3	讲授	
	CONT6209P	高级计算机网络	60	3	讲授	
	ELEC6405P	现代电子系统设计	60	3	讲授	
	BMED6407P	现代医疗仪器中的工程技术	60	3	讲授	
	BMED6406P	生物医学工程若干前沿	60	3	讲授	
	BMED6402P	人体器官低温保存与人工器官	40	2	讲授	
	BMED6401P	分子输运生物工程学	60	3	讲授	

续表

课程类别	课程编号	课程名称	学　　时	学　　分	教学方式	备　　注
生物医学工程	CONT6412P	系统仿真建模与分析	60/20	3.5	讲授	
	BIOL6423P	视觉神经科学	60	3	讲授	
	BMED6403P	神经康复工程	40	2	讲授	
	BMED6408P	医学成像物理	40	2	讲授	
	BMED6404P	生物机械工程概论	40	2	讲授	
	BMED6405P	生物热物理学	40	2	讲授	
	INFO6413P	声信号及声图像处理	60	3	讲授	
网络空间安全	CYSC6401P	密码分析学	40	2	讲授	
	CYSC6402P	云计算中的网络技术	40/20	2.5	讲授	
	INFO5301P	信息论 A	60	3	讲授	
	INFO6402P	多媒体通信	40/20	2.5	讲授	
	INFO6412P	信息检索与数据挖掘	60	3	讲授	
	MATH6112P	代数图论	80	4	讲授	
	MATH6422P	计算代数几何	80	4	讲授	
	MATH5011P	交换代数	80	4	讲授	
	CONT6103P	随机过程理论	80	4	讲授	
	COMP6104P	高级操作系统	60	3	讲授	
	COMP6219P	大数据隐私	60	3	讲授	
	COMP6216P	网络安全	60	3	讲授	
	COMP6110P	机器学习与知识发现	60/20	3.5	讲授	
	PHYS5253P	量子信息技术	60	3	讲授	
	ELEC6402P	嵌入式系统原理及应用	60/40	4	讲授	

修读说明：

（1）学生须在本表（专业选修课）中选修不少于 6 学分；

（2）人工智能为交叉学科，人工智能领域的学生可选修本表任何领域所列课程；

（3）课程选修须得到校内导师的签字认可。

2. 电子信息类（"软件工程"领域）

硕士专业学位研究生取得的总学分不得少于 40 学分，其中课程学习不得少于 32 学分。

（1）公共课程（8 学分）包括政治理论 2 学分、工程伦理 2 学分、综合英语 2 学分、专业英语 2 学分。

（2）专业基础课（不少于 18 学分）包括数学类课程和其他专业基础课程，学分不低于

18 学分。

（3）专业选修课（不少于 5 学分）包括专业技术课程、实验课程、人文素养课程、创新创业活动等，可选其他专业方向的必修课作为本方向的选修课，学分不低于 5 学分。

（4）必修环节（9 学分）包括专业实践及其他必修环节。其中，专业实践不少于 6 学分。

课程设置及学分要求见表 6.5.4。

表 6.5.4　电子信息类（"软件工程"领域）硕士专业学位研究生课程设置及学分要求

课程类别	课程编号	课程名称	学时	学分	教学方式	备注
公共课程 （8 学分）	MARX6101U	中国特色社会主义理论与实践研究	36	2	讲授	必修
	FORL6101U	研究生综合英语	40	2	讲授	必修
	EIEN6001U	专业英语	40	2	讲授	必修
	PHIL6301U	工程伦理	40	2	讲授	必修
专业基础课 （不少于 18 学分）	EIEN6001P	离散数学及其应用	60	3	讲授	选一
	EIEN6002P	组合数学	60	3	讲授	
	EIEN7002P	形式化方法	60	3	讲授	
	EIEN6003P	随机过程及其应用	60	3	讲授	
	EIEN6004P	算法设计与分析	60/30	3	讲授	
	EIEN6005P	实用算法设计	60/30	3	讲授	
	EIEN7001P	算法理论	60/30	3	讲授	
	EIEN6006P	高级软件工程	60	3	讲授	
	EIEN6007P	系统建模与分析	50/20	3	讲授	
	EIEN6008P	软件体系结构	50/30	3	讲授	软件系统设计方向必修 9 学分
	EIEN6009P	软件测试方法和技术	50/20	3	讲授	
	EIEN6010P	编译工程	50/20	3	讲授	
	EIEN6011P	高级数据库技术	50/20	3	讲授	
	EIEN6012P	多核并行计算	50/20	3	讲授	
	EIEN6013P	信息安全	50/20	3	讲授	
	EIEN6014P	多媒体信号处理	50/20	3	讲授	
	EIEN6015P	高级网络技术	50/20	3	讲授	
	EIEN6015P	高级网络技术	50/20	3	讲授	网络与信息安全方向必修 9 学分
	EIEN6013P	信息安全	50/20	3	讲授	
	EIEN6016P	无线通信与网络	50/20	3	讲授	
	EIEN6017P	信息论与编码	50/20	3	讲授	

续表

课程类别	课程编号	课程名称	学时	学分	教学方式	备注
专业基础课（不少于 18 学分）	EIEN6018P	区块链技术	50/20	3	讲授	网络与信息安全方向必修 9 学分
	EIEN6019P	现代密码学与应用	50/20	3	讲授	
	EIEN6010P	编译工程	50/20	3	讲授	
	EIEN6020P	嵌入式系统设计	50/20	3	讲授	嵌入式系统设计方向必修 9 学分
	EIEN6021P	实时系统设计	50/20	3	讲授	
	EIEN6022P	Android 软件设计	50/20	3	讲授	
	EIEN6023P	数字系统设计	50/20	3	讲授	
	EIEN6024P	智能机器人技术	50/20	3	讲授	
	EIEN6025P	物联网技术	50/20	3	讲授	
	EIEN6014P	多媒体信号处理	50/20	3	讲授	
	EIEN6026P	智能控制	50/20	3	讲授	
	EIEN6027P	数据仓库与数据挖掘	50/20	3	讲授	大数据与人工智能方向必修 9 学分
	EIEN6028P	分布式与云计算	50/20	3	讲授	
	EIEN6029P	大数据分析	50/20	3	讲授	
	EIEN6030P	人工智能	50/20	3	讲授	
	EIEN6031P	机器学习	50/20	3	讲授	
	EIEN7003P	智能计算系统	50/20	3	讲授	
	EIEN6024P	智能机器人技术	50/20	3	讲授	
	EIEN6026P	智能控制	50/20	3	讲授	
专业选修课（不少于 5 学分）	EIEN6400P	程序设计语言原理	50/20	3	讲授	
	EIEN6401P	Linux 操作系统分析	50/20	3	讲授	
	EIEN7004P	软件设计模式	40/30	3	讲授	
	EIEN6402P	高级图像处理与分析	50/20	3	讲授	
	EIEN7005P	多媒体系统和应用	40/30	3	讲授	
	EIEN6403P	程序设计与计算机系统	50/20	3	讲授	
	EIEN6404P	软件需求工程	40/30	3	讲授	
	EIEN6405P	系统设计与分析	50/20	3	讲授	
	EIEN6406P	语音应用软件开发	50/20	3	讲授	
	EIEN6407P	移动应用 UI 设计	40	2	讲授	
	EIEN6408P	虚拟现实技术	40	2	讲授	
	EIEN6409P	虚拟化技术	40	2	讲授	
	EIEN6410P	自然语言处理	40	2	讲授	
	EIEN6411P	网络信息安全	50/20	3	讲授	

课程类别	课程编号	课程名称	学时	学分	教学方式	备注
专业选修课 （不少于 5 学分）	EIEN6412P	软交换与下一代网络	50/20	3	讲授	大数据与人工智能 方向必修 9 学分
	EIEN6413P	通信系统软件开发	50/20	3	讲授	
	EIEN6414P	安全操作系统	50/20	3	讲授	
	EIEN6415P	协议安全性分析与测试	50/20	3	讲授	
	EIEN6416P	现代通信运营支撑和管理	50/20	3	讲授	
	EIEN6417P	数字媒体信息安全	50/20	3	讲授	
	EIEN6418P	移动计算	50/20	3	讲授	
	EIEN6419P	计算机病毒与免疫系统	50/20	3	讲授	
	EIEN6420P	现代通信网	50/20	3	讲授	
	EIEN6421P	嵌入式 Linux	50/20	3	讲授	
	EIEN7006P	无线传感器网络	40/30	3	讲授	
	COMP7212P	可重构计算	40	2	讲授	
	COMP6205P	嵌入式系统设计方法	60	3	讲授	
	EIEN6423P	模拟集成电路设计	50/20	3	讲授	
	EIEN6424P	虚拟仪器仪表	50/20	3	讲授	
	EIEN6425P	实时数字信号处理	50/20	3	讲授	
	EIEN6426P	移动通信安全	50/20	3	讲授	
	EIEN6428P	高级 IT 工程项目管理	40	2	讲授	
	EIEN6430P	信息技术服务管理	40	2	讲授	
	EIEN6431P	管理信息系统	40	2	讲授	
	EIEN6432P	地理信息系统	40	2	讲授	
	EIEN6433P	企业信息管理系统	40	2	讲授	
	EIEN6434P	企业领导学原理	40	2	讲授	
	EIEN6435P	信息经济学	40	2	讲授	
	EIEN6436P	管理心理学	40	2	讲授	
	EIEN6439P	信息检索	20	1	讲授	
	EIEN6440P	知识产权	20	1	讲授	
	EIEN6441P	管理学	40	2	讲授	
	EIEN6446P	行业系统讲座（电子政务、金融、税务、电信、数字媒体、游戏、语音、自控等）		1	讲授	
必修环节 （9 学分）	EIEN6700P	Python 程序设计	40	0.5	讲授	工程实验基础 选一
	EIEN6701P	C++ 面向对象技术	40	0.5	讲授	
	EIEN6702P	Java 面向对象技术	40	0.5	讲授	
	EIEN6703P	设备驱动程序设计	40	0.5	讲授	
	EIEN6704P	网络程序设计	40	0.5	讲授	

课程类别	课程编号	课程名称	学时	学分	教学方式	备注
必修环节 （9 学分）	EIEN6705P	信息安全实践	40	0.5	讲授	工程实验专业 选一
	EIEN6706P	iOS 应用开发	40	0.5	讲授	
	EIEN6707P	EDA 技术	40	0.5	讲授	
	EIEN6708P	深度学习实践	40	0.5	讲授	
	EIEN6709P	工程实验综合	0/80	1	学生组队	
	EIEN6710P	专业实践（开题及中期）		1		
	EIEN6711P	专业实践（毕业论文）		6		

注：

（1）本领域目前下设软件系统设计、网络与信息安全、嵌入式系统设计和大数据与人工智能四个方向。

（2）专业实践时间应不少于 1 年，与学位论文相关实践时间不少于 7 个月。

（3）凡本科为非理工科的工程硕士研究生必须补修如下计算机专业本科主干课程（九选四）：数据结构、计算机组成原理、微机原理、操作系统、计算机网络、编译原理、数据库系统、计算机系统结构、软件工程。补修课程只计成绩（申请学位的必要条件），不计入研究生阶段的总学分。

6.5.5 专业实践

专业实践是工程类硕士专业学位研究生获得实践经验，提高实践能力的重要环节。工程类硕士专业学位研究生应开展专业实践，可采用集中实践和分段实践相结合的方式。专业实践应有明确的任务要求和考核指标，实践成果能够反映工程类硕士专业学位研究生在工程能力和工程素养方面取得的成效。

具有 2 年及以上企业工作经历的工程类硕士专业学位研究生专业实践时间应不少于 6 个月，不具有 2 年企业工作经历的工程类硕士专业学位研究生专业实践时间应不少于 1 年。非全日制工程类硕士专业学位研究生专业实践可结合自身工作岗位任务开展。

专业实践环节中，学生须到实践单位（或实践基地）进行主题明确、内容明确、计划明确的系统化实践训练。

6.5.6 学位论文

学位论文选题应来源于工程实际或者具有明确的工程应用背景，可以是一个完整的工程技术项目的设计或研究课题，可以是技术攻关、技术改造专题，可以是新工艺、新设备、新材料、新产品的研制与开发等。

学位论文工作须在导师指导下，由工程类硕士专业学位研究生本人独立完成，具备相应的技术要求和较充足的工作量，体现作者综合运用科学理论、方法和技术手段解决工程技术问题的能力，具有先进性、实用性，取得了较好的成效。

学位论文可以采用产品研发、工程规划、工程设计、应用研究、工程 / 项目管理、调研报告等多种形式。

工程硕士研究生应在导师指导下将研究内容、研究思路及研究成果按照《中国科学技术大学研究生学位论文撰写规范》书写成工程硕士学位论文。

6.5.7　学位论文评审与答辩

论文评审应审核：论文作者掌握本领域坚实的基础理论和系统的专业知识的情况；综合运用科学理论、方法和技术手段解决工程技术问题的能力；论文工作的技术难度和工作量；解决工程技术问题的新思想、新方法和新进展；新工艺、新技术和新设计的先进性和实用性；创造的经济效益和社会效益等方面。

具体评审与答辩方法和程序遵照《中国科学技术大学工程类专业学位硕士、博士研究生授予学位实施细则》执行。

6.5.8　学位授予

遵照《中国科学技术大学工程类专业学位硕士、博士研究生授予学位实施细则》执行。

6.5.9　其他

本培养方案经中国科学技术大学工程类专业学位分委员会工作会议审议通过，自 2020 级电子信息硕士专业学位研究生开始施行。

6.6　案例六

中南大学

6.6.1　学科概况

中南大学电子信息工程硕士点包括计算机技术、控制工程、电子与通信工程、软件工程、智能技术与系统、电子材料与器件、生物医学工程领域，面向以上领域培养工程技术人员和企业管理人员，依托计算机学院、自动化学院、物理与电子学院和基础医学院建设。

计算机技术在网络计算与智能系统、计算理论与算法、生物信息学、计算机视觉与医学影像处理、网络优化与信息安全和数据科学与医学大数据等专业方向形成了鲜明的研究特色。于 1982 年开始招收硕士研究生，2001 年获计算机应用技术博士点，2002 年获计算机科学与技术博士后科研流动站。2010 年获国家一级学科博士授予权，2011 年获湖南省一级重点学科，2012 年在教育部一级学科评估中本学科排名并列第 20 位。控制工程领域在复杂工业过程建模、控制与优化，分析检测技术与过程监控，智能控制与智能系统，工业自动化系统技术与装置，复杂系统控制理论与应用等方面形成了优势研究方向。依托国家自然科学基金创新研究群体、国家级教学团队、教育部创新团队、教育部工程研究中心、湖南省工程实验室等学科平台，始终紧扣自动化领域的重大需求，发挥学科研究特色和优势，开展基础理论和应用研究，获国家科技进步二等奖 4 项、国家自然科学二等奖 1 项。

电子与通信工程领域在无线通信与移动计算、智能感知与信息处理、轨道交通网络通信、量子计算与信息安全、电子器件与传感器、工程建模与系统仿真方面具有较强优势。生物医学工程领域运用现代自然科学和工程技术的原理与方法，在医学智能仪器、生物芯片与传感、生物材料及制品、医学成像、医学信息检测和医疗大数据分析方面特色显著。

本学科点拥有中国工程院院士 2 人，国家级教学名师 1 人，IEEE Fellow3 人，高被引科学家 2 人，ASME Fellow1 人，国家特聘专家 1 人，国防科技卓越青年科学基金获得者 1 人，国家优青 2 人，新世纪百千万人才工程国家人选 1 人，全国模范教师 1 人，全国优秀教师 1 人，全国优秀科技工作者 2 人，国家特聘青年专家 1 人，省部级各类人才 10 余人。有中组部青年千人 1 人，教育部新世纪人才 2 人。

6.6.2　研究方向

1.计算机技术在计算机网络工程

计算机技术在计算机网络工程包括现代通信网络与网络协议、网络体系结构与性能评价、网络管理与网站开发等；在物联网技术方面，包括嵌入式系统、无线通信技术、移动应用开发与管理、移动云计算、感知技术、商业智能、智慧城市工程等；在信息安全工程方面，包括移动互联网安全、Web 安全、数字水印、信息隐私保护、安全大数据分析、舆情分析技术等；在数字媒体技术方面包括计算机视觉、图形 / 图像处理、游戏软件开发、社交媒体分析与应用等；在大数据技术与应用方面，包括数据科学基础、大数据分析工具、数据挖掘、模式识别与机器学习、网络数据采集与舆情分析、数据可视化等。

2. 控制工程

流程工业智能优化制造、工业大数据分析与处理方法、知识自动化系统、工业数字孪生系统、先进检测技术、智能光电测量技术、新型光学成像技术、先进光器件、柔性传感技术信息处理与分析、过程监测与故障诊断、先进控制理论与系统、复杂动态系统分析与设计、非线性控制优化理论及应用、多智能体系统分布式优化与控制、飞行器控制与优化、现代电力电子系统控制、轨道交通信息监测与控制。

3. 电子与通信工程

无线通信与移动计算，轨道交通网络通信，超宽带雷达技术，软件无线电技术，手势雷达，智能信息与信号检测处理、MIMO/ 智能天线，天线优化设计，量子通信与信息安全、嵌入式系统设计、非线性电路和系统、混沌电路与系统、智能传感器与在线监控系统、智能电表与智能仪器、微波探测技术。

4. 软件工程

面向软件信息化与智能化等问题开展前沿软件理论方法与技术研究，系统掌握软件工程理论、方法和技术，培养高级软件人才。该方向主要包含无线网络与移动计算、云计算与大数据技术、服务计算与工程三个研究领域。

5. 智能技术与系统

智能控制与智能系统、计算智能与优化决策、模式识别与机器学习、图像理解与计算机视觉、无人系统环境感知与智能决策系统、工业机器人敏捷感知与智能控制。

6. 电子材料与器件

主要研究隐身材料、自旋电子材料与器件、微纳光电子器件、太阳能电池材料与器件、有源电子材料与器件、印刷电子学。

7. 生物医学工程

致力于研究和发展各种新型的医学信息检测原理和系统装置，以及信息处理新理论和算法。主要开展医学检测、监护及诊断类仪器的理论、硬件结构和数据处理算法研究，探究人体信号或信息的发生、发展和变化规律，推动基于计算机的疾病智能辅助诊断和治疗技术的发展。同时致力于研究开发具有市场竞争力的微型化、多参数、集成化、低成本的生物传感检测与预警系统，主要针对心血管疾病、恶性肿瘤、糖尿病等重大疾病进行监测与早期诊断。

6.6.3　培养目标

本学科培养在计算机技术、控制工程、电子与通信工程、软件工程、智能技术与系统、电子材料与器件、生物医学工程等领域的设计、研发和管理的高级专门人才。

（1）本学科硕士学位获得者应德、智、体全面发展，坚持四项基本原则，热爱祖国，遵纪守法，积极为社会主义现代化服务，具备扎实的自然科学基础和人文社会科学基础；

（2）掌握计算机技术、控制工程、电子与通信工程、软件工程、智能技术与系统、电子材料与器件、生物医学工程领域的技术基础及理论知识，主要包括计算机体系结构、大数据分析、软件工程、可信计算、先进信号检测技术、5G 通信理论、智能信息和信号处理、无线自组织网络、控制理论、电子材料和器件、生物医学技术的前沿知识与应用等。在本领域的某一研究方向上具有独立从事科学研究的能力，能熟练运用计算机技术、通信信号分析软件、现代计算机软、硬件环境和工具；熟悉计算机应用系统设计、实现技术和评价方法等开发工具，善于分析和解决实际应用与开发中的工程与技术问题，有较强的应用设计能力和项目管理能力。

（3）掌握一门外国语，能阅读本学科的外文文献及撰写科研论文；了解本专业学科的前沿和发展趋势，具有严谨求实的科学作风，具有较强的事业心和创新意识，具备较好的协同工作能力；能胜任科研机构、高等院校及企事业单位的研究、技术开发或技术管理工作。

6.6.4　学制和学习年限

我校研究生的学制和学习年限按照《中南大学研究生学籍管理规定》执行，硕士研究生 3 年。我校全日制研究生的最长学习年限：硕士研究生为 5 年。最长学习年限计算截止日期为当年 8 月 31 日。

6.6.5　培养方式

实行双导师制培养模式。通过师生双向选择，为每位研究生配备校内导师和校外导师各 1 名。校外导师来自计算机、软件、电子通信或生物医学相关行业或部门，具有高级技术职称，有丰富实践经验并适合承担研究生导师工作。

以校内导师指导为主，负责指导研究生制订个人培养计划、选学课程、查阅文献、参加学术交流和社会实践、确定研究课题、指导科学研究等。校外导师主要负责实践环节的指导，同时可参与课程教学、专题讲座、项目研究、论文写作等多个环节培养工作。

导师对研究生的业务指导和思想教育、学风教育应有机结合起来，全面培养提高研究生的综合素质。

本学科专业实行培养过程淘汰制，通过对培养环节的严格考核，对不合格者予以重新考核或淘汰。具体按照《中南大学计算机学院研究生考核管理办法》《中南大学自动化学院研究生考核管理办法》《中南大学物理与电子学院研究生考核管理办法》《中南大学基础医学院学院研究生考核管理办法》执行。

6.6.6 课程设置与学分要求

具体的课程设置与学分要求见表 6.6.1、表 6.6.2。

表 6.6.1 课程设置与学分总的要求

课程类别	学分要求	课程类别	学分要求
公共学位课	7	学科基础课	8
专业课	6	选修课	4
培养环节	6	学术交流与研讨	2
补修课	4		
总学分	33	总学分	33
学分说明	说明：（1）本专业领域开设的专业课至少选 2 门，还有 1 门专业课可以在本专业学位其他专业领域的专业课中选择；（2）本专业学位的选修课可以在学校（相关学院）所开设的所有研究生课程中选择。补修课不计入学分	学分说明	说明：（1）本专业领域开设的专业课至少选 2 门，还有 1 门专业课可以在本专业学位其他专业领域的专业课中选择；（2）本专业学位的选修课可以在学校（相关学院）所开设的所有研究生课程中选择。补修课不计入学分

表 6.6.2 课程设置与学分具体要求

类别	课程编号	课程（环节）名称	学时	学分	开课学期	说明
公共学位课	11050202A01	学术交流英语 I	48	2	春秋季	必修
	01030502A03	自然辩证法概论	16	1	春秋季	
	47081202A01	工程伦理	32	2	春季	
	01030502A01	中国特色社会主义理论与实践研究	32	2	春秋季	

续表

类别	课程编号	课程（环节）名称	学时	学分	开课学期	说明
学科基础课	22080902B04	系统建模与仿真（物电）	32	2	春季	电子与通信工程；电子材料与器件
	22080902B05	随机信号与随机过程	32	2	春季	
	65085402B01	生物医学数学基础	32	2	秋季	生物医学工程
	65085402B02	高级生物医学信号处理	32	2	秋季	
	65085402B03	高级医学成像原理	32	2	秋季	
	47081202B04	数据科学与工程	32	2	秋季	计算机技术
	47081202B03	机器学习与数据挖掘	32	2	春秋季	计算机技术、软件工程、电子与通信工程（047）
	47081002B01	现代数字信号处理	32	2	春季	电子与通信工程
	47081202B51	软件系统与工程	32	2	春秋季	软件工程
	21070103A03	应用统计	48	3	秋季	计算机技术；软件工程；电子与通信工程（047）
	46081102B01	线性系统理论	32	2	秋季	控制工程
	46081102B02	运筹学理论及其应用	32	2	秋季	
	47081202B07	前沿信息技术专题	32	2	秋季	选修
	47081203B01	论文写作与学术道德（计算机院）	32	2	秋季	必修
	21070103A01	高等工程数学	48	3	春秋季	控制工程；电子与通信工程（022）；电子材料与器件
专业课	47081202B06	高级分布式系统	32	2	春秋季	软件工程
	47081202C02	云计算与大数据处理	32	2	春秋季	
	47081202C51	软件架构与分析	32	2	秋季	
	47081202C01	网络与信息安全	32	2	春季	计算机技术
	47081202D04	现代密码学原理与应用	32	2	春季	
	65085402C01	生物模式识别与机器学习	32	2	春季	生物医学工程
	65085402C02	现代医学仪器	32	2	秋季	
	65085402C03	生物传感与纳米技术	32	2	秋季	
	22080902C01	微电子学理论	32	2	秋季	电子与通信工程（022）；电子材料与器件
	22080902C02	现代无线与移动通信技术	32	2	春季	电子与通信工程（022）；电子材料与器件
	22080902C03	混沌保密通信系统	32	2	春季	
	47081002B02	通信信号与系统分析	32	2	秋季	电子与通信工程（047）

续表

类别	课程编号	课程（环节）名称	学时	学分	开课学期	说明
专业课	47081002C01	嵌入式通信系统架构与设计	32	2	春季	电子与通信工程（047）
	46081102C01	非线性系统理论	32	2	秋季	控制工程
	46081102C04	最优控制	32	2	春季	
	46081102C05	系统辨识与自适应控制	32	2	秋季	适用于：计算机技术；电子与通信工程（047）
	47081202C03	数字图像处理与应用	32	2	秋季	
选修课	22080902B02	应用信息论	32	2	秋季	电子与通信工程（022）；电子材料与器件
	22080902D01	光电子学	32	2	春季	电子与通信工程（022）；电子材料与器件
	22080902D02	超大规模硅基集成电路制造技术	32	2	秋季	
	22080902D05	电磁兼容技术	32	2	春季	
	47081002D01	智能雷达探测技术	32	2	秋季	电子与通信工程（047）
	47081002D02	自然语言处理	32	2	春季	
	47081002D05	量子计算与通信	32	2	秋季	
	47081202D51	服务计算	32	2	秋季	软件工程
	47081202D52	软件度量与质量	32	2	春季	
	47081202D53	大型软件开发技术与实践	32	2	春季	
	65085402D01	生物医学检测新技术	32	2	春季	生物医学工程
	65085403D01	医学图像处理新技术	32	2	春季	
	65085403D02	组织工程前沿	32	2	秋季	
	47081203D01	生物信息学	32	2	秋季	计算机技术
	47081203D02	网络科学基础与应用	32	2	春季	
	47081203D03	物联网技术与工程	32	2	秋季	
	46081102D02	智能控制	32	2	春季	控制工程
	46081102D09	先进机器人建模与控制	32	2	春季	
培养环节	99000003F06	学位论文选题报告		1	春秋季	第三学期
	99000003F08	社会实践		1	春秋季	
	99000003F10	专业实践		4	春秋季	
学术交流与研讨	99000003F04	学术交流与研讨（专业学位硕士研究生）		2	春秋季	必选

6.6.7　学术研讨与学术交流

工程硕士的"学术研讨与学术交流"是必修环节，需修满2学分。通过开展多渠道、多形式、多元化的学术研讨和学术交流活动，营造浓厚的学术及文化氛围，引领前沿、激发兴趣、拓宽知识跨度和学术视野。

具体内容与考核办法详见《中南大学计算机学院关于培养方案中学术研讨与学术考核的实施细则》《中南大学自动化学院关于培养方案中学术研讨与学术考核的实施细则》《中南大学物理与电子学院关于培养方案中学术研讨与学术考核的实施细则》《中南大学基础医学院关于培养方案中学术研讨与学术考核的实施细则》。

6.6.8　学位论文开题报告

电子信息工程硕士研究生，须进行学位论文开题报告，根据《中南大学研究生培养环节工作管理办法》执行。

研究生在导师的指导下，应在第一学期内确定学位论文研究方向，在查阅大量文献资料的基础上作公开的选题报告，确定研究课题。硕士研究生查阅的文献资料应在 60 篇以上，中英文参考文献比例适中。

开题报告在硕士研究生入学后第三学期完成。学位论文选题应来源于应用课题或现实问题，具有明确的工程技术背景和应用价值。首次选题未获通过者，应在至少 6 个月后补作一次。补作未获通过者，按学校有关学籍管理规定处理。

硕士研究生选题报告在系（中心）内公开组织进行。

研究生在"研究生教育管理信息系统"上填写网络版《中南大学研究生学位论文选题报告》，选题报告评审通过后，交所在单位研究生管理办存档，由研究生助理登录成绩。

6.6.9　中期考核

无。

6.6.10　科研训练、专业实践和社会实践

"专业实践"是专业学位研究生的必修环节，在学期间必须保证不少于半年的实践教学，应届毕业生的实践教学时间原则上不少于 1 年。工程类硕士专业学位研究生应开展专业实践，可采用集中实践和分段实践相结合的方式。具有 2 年及以上企业工作经历的工程类硕＋专业学位研究生专业实践时间应不少于 6 个月，不具有 2 年企业工作经历的工程类硕士专业学位研究生专业实践时间应不少于 1 年。非全日制工程类硕士专业学位研究生专业实践可结合自身工作岗位任务开展。研究生应提交实践计划并撰写实践总结报告，经实践部门有关负责人、导师、所在二级单位考核通过后获得相应的学分。研究生需要提交实

践学习计划、撰写实践学习总结报告。研究生可以在基地边实践，边做学位论文。专业实践可采用集中实践与分段实践相结合的方式进行，按照信息科学与工程学院制定的考核细则执行，并经导师、学院审核后才能通过环节考核。

"社会实践"是全日制硕士研究生的必修环节，由导师根据科研、教学、实验、设计、实习等任务安排，根据《中南大学研究生社会实践学分管理办法》执行，共计32学时，1个学分。

6.6.11　学年总结与考核

在每学年放假前，学校组织对硕士研究生一学年来的政治思想表现、课程学习成绩、科研业绩等方面进行一次全面总结、评定和考核，考核结果作为调整研究生的奖学金和助学金等级和对研究生进行筛选的依据，对考核不合格者将根据研究生学籍管理规定进行学籍处理。

6.6.12　学位论文工作

1. 在学学习期间成果要求

严格按照《中南大学电子信息工程硕士学位授予标准》及学位管理相关文件的要求执行。

2. 学位论文要求

严格按照《中南大学学位授予工作条例》《中南大学电子信息工程硕士学位授予标准》《中南大学研究生学位论文撰写规范》《中南大学研究生学位论文学术不端检测管理办法》的要求执行。

本专业硕士要求撰写学位论文。学位论文基本要求按照《中南大学学位授予工作条例》（中大研字〔2019〕62号）执行。专业硕士研究生的学位论文要求用中文或英文撰写，在导师的指导下由研究生本人独立完成，研究生从事论文的工作时间应当不少于1年。学位论文写作应执行《中南大学研究生学位论文撰写规范》，学位论文必须观点正确，条理清晰，论据可靠，论证充分，推理严谨，逻辑性强，文字通顺，能体现作者综合运用基础理论和专业知识解决实际工程问题的能力，应表明研究生已达到培养目标的要求。

3. 论文评审、答辩与学位授予

严格按照《中南大学学位授予工作条例》《中南大学答辩管理办法》《中南大学研究生学位论文评审管理办法》的要求执行。

研究生修满规定学分，通过全部培养环节考核，学位论文按要求撰写完毕，经导师同意，可按学校和二级培养单位的规定程序进行学位论文评审。首先进行论文预答辩或预审。预答辩或预审通过者的论文经导师同意后，送交两名（其中至少 1 位来自校外）本领域或相近领域具有副高以上职称的专家评审。论文评审的重点是，作者综合运用科学理论、方法和技术手段解决工程技术问题的……的技术难度和工作量，解决工程技术问题的新思想、新方法和新进展，……实用性，创造的经济效益和社会效益等。完成预答辩……文正式答辩。正式答辩程序按中南大学研究生院的相……3～5 位本领域或相近领域具有副高职称的专家组成……论文答辩的全日制研究生准予毕业，并发给毕业证书。……二级培养单位学位评定分委员会提出学位申请，经学……委员会讨论通过后可授予学位，并发给学位证书。

6.6.13 毕业论文工作

根据《中南大学研究生……规定，对硕士研究生实施毕业与学位授予分离，对未……论文答辩。毕业论文要求如下：

1. 成果要求

需满足以下条件之一……

（1）本人参与的研究……

（2）申请 1 项国家专……

（3）公开发表（录用……

上述学术成果必须……论文必须以中南大学为第一署名单位，导师排名第……。在学期间发表的论文确认以在期刊（不包括增刊）……只能归属于一名研究生。

2. 毕业论文要求

参照本培养方案……

3. 毕业论文答辩要求

参照本培养方案中学位论文评审与答辩程序和要求执行。

第7章

部分电子信息／控制工程硕士研究生核心课程教学大纲

7.1 "机器学习"课程教学大纲

7.1.1 课程基本情况

课程基本情况见表 7.1.1。

表 7.1.1　课程基本情况

课程编号	xxxxxx	开课学期	1春	学　分	3	学　时	54
课程名称	（中文）机器学习						
	（英文）Machine Learning						
课程类别	专业学位课						
教学方式	课堂讲授（以基本理论知识为主）、课堂讨论、课堂实践、案例分析						
考核方式	平时成绩（10%）+ 主题讨论（20%）+ 课程实践（30%）+ 学期论文（40%）						
适用专业	控制科学与工程						
先修课程	线性代数、概率论、随机过程						
教材与参考文献	教材： [1] 周志华. 机器学习 [M]. 北京：清华大学出版社，2016. [2] 李航. 统计学习方法 [M]. 2 版. 北京：清华大学出版社，2019. [3] Ian H. Witten. 数据挖掘：实用机器学习工具与技术 [M]. 4 版. 北京：机械工业出版社，2017. 参考文献： [1] Cathy O'Neill. Doing Data Science [J]. 2013. [2] Mehryar Mohri. Fundamentals of Machine Learning [M]. MIT，2018. [3] Keith D. Copsey. Statistical Pattern Recognition [M]. 2017.						

7.1.2 课程简介

机器学习重点是使学生掌握常见机器学习算法，包括算法的主要思想和基本步骤，并通过编程练习和典型应用实例加深了解；同时对机器学习的一般理论，如假设空间、监督和半监督、无监督学习及强化学习有所了解。在机器学习理论的基础上，将其应用于计算机视觉与自然语言处理技术中。将机器学习的原理及基础，在计算机视觉与自然语言处理中应用与锻炼，可以使学生得到更深入的认识。

通过本课程的学习，要求学生了解机器学习的发展状况与研究内容，掌握基本概念、基本原理方法和重要算法，掌握机器学习的一些主要思想和方法，熟悉典型的机器学习方法，初步具备用经典的机器学习方法解决一些简单实际问题的能力。并进一步，在计算机视觉和自然语言处理中，探索与应用机器学习技术，增强学生的实践和动手能力，提高学生的集成及创新意识。

7.1.3　课程内容及知识单元

具体的课程内容及知识单元见表 7.1.2。

表 7.1.2　课程内容及知识单元

教 学 内 容	知 识 单 元	教 学 方 法
第 1 章 机器学习概述与模型评估 1.1 机器学习引论 1.2 机器学习发展历程与应用现状 1.3 经验误差与过拟合 1.4 评估方法与性能度量 1.5 比较检验	机器学习的基本术语与分类 机器学习过程 归纳偏好 偏差与方差 过拟合问题 模型评估指标与方法 模型选择方法	课堂讲授 案例分析 课堂讨论
第 2 章 线性模型 2.1 线性模型基本形式 2.2 线性回归 2.3 对数概率回归 2.4 线性判别分析 2.5 多分类学习 2.6 类别不平衡问题 2.7 任务：波士顿房价预测	线性模型基本形式 线性回归模型 最小二乘估计 对数概率回归模型 极大似然估计 梯度下降 多分类策略 类别不平衡问题	课堂讲授 课堂讨论 课堂实践
第 3 章 支持向量机理论 3.1 核方法理论与支持向量机 3.2 最优分离超平面问题 3.3 软间隔与正则化 3.4 序列最小最优化算法 3.5 核方法 3.6 核学习与回归 3.7 任务：手写数字分类	函数间隔与几何间隔 最优超平面 支持向量 对偶优化问题 软间隔与正则化 核方法 支持向量回归	课堂讲授 课堂讨论 课堂实践

教学内容	知识单元	教学方法
第 4 章 决策树 4.1 决策树模型 4.2 划分选择 4.3 决策树的生成 4.4 决策树的剪枝 4.5 CART 算法 4.6 任务：红酒评分	决策树基本模型 最优划分属性选择 ID3 算法 C4.5 算法 剪枝策略 CART 算法	课堂讲授 课堂讨论 课堂实践
第 5 章 神经网络 5.1 神经元模型 5.2 感知机与多层网络 5.3 误差逆传播算法 5.4 全局最小与局部极小 5.5 其他常见神经网络 5.6 深度神经网络 5.7 神经网络训练过程 5.8 神经网络模型搭建与调试 5.9 任务：图像分类	感知机与多层网络 误差逆传播算法 损失函数 全局最小与局部极小 卷积神经网络 循环神经网络 深度神经网络训练过程 深度神经网络模型搭建与调试	课堂讲授 课堂讨论 课堂实践
第 6 章 贝叶斯理论 6.1 贝叶斯决策论 6.2 极大似然估计 6.3 朴素贝叶斯分类器 6.4 半朴素贝叶斯分类器 6.5 概率图模型 6.6 EM 算法 6.7 任务：垃圾邮件分类	贝叶斯理论 生成式模型与判别式模型 朴素贝叶斯分类器 半朴素贝叶斯分类器 概率图模型 马尔可夫链 隐马尔可夫模型 条件随机场 EM 算法	课堂讲授 课堂讨论 课堂实践
第 7 章 集成学习 7.1 个体与集成 7.2 Boosting 7.3 Bagging 与随机森林 7.4 结合策略 7.5 多样性 7.6 任务：乳腺癌检测	集成学习基本概念与分类 Boosting 与偏差 Adaboost 梯度提升树 Bagging 与方差 随机森林 模型结合策略 误差与分歧	课堂讲授 课堂讨论 课堂实践

续表

教学内容	知识单元	教学方法
第 8 章 聚类 8.1 聚类任务 8.2 性能度量 8.3 距离计算 8.4 原型聚类 8.4 密度聚类 8.5 层次聚类 8.6 任务：运动目标检测	聚类的基本概念与分类 聚类方法的评估 相似性与距离的计算 Kmeans 高斯混合模型与 EM 算法 DBSCAN 算法 AGNES 算法	课堂讲授 课堂讨论 课堂实践
第 9 章 降维与度量学习 9.1 K 近邻学习 9.2 低维嵌入 9.3 主成分分析 9.4 核化线性降维 9.5 流形学习 9.6 度量学习 9.7 任务：人脸识别	K 近邻模型 维度爆炸与低维嵌入 主成分分析 流形学习 等度量映射算法 局部线性嵌入算法 度量矩阵与度量学习	课堂讲授 课堂讨论 课堂实践
第 10 章 机器学习的应用 10.1 机器学习在计算机视觉中的应用 10.2 机器学习在自然语言处理中的应用	计算机视觉概念 自然语言处理概念	课堂讲授 案例分析 课堂讨论

7.1.4　课程实践环节

1. 课堂汇报

选择 4 个讨论主题，要求 3 ~ 4 个学生自行组队讨论后进行口头汇报，并提交汇报 PPT 与论文。

讨论主题包括：

（1）机器学习课程与控制科学与工程的结合点有哪些？

（2）是否存在机器学习的学习极限？

（3）机器通过学习得到智能后，给人类工作、生活带来怎样的便利与风险？

（4）机器学习技术的发展与哪些因素相关？

2. 课题实践

选择 8 个应用任务及数据，要求学生课堂完成实验与分析，并提交代码与实验报告。

应用任务包括：

（1）波士顿房价预测；

（2）手写数字分类；

（3）红酒评分；

（4）图像分类；

（5）垃圾邮件分类；

（6）乳腺癌检测；

（7）运动目标检测；

（8）人脸识别。

7.2　"线性系统"课程教学大纲

7.2.1　课程基本情况

"线性系统"理论课程基本情况见表 7.2.1。

表 7.2.1　"线性系统"理论课程基本情况一览表

课程编号	xxxxxx	开课学期	xxxx	学　分	3	学　时	54
课程名称	（中文）线性系统理论						
	（英文）Linear System Theory						
课程类别	专业学位课						
教学方式	课堂讲授（以基本理论知识为主）、习题练习、课堂讨论、案例分析						
考核方式	期末开卷 / 闭卷考试（60%）+ 综合大作业（30%）+ 讨论（10%）						
适用专业	控制科学与工程						
先修课程	自动控制原理、线性代数、电路原理						
教材与参考文献	教材： 郑大钟 . 线性系统理论 [M]. 2 版 . 北京：清华大学出版社，2002. 参考文献： [1] Chen C T. Linear System Theory and Design [M]. Holt，Rinehart and Winston，1999. [2] Kailath T. Linear Systems. Englewood Cliffs [J]. NJ: Prentice-Hall，1980. [3] Callier F M and Desoer C A. Linear System Theory[M]. Springer-Verlag，1991.						

7.2.2　课程简介

　　线性系统理论是控制科学与工程学科中一门最基本的理论性课程，也是进一步学习控制学科其他系列课程必备的基础。本课程强调严格的逻辑训练，且与培养研究生创新思维并重。课程强调培养应用理论的能力，案例教学采用 MATLAB。具体内容包括：介绍采用系统理论解决工程问题的一般步骤，明确建模、分析、综合在解决实际问题中的作用，并重点介绍线性系统模型的特征和分析方法；介绍系统的状态空间描述，基于状态空间方法的分析和系统的结构特征和结构的规范分解以及状态反馈及其性质，还涉及线性系统典型反馈控制问题的时域综合；在引入有关多项式矩阵的必要数学基础上，进而阐明频域理论的核心内容——传递函数矩阵的矩阵分式描述及其状态空间实现，线性定常系统的多项式矩阵描述以及线性定常系统反馈控制综合的复频域方法。

7.2.3 课程内容及知识单元

具体的课程内容及知识单元见表 7.2.2。

表 7.2.2 课程内容及知识单元

教 学 内 容	知 识 单 元	教 学 方 法
第 1 章 绪论 1.1 系统、线性系统 1.2 线性系统的分析方法		课堂讲授 案例分析 课堂讨论
第 2 章 线性系统的时间域分析：状态空间法 2.1 系统的状态空间描述 2.2 时间域分析的方法 2.2.1 状态运动的规律 2.2.2 系统的模态、稳定性 2.2.3 能控性和能观测性 2.2.4 系统结构的规范分解 2.3 状态反馈及其性质 2.4 不可量测状态的重构	● 系统的状态空间描述 ● 状态运动的规律 ● 系统的模态 ● 稳定性 ● 能控性和能观测性 ● 系统结构的规范分解 ● 状态反馈及其性质 ● 不可量测状态的重构	课堂讲授 课堂讨论
第 3 章 多项式矩阵理论 3.1 多项式矩阵基本理论 3.1.1 多项式矩阵的定义 3.1.2 奇异和非奇异 3.1.3 线性相关和线性无关、秩 3.2 Hermite 形 3.3 互质性 3.4 即约性 3.4.1 列次数和行次数 3.4.2 列即约和行即约 3.5 Smite 形 3.6 Popov 形 3.7 矩约束和 Kronecker 形	● 多项式矩阵 ● 奇异和非奇异 ● 线性相关和线性无关、秩、单模阵、初等变换 ● Hermite 形 ● 公因子和最大公因子 ● 互质性及其判别准则 ● 列次数和行次数 ● 列即约和行即约 ● Smite 形、Popov 形 ● 矩阵束和 Kronecker 形	课堂讲授
第 4 章 线性定常系统的复频域分析：传递函数矩阵的 MFD 4.1 传递函数阵及其 MFD 4.1.1 MFD 的定义 4.1.2 MFD 的真性及其判别准则 4.1.3 由非真 MFD 导出严格真的 MFD 4.1.4 不可简约 MFD	● 传递函数阵及其 MFD ● MFD 的真性及其判别准则 ● 由非真 MFD 导出严格真的 MFD ● 不可简约 MFD，求不可简约 MFD 的几种方法	课堂讲授 课堂讨论

教 学 内 容	知 识 单 元	教学方法
4.1.5 求不可简约 MFD 的几种方法 4.2 传递函数的结构性质 4.2.1 Smith-McMillan 形 4.2.2 多变量系统的极点零点定义和属性 4.2.3 结构指数 4.2.4 无穷大处的极点和零点 4.2.5 传递函数阵在极点零点上的评价值 4.2.6 零空间 4.2.7 最小多项式基和 Kronecker 指数 4.2.8 传递函数阵的亏值	● Smith-McMillan 形 ● 规范 MFD ● 多变量系统的极点零点定义和属性 ● 结构指数，无穷大处的极点和零点 ● 传递函数阵在极点零点上的评价值 ● 零空间 ● 最小多项式基和 Kronecker 指数 ● 传递函数阵的亏值	课堂讲授 课堂讨论
第 5 章 MFD 的状态空间实现 5.1 实现的定义及属性 5.2 控制器实现和观测器形实现 5.3 能控性实现和能观测性形实现 5.4 最小实现及其性质 5.5 规范 MFD 的实现	● 实现的定义及属性 ● 控制器实现和观测器形实现 ● 能控性实现和能观测性形实现 ● 最小实现及其性质 ● 规范 MFD 的实现	课堂讲授 课堂讨论
第 6 章 线性定常系统的多项式矩阵描述（PMD） 6.1 多项式矩阵描述 6.2 多项式矩阵描述的实现 6.3 不可简约的多项式矩阵描述 6.4 解耦零点 6.5 系统矩阵 6.6 严格系统等价	● 多项式矩阵描述 ● 多项式矩阵描述的实现 ● 不可简约的多项式矩阵描述 ● 解耦零点 ● 系统矩阵 ● 严格系统等价	课堂讲授 课堂讨论
第 7 章 线性定常反馈系统的分析与综合：复频域方法 7.1 组合系统的能控性和能观测性 7.2 反馈系统的渐近稳定性和 BIBO 稳定性 7.3 状态反馈的频域分析 7.4 状态反馈的极点配置问题和特征值 - 特征向量配置问题 7.5 极点配置问题的控制器 - 能观测器形补偿器综合 7.6 输出反馈系统的极点配置问题 7.7 输出反馈系统的解耦控制问题	● 连续优化的一阶二阶充分和必要条件 ● 组合系统的能控性和能观测性 ● 反馈系统的渐近稳定性和 BIBO 稳定性 ● 状态反馈的频域分析 ● 状态反馈的极点配置问题和特征值 - 特征向量配置问题 ● 极点配置问题的控制器 - 能观测器形补偿器综合 ● 输出反馈系统的极点配置问题 ● 输出反馈系统的解耦控制问题	课堂讲授 课堂讨论

7.2.4　课程实践环节

1. 课堂讨论

讨论主题：线性系统理论在工程中的应用方法

讨论目的：了解线性系统理论解决工程问题的基本步骤。

讨论内容：课程提供的 10 篇左右反映系统控制理论最新应用成果的文献供学生选读，要求学生阅读后总结出建模、分析、仿真、控制设计、验证、实现等环节在控制工程实践中的运用流程和发挥的作用，加深对理论学习重要性的认识。

2. 综合大作业

作业主题：典型控制系统设计案例的分析

作业目的：锻炼运用所学的线性系统理论展开实际工程系统控制器设计的能力，初步掌握从事研究的方法。

作业内容：尝试剖析课程提供的典型控制系统设计案例，从建立被控对象模型开始，通过在 MATLAB 中实现文献中报道的模型和控制设计，检验是否能够复现报道的实验结果。在此基础上，对文献中的设计给出评价，并讨论可能的改进方案。

第**8**章

控制工程专业硕士研究生培养方案调研报告

8.1 调研背景

控制工程以控制论、信息论、系统论和人工智能为基础，以系统为主要对象，借助计算机技术、网络技术、通信技术，以及传感器和执行器等部件，运用控制原理和方法，以达到或实现预期的目标。控制工程领域涉及工业、农业、服务业的大多数国民经济领域，特别是在智能制造、智慧城市、现代农业、现代物流、机器人等系统的分析、决策和管理等领域或行业中具有十分重要的地位，具有实践性、系统性、交叉性、时代性的特点。

专业培养方案是高校专业建设的核心内容，它不仅是专业开办和教学运行的重要文件依据，也是专业人才培养和质量提升的根本保证举措。培养方案是专业建设的首要环节与核心命脉，是指在特定的教育思想和教育理论指导下，对专业培养目标、培养方式、课程设置、学位论文要求等各环节要素进行综合设计而形成的纲领性文件。高校专业建设水平与该校制定的专业培养方案密切相关，合理的培养方案为一流专业建设打下良好基础，带动专业建设水平的提升。

在本报告中，我们重点阐述在这次调研中搜集的各个高校的相关培养方案，以便为以后培养方案的调整工作提供充足的资料和信息。针对目前高校的培养方案制定情况进行对比分析，以此为契机和切入点，考察专业建设，找准专业建设的努力方向。希望在此基础上形成新一轮控制工程领域专业硕士培养方案修订工作的思路，抓住培养中的几个重点问题，形成培养特色。

8.2 调研内容

本次控制工程领域专业硕士培养方案调研主要对开设控制工程专业的高校情况调研，在 2020 软科控制学科排名前 30% 的高校中，搜集了其中 32 所高校的培养方案，并选取了其中控制工程专业的具有代表性的 14 所高校进行调研，所选取的高校覆盖了全国不同地理区域，和多个层次的院校，覆盖了开办自动化学科的不同批次的院校，覆盖了 2020 软科学科排名的第一第二第三梯队的院校。培养方案调研内容主要包括开设控制工程专业的学院情况、各高校控制工程专业的培养目标、课程设置及学分分布、学位论文要求。

8.3　调研对象

1. 调研对象的选择

西北工业大学、上海交通大学、华中科技大学、北京理工大学、清华大学、合肥工业大学、中国石油大学（华东）、湖南大学、山东科技大学、广东工业大学、华南理工大学、西安交通大学、大连理工大学和东北大学。

2. 调研对象的选择说明

（1）均为工科实力较强或者行业特色院校；

（2）均开办了控制工程专业；

（3）覆盖了全国大部分地理区域，包括西北 2 所，华南 2 所，华东 4 所，华中 2 所，华北 2 所，东北 1 所；

（4）覆盖了不同层次的院校，包括 985 重点院校（清华大学、上海交通大学、大连理工大学等）、211 重点院校（合肥工业大学、中国石油大学（华东）等）以及一般院校（山东科技大学、广东工业大学等）；

（5）覆盖了开办自动化学科的不同批次院校。包括最早开设自动化系的清华大学；

（6）覆盖了 2020 软科控制学科排名的不同层次院校，包括排名前 2% 的清华大学、东北大学，排名前 5% 的上海交通大学、广东工业大学等，排名前 10% 的华中科技大学、西北工业大学等，排名前 20% 的大连理工大学、山东科技大学等；排名前 30% 的合肥工业大学等。

8.4　调研方法

在高校调研方面，调研方法主要采用网络调研法，并将一手资料调研与二手资料调研相结合。其中一手资料调研是通过相应高校的相应院系的工作人员，以网络传输的形式直接获得其开办控制工程专业的相关培养方案；二手资料调研时利用搜索引擎，以"控制工程专业""培养方案"的关键词作为搜索项进行搜索并下载相关文档。

8.5　调研分析

8.5.1　调研院系

被调研的大学及所在学院 / 系，详见表 8.5.1。

表 8.5.1　被调研的大学及所在学院 / 系

学 校 名 称	所 在 学 院	所 在 系
北京理工大学	自动化学院	控制理论与控制工程研究所
大连理工大学	控制科学与工程学院	自动化研究所
东北大学	信息科学与工程学院	自动化系
合肥工业大学	电气与自动化工程学院	自动化系
湖南大学	电气与信息工程学院	控制科学与工程系
华中科技大学	人工智能与自动化学院	自动控制系
清华大学	信息科学技术学院	自动化系
山东科技大学	电气与自动化工程学院	自动化系
上海交通大学	电子信息与电气工程学院	自动化系
西北工业大学	自动化学院	控制理论与控制工程系
中国石油大学（华东）	控制科学与工程学院	自动化系
广东工业大学	自动化学院	自动控制系
华南理工大学	自动化科学与工程学院	控制与信息工程系
西安交通大学	电气工程学院	工业自动化系

由于控制工程领域隶属于控制科学与工程一级学科，属于自动化学科。由上述表格可知，虽然在各个高校中，控制工程专业的所在院系均不完全相同，但是都在自动化、控制、信息相关的院系里。由此反映出，在培养控制工程领域专业硕士方面上，开设该专业的高校都侧重于自动化、控制方向，总体培养方向一致。

8.5.2　培养目标

培养目标的具体要求，见表 8.5.2。

表 8.5.2　培养目标的具体要求

学 校 名 称	培 养 目 标
北京理工大学	培养的硕士专业学位研究生应注重领域的工程研究、开发和应用，培养基础扎实、素质全面、工程实践能力强，并具有一定创新能力的应用型、复合型高层次工程技术和工程管理人才

学 校 名 称	培 养 目 标
大连理工大学	掌握控制工程领域的基础理论、先进技术方法和现代技术手段；能结合控制工程领域有关的实际问题，具有独立进行分析与集成、研究与开发、管理与决策等方面的能力。能够胜任控制工程规划、勘测、设计、施工、运行、管理等方面的工作
东北大学	必须具备创新思维、工程思维，掌握系统和控制科学的研究方法，特别是善于将系统和控制科学中反馈、优化、融合、集成的理念用于工程实践；坚持理论联系实际，对业务精益求精；工作中具有良好的环保和节约意识、综合分析素养、价值效益意识
合肥工业大学	掌握所从事本行业领域坚实的基础理论和宽广的专业知识，熟悉本行业领域的相关规范，在本行业领域的某一方向具有独立担负工程规划、工程设计、工程实施、工程研究、工程开发、工程管理等专门技术工作的能力，具有良好的职业素养
湖南大学	研究生具备控制与信息处理系统的专业基础知识外，还应具备本领域的工程研究、开发和应用能力，了解本专业科技发展动向及前沿，在本领域的某一方向具有独立从事控制工程与信息处理系统的设计运行、分析与集成、研究与开发、管理与决策等能力，成为具有一定创新能力的应用型、复合型高层次工程技术和工程管理人才
华中科技大学	掌握本领域坚实的基础知识和系统的专门知识；掌握本领域的基本研究方法与技能，具备一定的研究实际问题的能力；掌握并能熟练运用一门外国语；培养严谨求实的学习态度和工作作风；可胜任本领域的相关的工作
清华大学	培养掌握某一领域坚实的基础理论和宽广的专业知识、具有较强的解决实际问题的能力，能够承担专业技术或管理工作、具有良好的职业素养的高层次应用型专门人才
山东科技大学	掌握所从事领域的基础理论、先进技术方法和手段，在领域的某一方向具有独立从事工程设计、工程实施，工程研究、工程开发、工程管理等能力；掌握一门外国语
上海交通大学	掌握控制工程领域的基础理论和解决工程基本问题的先进技术方法与现代技术手段，在本领域的某一方向具有从事工程设计与运行、分析与集成、研究与开发、管理维护与决策基本能力，掌握一门外语，能比较熟练地阅读本学科领域的外文资料，并有一定的外语写作与交流能力
西北工业大学	具有较好的数理基础与较全面的控制学科专业知识，了解控制工程领域的研究现状及发展趋势，掌握本领域的先进技术方法和现代技术手段；具有很强的专业实践能力；能够胜任实际控制系统、设备或装置的分析计算、开发设计和使用维护等工作，能够创造性地解决复杂工程实际问题；具有开阔的国际视野，能快速查阅外文文献获取新知识、新思想；具有严谨的学风和良好的学术道德，具备勇于探索、不畏艰难和坚韧不拔的科学精神；具有较高的人文素养、良好的工程管理和协调关系能力
中国石油大学（华东）	培养具有较好的控制科学相关基础理论和专业知识、具有较强的工程实践、开发应用和解决实际问题的能力，能够承担专业技术或管理工作，具有良好的职业素养的复合型高层次工程技术和工程管理人才
广东工业大学	专业学位研究生培养目标是掌握某一专业（或职业）领域坚实的基础理论和宽广的专业知识、具有较强的解决实际问题的能力，能够承担专业技术或管理工作、具有良好的职业素养的高层次应用型专门人才

学 校 名 称	培 养 目 标
华南理工大学	基础扎实、素质全面、工程实践能力强，具有一定创新能力，面向企业服务的应用型、复合型高层次工程技术和工程管理人才；掌握本领域的基础理论、先进技术方法和现代技术手段；在本领域的某一方向具有独立从事工程设计与运行、分析与集成、研究与开发、管理与决策等能力；掌握一门外语，掌握和了解领域的技术现状和发展趋势
西安交通大学	具有本学科坚实的基础理论和宽广的专业知识，掌握解决工程实际问题的创新研究方法和现代实验技术，能够运用控制工程领域的理论与方法，具有很强的系统设计开发能力和实际问题的解决能力，熟悉所从事相关研究方向的最新科学与技术发展动态；至少熟练掌握一门外语，能阅读和翻译专业文献，能用外语撰写技术分析报告和科技论文，具有较强的外语会话能力

　　由上述的培养目标对比可知，被调研的高校在制定培养目标上，第一点是掌握控制工程领域的基础理论和专业知识，了解该领域的研究现状。其次，都不同层次地要求控制领域专业硕士具备专业实践能力，其中，清华大学、北京理工大学、中国石油大学（华东）和广东工业大学要求具备较强的实践能力，而西安交通大学、西北工业大学要求具有很强的专业实践能力。由此反映出，控制工程领域专业硕士的培养目标中，掌握该领域的基础理论是基本要求，虽然不同高校对工程实践能力的要求或高或低，但是工程实践能力是必备要求。除此之外，不同高校提出了其他的培养目标，如西安交通大学、上海交通大学等要求该领域专业硕士掌握一门外语，合肥工业大学提出熟悉本行业领域的相关规范。

8.5.3　培养方式

　　具体的培养方式见表 8.5.3。

表 8.5.3　培养方式

学 校 名 称	培 养 方 式
北京理工大学	实行双导师负责制。双导师负责制是指一名校内学术导师和一名校外社会实践部门的导师共同指导学生，其中以校内导师指导为主，校外导师参与实践过程、项目研究、部分课程与论文等环节的指导工作。 全日制硕士专业学位研究生学制一般为 3 年，最长修业年限在基本学制基础上增加 0.5 年
大连理工大学	全日制专业学位硕士研究生培养以课程学习和实践训练为主，重点进行工程实践、团队合作和创新能力的培养。研究生培养实行双导师制，其中一位来自学校，另一位导师来自企业中与本领域相关的专家。同时也可实行以导师为主的指导小组负责制。 全日制专业学位硕士研究生基本学制为 2 年，申请学位最长年限为 4 年，即自研究生入学之日起到校学位委员会讨论其学位论文的时间为 4 年（含休学时间）

学校名称	培养方式
东北大学	采取校企合作的方式进行培养。实行校内外双导师制，以校内导师指导为主，来自企业（行业）或实际部门具有丰富实践经验的校外导师参与实践过程、项目研究、课程与论文等多个环节的指导工作。加强校企共建联合培养基地建设，推动产学结合、协同育人。 本学科学制为 3 年，最长学习年限（含休学和保留学籍）为 5 年
合肥工业大学	采用以工程能力培养为导向的导师组指导制。导师组应有来自校内具有较高学术水平和丰富指导经验的教师，以及来自企业具有丰富工程实践经验的专家。 采用全日制学习方式，学制为 3 年，最长年限不超过 4 年
湖南大学	实行双导师制。一名校内学术导师，一名校外社会实践部门的导师，校内导师指定为责任导师，校外导师应参与实践过程、项目研究、课程与论文等环节的指导工作。 全日制专业学位研究生学制 2 年
华中科技大学	采用全日制培养方式，学制 2 年
清华大学	鼓励校内外双导师共同指导。以校内导师指导为主，校外导师参与实践过程、项目研究、课程与论文等多个环节的指导工作。 全日制工程硕士研究生采取全脱产的培养方式，课程学习主要在校内完成，论文答辩须在校内完成。学习年限一般为 3 年
山东科技大学	采用双导师制培养，以校内导师指导为主，校外导师参与实践过程、项目研究、课程与论文等多个环节的指导工作。 采用全日制学习方式，基本学制为 3 年
上海交通大学	全日制专业学位硕士学习年限一般为 2～3 年，最长不得超过 3.5 年
西北工业大学	实行校内导师与企业导师的双导师制，校内导师为第一导师，企业导师为第二导师。校内导师是第一责任人，在硕士研究生培养中起主导作用，主要负责课程学习阶段和学位论文阶段。专业实践阶段由双方导师共同指导。 全日制专业学位硕士研究生学习年限为 2.5 年
中国石油大学（华东）	全日制研究生基本学习年限 3 年，最长学习年限为 5 年
广东工业大学	实行指导教师负责制，采取指导教师个人指导与教研室（研究室或学科组）集体指导相结合的方式进行，并提倡专、兼职指导教师组成学科群体进行联合指导。 专业学位研究生学制为 3 年，学习优秀者可提前至两年毕业，全日制专业学位研究生延长学习年限不超过 1 年
华南理工大学	专业学位研究生培养实行校内外双导师制。以校内导师指导为主，校外导师参与实践过程、项目研究、课程与论文等多个环节的指导工作。 学制为 2.5 年。因特殊原因不能按期完成学业者，可适当延长学习期限，延长学习期限后，在校年限（含休学）不得超过 4.5 年
西安交通大学	采取协同培养方式，实行"双师型"指导模式，由校内指导教师和校外合作导师共同开展研究生指导工作，负责研究生培养计划制订、专业实践安排以及学位论文指导等事宜。 学习年限：学习年限为 3 年

由于被调研的高校在制定培养目标上，都不同层次地要求控制领域专业硕士具备专业实践能力。因此，在培养方式中，几乎所有高校都提出了双导师制，校内学术导师为第一导师，负责课程学习和学位论文阶段，校外社会实践导师为第二导师，负责专业实践阶段。广东工业大学实行指导教师负责制，采取指导教师与教研室指导教师形式的双导师制。由此可知，在控制工程领域专业硕士的培养方式中，大部分高校都采取双导师制，以校内学术导师为主，结合校外企业导师，培养该领域硕士掌握科研能力的同时，具备专业实践能力。

在学科学习年限中，被调研高校制定的基础学制和最长学习年限不同。在基础学制上，大连理工大学、湖南大学、华中科技大学、上海交通大学要求该领域专业硕士的基础学制为 2 年，西北工业大学、华南理工大学要求基础学制为 2.5 年，其余学校要求基础学制为 3年。另外，在 8.5.4 节中的课程设置中，可知绝大部分高校要求应届本科毕业生的实践教学时间原则上不少于 1 年，在 8.5.5 节中的学位论文要求中，可知多数高校明确要求论文研究实践不少于 1 年。因此，在规定基础学制上，大部分高校制定为 3 年，该领域专业硕士可合理完成课程学习、专业实践和学位论文撰写。大多数高校规定了最长学习年限（3.5～5年），北京理工大学、上海交通大学规定最长年限为 3.5 年，大连理工大学、合肥工业大学、广东工业大学规定最长年限为 4 年，华南理工大学规定最长年限为 4.5 年，而东北大学、中国石油大学（华东）规定最长年限为 5 年。因此，在规定最长学习年限上，大部分高校规定为 4 年。

8.5.4　课程设置及学分分布

具体的课程设置及学分分布情况见表 8.5.4。

表 8.5.4　课程设置及学分分布

学校名称	课程环节	实践环节	综合环节
北京理工大学	公共课：7 学分；基础课：至少 2 学分；学科核心课：至少 4 学分；专业选修课：至少 12 学分	实践环节：7 学分；研究生需到校外部门、企业或本校进行专业实践，在企业时间不少于 6 个月；不满 2 年工作经历的研究生专业实践不少于 1 年	创新训练：1 学分
大连理工大学	总学分不低于 24 学分，必修课程不低于 18 学分。公共基础课、专业基础课、专业选修课、行业前沿课	实验实践课：至少 6 学分；在学期间需在校内外指定的实践单位或部门进行不少于半年时间的实习、实践环节训练	

续表

学校名称	课程环节	实践环节	综合环节
东北大学	总学分不低于 24 学分，必修课程不低于 18 学分。公共必修课、领域核心课、公共选修课、领域选修课	专业实践：8 学分；必须保证不少于半年的实践教学，应届本科毕业生的实践教学时间原则上不少于 1 年	科学精神与人文素养教育：1 学分；学术活动：1 学分
合肥工业大学	课程学习：至少 24 学分。公共学位课程、专业学位课程、公共必修课程、专业选修课程	专业实践：8 学分；具有 2 年及以上企业工作经历的实践时间应不少于 6 个月，不具有 2 年企业工作经历的实践时间应不少于 1 年	文献综述与开题报告、至少 3 次学术交流、工作技术实践，未计入总学分
湖南大学	公共课：10 学分；专业必修课：16 学分；专业选修课：至少 4 学分	专业实践：至少参与 2 个工程项目设计实践，6 学分；要求不少于半年的专业实践，应届本科毕业生考取专业学位研究生的专业实践时间原则上不少于 1 年	参加 6 次以上专题讲座：2 学分
华中科技大学	公共课程：至少 7 学分；专业领域基础课：至少 2 学分；专业选修课：至少 6 学分；实践教学（实验、设计、调查分析）：至少 3 学分	实践研究环节：至少 14 学分；非应届本科毕业生实践教学环节累计时间不少于半年，应届本科毕业生的实践教学环节不少于一年	
清华大学	公共必修课程：至少 3 学分；学科专业要求课程：至少 18 学分；专业基础课：至少 6 学分；专业课：至少 6 学分；职业素质课程：至少 3 学分	专业实践：3 学分；专业实践时间为 18 周，如果选择学校开设的专业实践课程或学校审核通过的专业实践课程，可为 8 周	必修环节：至少 4 学分；校外专业实践课，人工智能实践课，文献综述与选题报告
山东科技大学	公共课：7 学分；基础理论课：8 学分；专业选修课：至少 6 学分	专业技术实践课：4 学分；专业实践：16 学分；保证不少于 1 年	文献综述与开题报告：1 学分；学术规范与学术道德：1 学分
上海交通大学	总学分 ≥ 26，其中：GPA 统计源课程学分 ≥ 16，专业基础课（不含数学类）不低于 6 学分，数学类课程不低于 3 学分。至少修读两门英语（或双语）授课课程。公共基础课，专业基础课，专业前沿课	专用控制技术：2 学分	

续表

学校名称	课程环节	实践环节	综合环节
西北工业大学	公共课：6 学分；基础理论课：至少 5 学分；公共实验课：至少 1 学分；专业基础课：至少 6 学分；专业课：至少 4 学分；专业技术课：至少 4 学分	工程实践：不少于 1 年。必须保证不少于半年的专业实践，应届本科毕业生考取全日制专业学位硕士研究生的专业实践时间原则上不少于 1 年	综合素养课，至少选修学术素养概论 1 学分，其余课程不计入最低总学分
中国石油大学（华东）	总学分最低修满 28 学分，必修课不得低于 15 学分，必修课（公共必修课，公共基础课，专业基础课），选修课	专业实践：4 学分；专业实践和学位论文可以结合进行，时间不少于 1 年	公共体育：1 学分；专业外语：1 学分；文献综述与开题报告：1 学分
广东工业大学	总学分不少于 32 学分，学位课 17 学分。学位课，非学位课	实践活动：4 学分；必须保证不少于半年的实践教学，应届本科毕业生的实践教学时间原则上不少于 1 年	信息检索与知识产权：1 学分；控制工程领域专题：2 学分；文献阅读与开题报告：1 学分
华南理工大学	总学分不少于 32 学分，其中必修课不少于 16 个学分	专业实践课程：2 学分；专业实践：3 学分；从第二学期末开始，全日制工程硕士研究生原则上必须到校外实践教学基地完成校外实践教学环节，时间一般不少于半年；应届本科毕业生不少于 1 年	至少 10 次以上技术讲座
西安交通大学	总学分：至少 38 学分；公共学位课：7 学分；专业学位课：至少 8 学分；方向定制课：6 学分；任意选修课：至少 5 学分	专业实践（校内＋校外）：8 学分；具有 2 年及以上企业工作经历的工程类硕士专业学位研究生专业实践时间不少于 6 个月；不具有 2 年企业工作经历的工程类硕士专业学位研究生专业实践时间不少于 1 年（其中校内 6 个月，校外 6 个月）	学术活动（讲座）硕士：1 学分

　　在分析不同高校的培养方案中，发现各个高校在课程设置及学分分布上，由三部分组成，分别是课程环节、实践环节、必修环节。

　　在课程环节上，分为必修课程和选修课程，从各个高校设置的学习课程中，必修课程包括公共必修课、公共基础课、专业必修课等，选修课程包括专业选修课等，应修总学分在 30 学分左右，必修课程学分大于选修课程学分。除此之外，大连理工大学、上海交通大学开设行业前沿课，清华大学开设职业素养课程，西安交通大学开设方向定制课。

　　在实践环节上，虽然各个高校在专业实践的学分设置差异较大（3 ～ 14 学分），但是绝大部分高校都要求该领域专业硕士开展至少半年的专业实践，应届本科毕业生的专业实践时间不少于 1 年，如华中科技大学、东北大学等。

在综合环节上，不同高校都开设培养综合素质的课程，如创新训练、科学精神与人文素养教育、文献综述与开题报告、学术交流、信息检索等，促进该领域专业硕士的全方位发展。

8.5.5　学位论文要求

具体的学位论文要求见表 8.5.5。

表 8.5.5　学位论文要求

学校名称	学位论文要求
北京理工大学	学位论文研究工作时间不少于 1 年
大连理工大学	学位论文侧重于对研究生工程或管理实践能力、动手和设计能力的锻炼和提高，论文选题应来源于工程实际或具有明确的工程技术背景，可以是研究生独立完成一个完整的并具有一定难度的专题研究、工程设计、技术开发或实际管理课题，也可以是高质量的调查报告、企业诊断报告或高水平的案例分析报告
东北大学	学位论文选题应紧密结合应用课题或现实问题，具有明确的职业背景和应用价值。选题应反映研究生综合运用科学理论、方法和技术解决实际问题的能力和水平，可将应用基础研究、产品开发、工程设计、规划设计、案例分析、发明专利等作为主要内容，以论文形式表现。 学位论文答辩时间距提交开题报告时间不低于 1 年
合肥工业大学	选题应来源于工程实际或者具有明确的工程应用背景，可以是新技术、新工艺、新设备、新材料、新产品的研制与开发。可以采用产品研发、工程规划、工程设计、应用研究、工程/项目管理、调研报告等多种形式。 学位论文研究工作时间不少于 1 年
湖南大学	选题应来源于应用课题或现实问题，必须要有明确的职业背景和应用价值。学位论文须独立完成，要体现研究生综合运用科学理论、方法和技术解决实际问题的能力。学位论文一般不少于 3 万字。 中期检查时间距离学位论文答辩时间一般不少于 6 个月
华中科技大学	应有明确的工程技术背景和应用价值，可涉及控制工程领域系统或者构成系统的部件、设备、环节的设计与运行，分析与集成，研究与开发，管理与决策等，特别是针对信息获取、传递、处理和利用的新系统、新装备、新产品、新工艺、新技术、新软件的研发
清华大学	应直接来源于生产实际或具有明确的生产背景和应用价值，可以是一个完整的系统、信息以及控制工程类的工程技术项目或工程项目的规划或研究，工程设计项目或技术改造项目，可以是技术攻关研究专题也可以是新的自动化装置、检测仪表、传感器的研制与开发课题，也可以是应用基础性研究、预研专题。 论文研究工作时间一般不少于 1 年

续表

学 校 名 称	学位论文要求
山东科技大学	应来源于工程实际或具有明确的工程技术背景，可以是新技术、新工艺、新设备、新材料、新产品的研制与开发。论文的内容可以是：工程设计与研究、技术研究或技术改造方案研究、工程软件或应用软件开发、工程管理等
上海交通大学	应积极参与导师承担的科研项目，选择有重要应用价值的课题；要求对所研究的课题有新见解或新成果，表明作者掌握坚实的基础理论和系统的学科知识，具有从事学术研究或担负专门技术工作的能力
西北工业大学	选题应来源于应用课题或现实问题，必须要有明确的职业背景和应用价值，可以包含产品研发、工程设计、应用研究、工程 / 项目管理等形式。 用于科学研究和撰写学位论文的时间不少于 1 年
中国石油大学（华东）	选题应来源于应用课题或现实问题，必须要有明确的职业背景和应用价值。学位论文形式可采用调研报告、应用基础研究、规划设计和产品开发等形式。 专业学位研究生专业实践和学位论文可以结合进行，时间不少于 1 年
广东工业大学	论文形式可以多种多样，可采用调研报告、应用基础研究、规划设计、产品开发、案例分析、项目管理、文学艺术作品等形式。学位论文字数应不少于 2 万字
华南理工大学	选题应来源于应用型研究课题或工程实际问题，必须具有明确的职业背景和应用价值。学位论文内容和形式可以是：调研报告、产品研发、工程设计、应用研究、工程 / 项目管理等形式。 学位论文一般不少于 1 年
西安交通大学	选题应直接来源于生产实际或具有明确的工程应用背景，研究成果要有实际应用价值，论文拟解决的问题要有一定的技术难度和工作量，论文要具有一定的先进性和实用性。 学位论文形式可以是学术论文、产品设计报告等形式，论文字数要求 4 万字左右。 学位论文时间不少于 1 年

　　在学位论文的要求上，被调研高校对论文选题来源和论文形式不作严格限制，选题可来源于应用课题、现实问题、生产背景等，论文形式可采用调研报告、应用基础研究等，但是要求学位论文具有专业背景和应用价值。大部分高校明确用于科学研究和撰写学位论文的时间不少于 1 年，如清华大学、东北大学、西北工业大学等。少数高校规定了学位论文的字数，如广东工业大学规定学位论文一般不少于 2 万字，湖南大学规定学位论文一般不少于 3 万字，西安交通大学规定学位论文字数不少于 4 万字。

8.6　调研总结

　　在本次控制工程领域专业硕士培养方案调研中，全面考虑地理区域、专业实力、学校实力等因素，选取开设了控制工程专业的具有代表性的 14 所高校进行调研，有效提高培养方案调研的客观性，提供控制工程领域专业硕士的培养方案修订工作的思路。

在被调研高校中，控制工程专业开设在与自动化、控制、人工智能、信息相关的院系里，因此培养方案都侧重于自动化、控制方向，总体培养方向相似，进而论证了其培养方案的可调研性。控制领域专业硕士不同于工学硕士，培养目标不仅包括对专业基础知识的掌握，而且要求具备一定的专业实践能力，一些高校明确指出该领域专业硕士需具备较强的工程实践能力，西北工业大学提出该方向硕士具有很强的实践能力。因此，专业基础知识和专业实践能力是培养目标的必要组成部分，而且被调研高校也将专业实践活动设置为必修课程，虽然学分设置差异较大（3 ～ 14 学分），但是都要求该领域专业硕士开展至少半年的专业实践，应届本科毕业生的实践时间不少于 1 年。因此，在基本学制的制定上，绝大部分高校规定该学科基本学制为 3 年，最长学习年限为 4 年，便于学生可合理完成课程学习、专业实践和学位论文撰写。绝大部分高校的培养方案都提到双导师制，以校内学术导师为主，结合校外企业导师，培养该领域硕士掌握科研能力的同时，具备专业实践能力，与培养目标相呼应。除了学科专业上的培养，包括专业知识和专业实践能力，各个高校也注重学生的综合素质培养，并在培养方案中规定相关课程和学分，如创新训练、科学精神与人文素养教育、文献综述与开题报告、学术交流、信息检索等。虽然控制工程领域专业硕士属于工程硕士，但是大部分高校明确用于科学研究和撰写学位论文的时间不少于 1 年，由此保证学位论文的工作量和应用价值，而论文选题来源和论文形式不作严格限制，选题可来源于应用课题、现实问题、生产背景等，论文形式可采用调研报告、应用基础研究等。

通过本次培养方案调研，了解到具有代表性的高校在控制工程领域专业硕士的培养思路，包括培养目标、培养方式、课程设置及学分分布、学位论文要求。以各个高校的培养方案为基础，结合自动化专业的发展变化，在此基础上形成新一轮控制工程专业硕士培养方案修订工作的思路，贴合专业的社会需求，制定特色培养方案。

在此次制定电子信息类控制领域专业硕士的培养方案中，我们参考被调研高校的培养方案的思路，进行修订工作。首先，我们制定培养目标为专业基础知识和实践能力相结合，以实际工程应用为导向，以职业需求为目标，以综合素养和应用知识与能力的提高为核心，并要求掌握一门外语。在学习年限上，基础学制为 3 年，最长不得超过 4 年。在课程设置上，规定应修总学分 30，其中课程学习不少于 26 学分。课程设置分为两部分：课程学习阶段、实践训练阶段，课程学习阶段中涵盖了外语类课程、思政类课程、数学类课程、专业类课程、综合素质课程。具有 2 年及以上企业工作经历的工程硕士专业实践时间应不少于 6 个月，不具有 2 年企业工作经历的工程硕士专业实践时间应不少于 1 年。同样实行双导师制，其中一位导师来自培养单位，另一位导师来自企业与本领域相关的专家。在学位论文要求上，规定开展学位论文工作实践不少于 1 年。

本次修订的控制工程领域专业硕士培养方案坚持厚基础、强能力、重实践、广适应的原则，构建以学生为本，有利于专业人才的培养体系，学科综合体现了专业教育教学改革的趋势。工作组通过控制工程领域专业硕士培养方案的调研，拓展了控制工程专业建设思路，以培养方案修订为契机，提升专业建设质量，有效促进控制工程领域人才培养质量持续改进。通过调研国内其他高校同方向培养方案，工作组制定的专业硕士培养方案同样坚持厚基础、强能力、重实践、广适应的原则，以学生为中心，培养方案相关课程以提高学生基础能力为出发点，突出了对学生培养的重视性。课程设置对人才综合发展形成有力支撑，培养核心领域人才的同时，也能满足学生个性发展需求。学位论文要求符合专业内涵建设，坚持成果导向、多元价值的理念。综上，工作组目前制定的专业硕士培养方案具有较强的科学性与前瞻性，培养方式要求符合专业发展理念，符合国家发展需求，也符合学生的发展需求。

下　篇

控制科学与工程｜电子信息
学科博士研究生培养方案

第三部分
控制科学与工程博士研究生
（普博）

第9章

控制科学与工程博士研究生培养方案（普博）模板

9.1 培养目标及基本要求

以"立德树人、服务需求、提高质量、追求卓越"为主线，面向国家发展战略，面向国际科技前沿，面向教育现代化，培养德智体美劳全面发展、具有科技创新能力和独立从事科学研究及专门技术能力的高层次合格人才，努力造就具有家国情怀和国际视野、担当引领未来和造福人类的领军人才。具体要求如下：

（1）热爱祖国，忠于人民，遵纪守法，具有强烈的社会责任感和高尚的职业操守，拥有强健的体魄，良好的心理素质和心态。

（2）培养严谨求实的科学态度和作风，创新求实的精神，良好的学术道德和团队协作精神。

（3）知识结构合理，掌握本学科坚实宽广的基础理论，具备系统深入的专门知识；掌握本学科的前沿理论、技术和研究方法，具有独立开展科学研究和解决有关技术问题的能力。

（4）能够瞄准国际学术前沿和基于国家重大需求发现和提炼有重要学术价值的理论问题，通过独立思考和深入研究，产生原创性的学术成果。

（5）具有开阔的国际视野，能熟练地应用英语获取知识、撰写科技论文和进行国际学术交流；具有较高的人文素养、良好的工程管理和协调关系能力。

9.2 学科概况及培养方向

控制科学与工程是研究控制的理论、方法、技术及其工程应用的学科，以控制论、系统论、信息论为基础，研究各应用领域内的共性问题。以工程系统为主要对象，以数学方法和计算机技术为主要工具，研究各种控制策略及控制系统的理论、方法和技术。控制理论是学科的重要基础和核心内容；控制工程是学科的背景动力和发展目标。

培养方向：

（1）先进控制理论及应用

（2）运动控制及智能装备

（3）智能机器人控制

（4）检测技术与智能系统

（5）生产过程综合自动化

（6）模式识别与目标跟踪

（7）系统工程与知识自动化

（8）飞行器导航与控制

说明：培养方向是本学科领域的发展方向与自身优势和特点的结合。在拟定培养方向时，应注意其先进性与引导作用，充分凝练和概括，不应重复和重叠，不应是研究课题的罗列，也不应是导师学术兴趣的组合。

9.3　学制及培养模式

全日制攻读博士学位，学习年限一般为 3 ～ 4 年，最长可延至 6 年。

博士生的培养采取导师为第一责任人的导师负责制，或以导师为主的指导小组负责制，小组成员一般由 3 ～ 5 名教授（含导师）组成，联合对博士生的课程学习、科学研究和学位论文进行指导，但博士生导师在博士生培养中起主导作用。在培养过程中，采取理论学习和科学研究相结合的办法，选择高水平的科研项目以培养博士生的开拓创新和独立从事科学研究的能力，鼓励博士研究生参加国际学术交流活动，以提高本学科博士生培养的国际化水平。

9.4　课程设置及学分要求

本学科博士生要求的知识结构主要由理论课程和必修环节两部分构成。理论课程类别可划分为：公共课、基础理论课、专业核心课和专业课程，见表 9.4.1。

（1）公共课（必 / 选）：含思想政治理论、第一外语、学术道德和职业素养等在内的思政育人课程；

（2）基础理论课（必）：本学科范围内专业领域的基础理论、基本知识和技能训练方面的课程；

（3）专业核心课（必）：侧重本学科核心理论和技术的知识获取和技能训练；

（4）专业课程（选）：与本学科二级学科或其他培养方向、最新理论和前沿技术紧密相关，以及跨学科课程。

表 9.4.1　课程设置及学分要求

课程类别	课程名称	学　时	学　分	备　注
公共课	中国马克思主义与当代	32	2	
	博士英语	32	2	
	学术道德（学术伦理）	16	1	
	科技论文写作与学术报告	16	1	必选
	科学规范与表达	16	1	
	文献检索	16	1	
	创新创业课程	32	2	
	领导力素养课程	16	1	
基础理论课	数学模型	48	3	
	应用泛函分析	48	3	
	矩阵论	48	3	
	数理统计	48	3	至少选 1～2 门
	数值分析	48	3	
	最优化方法	48	3	
	随机过程	48	3	
	分形几何	48	3	
专业核心课	学科前沿讲座	16	1	必选
	非线性控制系统	48	3	
	计算机视觉	32	2	
	控制论	48	3	至少选 1～2 门
	模式识别理论	48	3	
	神经网络理论	32	2	
专业课	与培养方向、最新理论和前沿技术、交叉学科相关的课程（参考下面附表）			①至少选修一门全英文课程；②至少选修一门跨一级学科课程

各二级学科建议设置的专业课目录见表 9.4.2。

表 9.4.2　各二级学科建议设置的专业课目录

二 级 学 科	建议专业课
控制理论与控制工程	运动控制，最优估计与随机控制，鲁棒控制，自适应控制，智能控制等
检测技术与自动化装置	随机信号处理，智能检测处理与控制等
系统工程	系统科学与系统工程，工程系统优化与控制等
模式识别与智能系统	机器学习，人工智能，实用大数据建模等
导航、制导与控制	现代飞行控制系统理论，导航系统理论与方法，制导原理航天器动力学与控制等

9.5　实践环节

实践环节应积极营造创新、合作的环境氛围，践行知行统一，着重培养博士生的科研能力、创新能力、团队合作与组织能力。表 9.5.1 描述了实践要求和学分。

表 9.5.1　实践要求和学分

必修环节	创新实践	教学实践（如担任助教、独立带教实验课）、社会实践等	3 学分
	学术报告	实行博士生学术报告制度。选听一定数量的学术报告，包括人文和科学素养类讲座	1 学分
	学术活动	参加不少于 8 次的学术交流与研讨活动，其中本人作报告不少于 2 次；参加本学科领域国际学术会议（境外 1 次）和其他重要的学术会议至少 2 次并宣读报告	2 学分

9.6　培养过程

9.6.1　个人培养计划

根据本学科培养方案，在知识和能力结构及学位论文要求的基础上，由导师或指导小组与研究生本人共同制订博士研究生的个人培养计划。个人培养计划包括课程学习计划和学位论文研究计划。课程学习计划应在研究生入学后 2～3 周内制定；学位论文研究计划在导师（组）指导下完成，内容包括：研究方向、文献阅读、选题报告、科学研究、学术交流、学位论文及实践环节等方面的要求和进度计划。

9.6.2　开题报告

（1）开题工作是博士生进行学位论文工作的起点。博士生应在导师指导下，阅读有关文献，形成综述报告。

（2）开题报告内容包括：学位论文选题依据（包括论文选题的意义、与学位论文选题相关的最新成果和发展动态）；学位论文研究方案（包括研究目标、研究内容和拟解决的关键问题、拟采取的研究方法、技术路线、实验方案及可行性分析、可能的创新之处）；预期达到的目标、预期的研究成果；学位论文详细工作进度安排和主要参考文献等。

（3）具体工作依据各高校关于博士研究生培养工作的基本规定及本学科相关规定执行。

9.6.3　中期检查

学位论文严格实行中期考核制度。具体工作依据各高校关于博士研究生培养工作的基本规定及本学科相关规定执行。

9.6.4　论文撰写要求

学位论文必须是一篇系统、完整的学术论文，要求概念清楚、立论正确、论述严谨、计算正确、数据可靠，且层次分明、文笔简洁、流畅、图标清晰。

学位论文应有一定的深度和广度，要求达到：具有明显的创新性，部分研究内容应达到国际先进水平，并具有一定涵盖面。学位论文的研究结果应有新发现、新见解，对本学科的学术发展具有一定的指导意义。围绕论文开展科研工作的时间不少于 2 年。

9.6.5　论文评审与答辩

博士研究生完成培养方案规定的课程学习且成绩合格，所获得的成果与发表论文符合本学科博士研究生毕业要求，所撰写的学位论文通过论文专家评阅，经导师推荐后方可在学科内进行预答辩。预答辩的时间与正式答辩的时间一般间隔不少于 1 个月。

博士研究生的学位论文答辩应按照各授予单位论文答辩程序及工作细则执行。

第 **10** 章

控制科学与工程博士研究生培养方案（普博）案例

10.1 案例一

北京航空航天大学

10.1.1 适用学科

控制科学与工程（0811）

控制理论与控制工程（081101）

检测技术与自动化装置（081102）

模式识别与智能系统（081104）

导航、制导与控制（081105）

建模仿真理论与技术（081121）

10.1.2 培养目标

控制科学与工程一级学科，是研究对象的状态信息获取与处理；根据目标和对象状态，控制和决策的规律，研究控制和决策的实施，以及研究实现控制与决策的设备和系统的应用基础学科及应用学科。它综合了数学、力学、系统科学、计算机科学与技术、信息与通信工程、电气工程、仪器科学与技术、机械工程、航空航天科学技术、生物学等学科的理论、方法，形成了完善的理论体系和实践范畴。本学科在国民经济和国防技术领域内起重要的促进和支撑作用，在工学门类中占有不可替代的地位。本学科本着"重基础、强交叉、拓视野和推创新"的原则，构建航空航天特色突出的、空天信融合的创新人才培养体系，将理论研究和工程技术研究有机结合，重视培养学生的系统观点、强化理论研究能力和工程实践能力。

控制科学与工程学科博士生的培养目标如下：

（1）坚持党的基本路线，热爱祖国，遵纪守法，品行端正，诚实守信，身心健康，具有良好的科研道德和敬业精神。

（2）适应科技进步和社会发展的需要，在本学科上掌握坚实宽广的基础理论和系统深入的专门知识；熟练掌握一门外语；具有独立地、创造性地从事科学研究工作的能力；具有良好的综合素质和主持较大型科研与技术开发项目的能力。

（3）在科学或专门技术上做出创造性的成果，培养在高校和科研机构从事教学和研究的专业人才。

10.1.3　培养方向

（1）现代控制理论及应用

（2）智能控制理论及应用

（3）信息融合与决策

（4）自动化测试与自动化装置

（5）智能传感技术与测控网络

（6）图像处理与模式识别

（7）网络环境下的智能自动化

（8）先进飞行控制技术

（9）高精度导航与精确制导

（10）高可靠控制技术

（11）飞行与控制系统仿真及智能仿真技术

（12）分布并行高效能仿真与云服务

10.1.4　培养模式及学习年限

本学科博士研究生根据人才培养和发展需要，主要为一级学科内培养，结合跨学科培养、国际联合培养及校企联合培养等模式。实行导师或联合导师负责制，负责制订研究生个人培养计划、指导科学研究和学位论文。

遵循《北京航空航天大学研究生学籍管理规定》。本学科直接攻博研究生学制为 4 年；其他类型博士研究生学制为 3 年，实行弹性学习年限。

博士研究生实行学分制，在攻读学位期间，要求在申请博士学位论文答辩前，依据培养方案，获得知识和能力结构中所规定的各部分学分及总学分。

鼓励研究生从入学起就开始学位论文相关的研究工作；博士研究生文献综述与开题报告至申请学位论文答辩的时间一般不少于 1 年。

10.1.5　知识和能力结构

本知识和能力结构主要体现对研究生业务理论素质、科学技术及人文素质、实践能力素质、创新意识素质等培养层次。本学科博士研究生要求的知识和能力结构由学位理论课程和综合实践环节两部分构成，如表 10.1.1 和表 10.1.2 所述。学位理论课程和综合实践是培养环节的重要内容，其设置是以全面提高研究生的理论与实践水平、在研究生学习阶段有优秀的科研成果和高质量的毕业论文为目标。设置中合理布局本学科的必修课程和选修课程，注重学科内各方向之间的交叉融合。要取得相关学位的研究生必须按培养方案获得表中所规定的各部分学分及总学分。

表 10.1.1　博士（不含直博）学位知识和能力结构及学分要求

结构类型	学位理论课程				综合实践环节		
	公共课	基础及学科理论课	跨学科课	选修课	学术交流	学术报告	文献综述与开题报告
学分小计	≥4	≥7	≥2	≥0	1	1	1
总学分	≥16（需同时满足各类学分小计和总学分要求）						

表 10.1.2　直接攻读博士学位知识和能力结构及学分要求

结构类型	学位理论课程				综合实践环节			
	公共课	基础及学科理论课	跨学科课	选修课	专业实验	学术交流	学术报告	文献综述与开题报告
学分小计	≥5	≥19	≥4	≥2	≥3	1	1	1
总学分	≥38（需同时满足各类学分小计和总学分要求）							

10.1.6　课程设置及学分要求

博士研究生课程体系分为学位必修课、学位必修环节和学位选修课。

1. 学位必修课（环节）

学位必修课指获得本学科博士学位所必须修学的课程。

（1）公共必修课：包括思想政治理论、第一外国语、专题课等。

（2）学科必修课：包括校基础理论课、一级学科理论课和专业课。

（3）跨学科课：在导师指导下跨一级学科选必修课。

学位必修环节：专业实验（直博生）、学术交流、学术报告、文献综述与开题报告。

2. 学位选修课

导师根据博士研究生知识背景情况及课题研究需要指定选修公共课、本专业课或跨专业课。第一外国语为非英语（德、日、法等）的博士研究生必须选修英语作为二外，若在硕士研究生学习阶段已修英语二外，可以免修；对缺少本学科硕士或本科层次专业基础的跨学科博士研究生，应在导师指导下将若干门本学科的硕士或本科核心课程作为选修课程，所修课程记录成绩，不计入总学分。

3. 课程设置

详见 10.1.8 节。

4. 学分要求

要求研究生在攻读学位期间，依据培养方案，于申请学位论文答辩前获得知识和能力结构中所规定的各部分学分及总学分。

硕博连读研究生应同时满足学术硕士学位课程的学分要求，对硕士学术报告及硕士开题学分不做要求。

博士研究生根据导师的安排一般在 2 年内（直博生 3 年内）完成课程学习。

详见 10.1.8 节：学位必修课程 / 环节设置及学分要求。

10.1.7　主要培养环节及基本要求

1. 制定个人培养计划

根据本学科的培养方案，在知识和能力结构及学位论文要求的基础上，由导师或指导小组与研究生本人共同制定博士研究生的个人培养计划。个人培养计划包括课程学习计划和学位论文研究计划。课程学习计划应在研究生入学后 2 周内制定，研究生据此计划在网上办理选课手续。博士研究生的学位论文研究计划应在开题报告中详细描述。

研究生个人培养计划确定后不应随意变更。

2. 专业实验

以研究生实践能力和创新意识培养为目的，开展多元化实践活动，提高研究生运用理论知识解决实际问题的能力。研究生根据培养计划、研究兴趣，按照知识和能力结构中的规定，选择完成不少于 3 学分的专业实验课程或实践项目，由实践指导教师负责考核，记载成绩。

3. 学术交流

根据《北京航空航天大学研究生院关于博士研究生培养工作的基本规定》，要求博士研究生在申请论文答辩前参加不少于 8 次的学术交流与讨论，其中本人作报告不少于 2 次，提交

《博士研究生学术交流记录表》和《博士研究生学术交流考核表》、本人 2 次报告内容和其他各次交流提纲，由导师负责考核，通过者获得 1 学分，由学院研究生教务审核后记载成绩。

4. 学术报告

根据《北京航空航天大学研究生院关于博士研究生培养工作的基本规定》，要求博士研究生在申请论文答辩前选听学术报告总数不少于 20 次，提交《研究生学术报告考核表》并附总结报告，由导师负责考核，通过者获得 1 学分，由学院研究生教务审核后记载成绩。

10.1.8 学位论文及相关工作

本环节是对研究生进行科学研究或承担专门技术工作所进行的全面训练，是培养研究生凝练科学问题、发挥创新力、综合运用所学知识发现问题、分析问题和解决问题能力的主要环节。

鼓励博士研究生选择学术前沿性的研究课题、选择与国家重大需求有关或对我国经济和社会发展有重要意义的课题，鼓励多学科交叉的研究，突出学位论文的创新性和先进性，特别鼓励原始创新性研究。

1. 文献综述与开题报告

执行《北京航空航天大学研究生院关于博士研究生培养工作的基本规定》。

要求博士研究生结合论文研究方向在阅读了丰富的文献资料（至少 50 篇，其中外文文献不少于 30 篇）基础上，了解学术发展及前沿，写出综述报告。

开题报告内容包括：学位论文选题依据（包括论文选题的意义、与学位论文选题相关的最新成果和发展动态）；学位论文研究方案（包括研究目标、研究内容和拟解决的关键问题、拟采取的研究方法、技术路线、实验方案及可行性分析、可能的创新之处）；预期达到的目标、预期的研究成果；学位论文详细工作进度安排和主要参考文献等。

本学科直接攻博研究生一般在 3 年内、其他博士研究生一般在 2 年内完成文献综述与开题报告。

博士研究生文献综述与开题报告至申请学位论文答辩的时间一般不少于 1 年。

2. 中期考查

本环节是对博士研究生继续培养资格的考核，具体依据《北京航空航天大学研究生院关于博士研究生培养工作的基本规定》及本学科相关规定执行。

3. 学位论文标准与答辩

执行《北京航空航天大学学位授予暂行实施细则》。

4. 成果与发表论文要求

执行《北京航空航天大学关于研究生申请学位发表论文的规定》。

关于博士学位研究生必修课程 / 环节设置及学分要求，见表 10.1.3、表 10.1.4。

表 10.1.3　博士（不含直博）学位研究生必修课程 / 环节设置及学分要求

课程性质			课程代码	课程名称	学　时	学　分	要　求
学位必修课及环节	学位理论课程	公共课	001101	中国马克思主义与当代	36	2	必修
			001121	英语一外（博）	60	2	必修 1 门
			001133	研究生日语	90	2	
			001134	研究生俄语	90	2	
			公共课必修学分小计			≥ 4	
		基础及学科理论课	001201	数值分析 A	48	3	必修至少 1 门
			001203	矩阵理论 A	48	3	
			001205	数理统计 A	48	3	
			001207	最优化方法	48	3	
			001209	应用泛函分析	48	3	
			001212	近世代数与拓扑	32	2	
			001216	小波分析	32	2	
			001225	并行计算	32	2	
			031310	控制科学与工程学科综合课（博）	48	3	必修
			031399	科学写作与报告	16	1	必修
			基础及学科理论课必修学分小计			≥ 7	
	学位理论课程	跨学科课		导师指导下跨一级学科选必修课			必修至少 1 门
			跨学科课必修学分小计			≥ 2	
			学位理论课必修学分合计			≥ 13	
学位必修课及环节	综合实践环节		001603	文献综述与开题报告（博）		1	必修
			001612	学术报告（博）	1	必修	
			001613	学术交流	1	必修	
			综合实践环节必修学分合计			3	
学位选修课			001801	英语二外	60	2	一外非英语必修
学分总计及说明			必须同时满足学分的小计、合计及总学分要求			≥ 16	

表 10.1.4　直接攻读博士学位研究生必修课程 / 环节设置及学分要求

课程性质		课程代码	课程名称	学时	学分	要求
学位必修课及环节	学位理论课程 公共课	001101	中国马克思主义与当代	36	2	必修
		001121	英语一外（博）	60	2	必修1门
		001133	研究生日语	90	2	
		001134	研究生俄语	90	2	
			人文或管理专题课	18	1	理工必修
		公共课必修学分小计			≥5	
	基础理论课	001201	数值分析 A	48	3	必修至少2门
		001203	矩阵理论 A	48	3	
		001205	数理统计 A	48	3	
		001207	最优化方法	48	3	
		001209	应用泛函分析	48	3	
		001212	近世代数与拓扑	32	2	
		001216	小波分析	32	2	
		001225	并行计算	32	2	
		031308	时间序列分析	32	2	
		基础理论课必修学分小计			≥5	
	一级学科理论课	031301	线性系统	48	3	必修至少2门
		031302	人工智能原理与方法	48	3	
		031303	现代仿真技术	48	3	
		031304	计算机控制系统	48	3	
		031305	现代数字信号处理	48	3	
		031306	最优估计	48	3	
		031313	现代飞行控制系统	48	3	
		031316	系统辨识	48	3	
		031317	非线性控制理论	48	3	
		091310	线性系统设计	48	3	
		151317	模式识别	48	3	
		151318	数字图像处理	60	3	
		031310	控制科学与工程学科综合课（博）	48	3	必修
		031399	科学写作与报告	16	1	必修
		一级学科理论课必修学分小计			≥10	
	专业课	031502	制导原理	32	2	必修至少2门
		031503	现代导航技术	32	2	
		031504	鲁棒控制	32	2	

续表

课程性质		课程代码	课程名称	学　时	学　分	要　求
学位必修课及环节	学位理论课程 专业课	031505	自适应控制	32	2	必修至少2门
		031506	最优控制	32	2	
		031508	智能控制	32	2	
		031509	现场总线技术	32	2	
		031514	模糊数学	32	2	
		031515	非线性控制系统	32	2	
		031516	信息融合技术	32	2	
		031517	测试系统动力学	32	2	
		031518	自动测试系统设计与集成技术	32	2	
		031519	计算智能	32	2	
		031521	软件可靠性工程	32	2	
		031522	飞行实时仿真系统及技术	32	2	
		031523	分布仿真技术与应用	32	2	
		031534	机器学习理论及其应用	32	2	
		031535	服务计算	32	2	
		031551	导弹系统建模与仿真	32	2	
		031552	机器人控制系统设计	32	2	
		031553	虚拟现实技术及应用	32	2	
		031554	智能计算方法	32	2	
		031555	高超声速飞行器制导技术导论	32	2	
		031556	现代控制系统设计	32	2	
		031562	飞行控制系统设计与综合分析	32	2	
		051515	运动稳定性	32	2	
		091311	鲁棒控制理论	32	2	
		151540	图像分析与计算机视觉	32	2	
	专业课必修学分小计				≥4	
	跨学科课		导师指导下跨一级学科选必修课			必修至少2门
	跨学科课必修学分小计				≥4	
	学位理论课必修学分合计				≥28	
	综合实践环节	001711	现代控制理论系列实验 I	20	1	必修≥3
		001714	ARM9 嵌入式系统实验	16	1	
		001715	可编程控制器应用实验	16	1	
		001716	CAN 总线实验	16	1	

课程性质		课程代码	课程名称	学　时	学　分	要　求
学位必修课及环节	综合实践环节	001717	可编程电气伺服系统实验	16	1	必修 ≥ 3
		001718	可编程控制器电梯控制系统	16	1	
		001719	DSP 应用系统实验	16	1	
		001723	三维建模、实时驱动与显示	16	1	
		001725	三维虚拟声音仿真实验	32	2	
		001726	采用 ADAMS 和 MATLAB 建立机械装置或机电装置虚拟样机	32	2	
		001727	电路设计与仿真	32	2	
		001728	虚拟仪器设计与仿真	16	1	
		001730	Freescale 嵌入式系统系列实验	20	1	
		001749	基于 ORACLE/ADO 的建模 / 仿真实验	16	1	
		031701	智能控制实验	16	1	
		031702	控制技术系列实验	32	2	
		031703	图像处理系列实验	32	2	
		031704	自动测试系统系列实验	16	1	
		031705	电机与电器实验	32	2	
		031706	飞行仿真综合实验	32	2	
		031707	头盔和数据手套人机交互实验	16	1	
		031708	现代检测技术实验	32	2	
		031709	动态系统建模仿真实验	32	2	
		031710	基于 Matlab RTW/Engine 的建模 / 仿真实验	16	1	
		031711	导航系统系列实验	32	2	
		031714	基于 HLA/RTI 的建模仿真实验	16	1	
		031715	现代数据采集与处理系列实验	32	2	
		031716	高档嵌入式自动化装置实验	32	2	
		031718	飞行控制系统系列实验	16	1	
		031719	软件可靠性实验	16	1	
		031720	制导系统系列实验	16	1	
		091702	现代控制理论实验 Ⅱ	32	2	
		151701	模式识别系列实验	16	1	
		001603	文献综述与开题报告（博）		1	必修
		001612	学术报告（博）		1	必修
		001613	学术交流		1	必修
综合实践环节必修学分合计					≥ 6	

续表

课 程 性 质	课 程 代 码	课 程 名 称	学　　时	学　　分	要　　求
学位选修课	001801	英语二外	60	2	一外非英语必修
		学位选修课学分合计		≥2	
学分总计及说明		必须同时满足学分的小计、合计及总学分要求		≥38	

备注：根据个性化培养需求，专业课可被基础理论和一级学科理论课取代，其极端必修学分下限允许设为 0。

10.1.9　终止培养

执行《北京航空航天大学研究生院关于博士研究生培养工作的基本规定》。

10.2 案例二

南京理工大学

10.2.1 学科简介

"控制科学与工程"是一门研究控制的理论、方法、技术及其工程应用的学科。它是20世纪最重要的科学理论和成就之一，它的各阶段的理论发展及技术进步都与生产和社会实践的需求密切相关。本学科为2000年批准的第二批一级学科博士学位授权点，下设"控制理论与控制工程"、"检测技术与自动化装置"、"系统工程"、"模式识别与智能系统"、"导航、制导与控制"以及"智能电网与控制"等六个二级学科博士点。其中，"控制科学与工程"是江苏省一级重点学科和江苏省一级国家重点学科培育点；"模式识别与智能系统"为国家重点学科；而"智能电网与控制"为依托"控制科学与工程"学科与"电气工程自动化"交叉形成的二级学科。多年来，本学科在研究生培养和学术研究方面获得了十分显著的成绩，承担了一批以国家973计划、863计划为代表的高层次项目，科研成果达到国内领先国际先进水平，获国家自然科学二等奖和省部级科技进步奖一等奖多项，是国家"211工程"重点建设学科。

10.2.2 培养目标

培养德、智、体全面发展，具有求实严谨科学作风和创新精神，遵纪守法、品德良好，身心健康；学风严谨，具有强烈的科学探索精神和高度的社会责任感。应掌握坚实宽广的基础理论和系统深入的专门知识，了解本学科的发展方向及国内外研究前沿，并熟练掌握一门外语；能够独立地、创造性地从事科学研究工作；拥有终身学习的能力，而且要具有主持较大型科研、技术开发及工程项目的能力，或解决和探索我国经济和社会发展问题的能力，能够胜任高等院校、科研院所等的教学、科研或技术管理等工作的高层次学术型创新型人才。

10.2.3 研究方向

（1）控制理论与控制工程：鲁棒控制与滤波、非线性系统的建模与控制、可靠性理论分析与设计、风力发电与控制、分布式电源并网接入与控制、智能控制与智能系统、网络化控制系统、复杂系统的控制与优化、无人机飞行控制、鲁棒与最优控制理论等。

（2）检测技术与自动化装置：无线传感器网络的模型研究、性能评价以及重构技术研究、智能控制算法及其应用、计算智能及其应用研究等。

（3）系统工程：指挥信息系统理论及辅助决策技术、体系建模与仿真论证、智能信息综合处理、虚拟环境建模与仿真、网络拥塞控制系统分析与设计、信息安全技术、智能应急管理与控制、动态系统故障检测与容错控制等。

（4）导航、制导与控制：兵器火控理论与技术、常规弹药制导研究、组合导航理论与技术、视频图像处理、多源信息融合理论及应用、机动目标跟踪、非线性估计理论及应用、现代火控理论及应用、纯方位系统目标运动分析、分布式协同目标定位与跟踪、不完全量测估计理论及应用、网络化事件触发估计理论与方法等。

（5）模式识别与智能系统：模式识别理论与应用、图像分析与机器视觉、智能机器人技术、机器学习与数据挖掘、医学影像分析、遥感信息处理、生物信息计算等。

（6）智能电网与控制：微电网调度与控制、智能电网应急管理与控制、电网智能检测与控制、电力系统稳定分析与控制、电力系统不确定性的分析与控制、可再生能源的接入与控制技术、大能源的安全性与充裕性、电力市场理论与仿真等。

10.2.4　学制和学分

博士研究生（含直接攻博生）的基本学制为 4 年，最长学习年限为 6 年。

硕博连读生自转为博士阶段培养开始计算其博士学习年限。

博士研究生总学分 ≥ 16；直接攻博生和硕博连读生总学分 ≥ 40 学分，必修不少于 2 学分全英语专业课。

10.2.5　课程设置

课程设置见表 10.2.1 和表 10.2.2。

表 10.2.1　博士研究生课程设置

类　别	课　程	课程编号	课程名称	学分	开课时间	考核方式	备　注
必修课程	政治理论	B123A001	中国马克思主义与当代	2	春秋	考试	必修
	外语	B114A009	高级英语学术写作	2	春秋	考试	
	学科基础	B110B005	Stability and RobustnessTheory	2	春	考试	≥ 6 学分
		B110C001	非线性系统理论	2	秋	考试	
		B113A008	矩阵分析与计算 Ⅱ	3	春秋	考试	

课程类别		课程编号	课程名称	学分	开课时间	考核方式	备注
必修课程	学科基础	B110B003	控制论	2	秋	考试	≥6学分
		B110B004	图与网络流	2	秋	考试	
		B106C008	模式识别理论	2	春	考试	
		B106C006	机器学习（Ⅱ）	2	秋	考查	
选修课程	外语选修	S114C023-26	二外（日、德、法、俄）语	2	春	考试	限选1门
	专业选修	B110C002	应用非线性控制	2	秋	考查	任选
		B110C003	多源信息融合	2	春	考查	
		B110C004	导航系统理论与方法	2	春	考查	
		B110C005	System Simulation Technology and Application	2	春	考查	
		B106B001	多尺度几何分析与稀疏表示	3	秋	考试	
		B106C014	深度学习神经网络	3	秋	考查	
	专题研究	B110Z008	学术创新与论文规范系列讲座	2	春	考查	至多选2门
		B110Z004	Progress in Control Theoryand Control Engineering	2	春	考查	
		B110Z006	系统工程学科新进展	2	春	考查	
		B110Z003	检测技术与自动化装置学科新进展	2	春	考查	
		B110Z002	导航、制导与控制新进展	2	春	考查	
		B106Z002	海量数据分析	2	春	考查	
		B106Z001	智能科学技术前沿	2	春	考查	
必修环节		B2440001	学科前沿学术报告	1			必修
		B2440002	学术交流与学术报告	1			必修

注：1. 博士研究生可以根据个人能力、兴趣、需要选学其他课程；

2. 学科前沿学术报告：要求博士研究生毕业前必须公开做1次学术前沿报告，通过者方可取得1学分；学术交流与学术报告：要求博士研究生毕业前必须参加8次及以上的学术报告，且必须参加1次国际会议；

3. 学科加修课：跨一级学科录取的博士研究生和未取得硕士学位的博士研究生（非直接攻博生），应在导师指导下，选择2～3门本学科硕士研究生的核心课程作为加修课，不计学分。

表 10.2.2　直接攻博生、硕博连读生课程设置

课程类别		课程编号	课程名称	学分	开课时间	考核方式	备注
选修课程	政治理论	S123A003	中国特色社会主义理论与实践研究	2	秋	考试	必修
		S123A004	自然辩证法概论	1	秋	考试	
		B123A001	中国马克思主义与当代	2	春秋	考试	
	外语	S114A006	硕士英语	2	秋	考试	

课程 类别	课　程 别	课程编号	课　程　名　称	学分	开课时间	考核方式	备　注
选修 课程	外语	B114A009	高级英语学术写作	2	春秋	考试	必修
	学科基础	S110B008	控制理论中的矩阵代数	3	秋	考试	≥17学分
		B113A008	矩阵分析与计算 Ⅱ	3	春秋	考试	
		S113A018	高等工程数学 Ⅰ	3	秋	考试	
		S113A021	高等工程数学 Ⅳ	2	春	考试	
		S113A003	泛函分析	3	秋	考试	
		S110B017	线性系统理论	2	秋	考试	
		S110B018	Optimization Theory and Optimal Control	2	秋	考试	
		S110B031	数学建模与系统辨识	2	秋	考试	
		S110B016	系统科学概论	2	春	考试	
		S110B019	智能信息处理技术	2	春	考试	
		B110B005	Stability and Robustness Theory	2	春	考试	
		B110C001	非线性系统理论	2	秋	考试	
		S110C064	Intelligent Control & Application	2	秋	考查	
		S110C065	自适应控制	2	春	考查	
		B110B003	控制论	2	秋	考试	
		B113A002	有限元方法理论基础及应用	2	秋	考查	
		B110B004	图与网络流	2	秋	考试	
		B106C008	模式识别理论	2	春	考试	
		B106C014	深度学习神经网络	3	秋	考查	
		S106B001	计算机视觉与图像理解	2	春	考试	
		S106B006	人工智能原理与方法	2	秋	考查	
		S113A015	数据统计分析	2	春	考试	
	外语选修	S114C023-26	二外（日、德、法、俄）语	2	春	考试	限选1门
	专业选修	S110C056	现代检测技术	2	春	考查	≥4学分
		S110C081	非线性系统与调节理论	2	秋	考查	
		S110C032	滤波与随机控制	2	春	考查	
		S110C055	现代火控理论	2	春	考查	
		S110C062	运动体控制与制导系统	2	春	考查	
		S110C046	无线传感器网络技术与应用	2	春	考查	
		S110C050	先进导航技术	2	春	考查	
		S110C058	现代数字伺服系统	2	春	考查	

课程 类别	课程 别	课程编号	课程名称	学分	开课时间	考核方式	备注
选修课程	专业选修	S110C054	现代工业控制机及网络技术	2	春	考查	≥4学分
		S110C029	控制网络与现场总线	2	春	考查	
		S110C035	嵌入式系统的软硬件设计	2	秋	考查	
		S110C051	先进过程控制系统	2	春	考查	
		S110C059	信息安全技术与进展	2	春	考查	
		S110C053	Modern Simulation Technology and Applications	2	春	考查	
		S110C041	网络系统的信息处理技术	2	春	考查	
		S110C063	指挥控制系统理论	2	春	考查	
		S110C052	现代测量技术与误差分析	2	春	考查	
		S110C025	机器人控制理论与技术	2	春	考查	
		S110C082	信息物理系统安全控制	2	春	考查	
		S110C083	康复机器人学导论	2	春	考查	
		S106C010	机器学习（Ⅰ）	2	秋	考查	
		S106C006	Machine Learning（Ⅰ）	2	秋	考查	
		S106C027	图像分析基础	2	秋	考查	
		S106C004	Fundamentals of Image Analysis	2	秋	考查	
		B106B001	多尺度几何分析与稀疏表示	3	秋	考查	
		S106C014	图像特性计算与表示	2	秋	考查	
		S106C008	机器人自主导航与环境建模	2	秋	考查	
		S106C029	生物信息学	2	春	考查	
		S106C001	Bioinformatics	2	春	考试	
		S106B004	模式识别技术	2	春	考试	
	专题研究	B110Z008	学术创新与论文规范系列讲座	2	春	考查	至多选4学分
		B110Z004	Progress in Control Theory and Control Engineering	2	春	考查	
		B110Z006	系统工程学科新进展	2	春	考查	
		B110Z003	检测技术与自动化装置学科新进展	2	春	考查	
		B110Z002	导航、制导与控制新进展	2	春	考查	
		B106Z002	海量数据分析	2	春	考查	
		B106Z001	智能科学技术前沿	2	春	考查	
	公共实验	S106C028	网络工程	1	春	考查	选1门

课程 类　别		课程编号	课程名称	学分	开课时间	考核方式	备　注
选修 课程	公共实验	S104C057	电类综合实验	1	春	考查	选 1 门
必修环节		B2440001	学科前沿学术报告	1			必修
		B2440002	学术交流与学术报告	1			

注：

1. 直接攻博生、硕博连读生课程应硕博贯通设置，理工科类总学分不少于 40 学分；

2. 直接攻博生、硕博连读生可以根据个人能力、兴趣、需要选学其他课程；

3. 学科前沿学术报告：要求博士研究生毕业前必须公开做 1 次学术前沿报告，通过者方可取得 1 学分；学术交流与学术报告：要求博士研究生毕业前必须参加 8 次及以上的学术报告，且必须参加 1 次国际会议。

4. 其中专业选修课程模块中，S106C010 与 S106C006、S106C027 与 S106C004、S106C029 与 S106C001 三组课程中，每组中限选 1 门。

10.2.6　科研能力与水平

博士学位获得者应具有检索和跟踪控制学科的发展方向及国内外研究前沿的能力，能够独立地、创造性地从事科学研究工作；具有主持较大型科研、技术开发及工程项目的能力。

博士研究生在校学习期间应发表一定数量与学位论文相关的学术论文等学术成果，详见《南京理工大学关于研究生发表学术论文要求的规定》。

10.2.7　开题报告

学位论文开题是开展学位论文工作的基础，是保证学位论文质量的重要环节。开题报告主要检验博士研究生对专业知识的独立驾驭和研究能力，考察论文写作的准备工作是否深入细致，包括选题是否恰当，资料是否翔实、全面，对国内外的研究现状是否了解，本人的研究是否具有开拓性、创新性等。

开题报告应充分阐述课题所在研究领域的前沿动态，选题的依据和意义，并在此基础上归纳分析存在的问题及其可能的原因、机理和关键环节所在，据此明确提出学位论文将具体开展研究的科学问题。进而，给出学位论文可能的主要内容和主体框架。开题报告要求清晰地论述研究过程中将面临的主要问题，提出相应的研究方法和针对关键科学难点的解决方案；阐明论文的创新之处，有何特色或突破以及已积累的与选题有关的参考文献等内容。

开题报告字数应在 10 000 字左右；阅读的主要参考文献应在 80 篇以上，其中外文文献不少于总数的 1/3，近 5 年的文献不少于总数的 1/3。具体要求详见《南京理工大学研究生学位论文选题、开题及撰写的规定》。

10.2.8 中期考核

为提高博士生培养质量，加强博士生培养过程管理，完善博士生培养的考核与分流退出机制，博士研究生实行中期考核制度。博士生中期考核在博士研究生完成课程学习、开题报告后，在其进入博士培养阶段后的第四学期进行。通过对其学习与科研工作能力等方面进行综合考核，将不适合继续攻读博士学位的研究生及时进行分流或退出。

博士生中期考核由课程学习、研究进展和研究能力评估三部分组成。其中：课程学习主要检查博士研究生培养计划中课程完成情况；研究进展主要根据博士研究生开题报告的内容，考查其在研究过程中完成的相关工作、下一步工作计划，以及所取得的主要成绩等；研究能力主要结合博士生平时的科研工作情况，综合考查其科研素质、创新能力等。

博士生中期考核结果分为优秀、合格、不合格三个等级。考核结果为"优秀"或"合格"的博士生通过中期考核，其中获评"优秀"等级的博士生在学校选拔资助研究生出国（境）参加国际学术交流活动、评优评奖等方面予以优先考虑。考核结果为"不合格"的博士研究生，不得进入博士学位论文预答辩。

考核方法详见《南京理工大学博士研究生中期考核实施办法》。

10.2.9 学位论文

学位论文工作是博士研究生培养工作的核心组成部分，是对博士研究生进行独立从事科学研究工作素质与能力的全面训练，是培养博士研究生创新能力、综合运用所学知识独立发现问题、独立分析问题和独立解决问题能力的重要环节。学位论文必须在导师或导师组的指导下由博士研究生独立完成。

学位论文能体现博士研究生具有宽广扎实的理论基础，系统深入的专业知识，以及较强的独立从事科研创新工作能力和优良严谨的科学学风。

学位论文一般应包括：课题研究背景及意义、国内外动态、需要解决的主要问题和途径、本人在课题中所做的工作、结论和所引用的参考文献等。

学位论文要求详见《南京理工大学研究生学位论文选题、开题及撰写的规定》及《南京理工大学博士、硕士学位论文撰写格式》。

10.3　案例三

清华大学

10.3.1　适用学科、专业

控制科学与工程（一级学科，工学门类，学科代码：0811）

- 控制理论与控制工程（二级学科、专业，工学门类，学科代码：081101）
- 模式识别与智能系统（二级学科、专业，工学门类，学科代码：081104）
- 检测技术与自动化装置（二级学科、专业，工学门类，学科代码：081102）
- 系统工程（二级学科、专业，工学门类，学科代码：081103）
- 企业信息化系统与工程（二级学科、专业，工学门类，学科代码：081106）
- 导航、制导与控制（二级学科、专业，工学门类，学科代码：081105）

10.3.2　培养目标

本学科培养从事控制科学与工程各相关方面的各类专门人才。

培养学生在自动控制理论、人工智能、模式识别、系统工程、计算机应用、信息与信号处理、系统设计与仿真、导航制导与控制、生物信息学、系统生物学、检测技术等方面掌握坚实宽广的基础理论和系统深入的专门知识，具有独立从事相关学科科学理论研究和解决工程技术问题的能力，具有组织科学研究、技术开发与专业教学的能力，熟悉本学科最新研究成果和发展动态，能够熟练运用一门外语进行学术论文写作和交流，成为本学科的高级专门人才。

10.3.3　培养方式

（1）博士生的培养方式以科学研究工作为主，重点培养博士生独立从事学术研究工作的能力，并使博士生通过完成一定学分的课程学习，包括跨学科课程的学习，系统掌握所在学科领域的理论和方法，拓宽知识面，提高分析问题和解决问题的能力。

（2）博士生的培养工作由导师负责，并实行导师个别指导或导师负责与指导小组集体培养相结合的指导方式，一般不设副导师。如论文工作特殊需要，经审批同意后，导师可以聘任一名副教授及以上职称的专家担任其博士生的学位论文副指导教师。对从事交叉学科研究的博士生，应成立有相关学科导师参加的指导小组，必要时可聘请相关学科的博士生导师作为联合指导教师。

（3）副导师、联合指导教师经系主管负责人审查批准后，报校学位办公室备案。

10.3.4　知识结构及课程学习的基本要求

1. 知识结构的基本要求

（1）掌握本学科坚实宽广的基础理论，做到灵活应用，能够解决有关科学技术问题；

（2）掌握本学科必要的专业基础知识，做到融会贯通，能够创造性地解决问题；

（3）掌握本学科有关的前沿动态，在跟踪领域前沿的基础上提倡原创性的工作；

（4）掌握一定的交叉学科知识，鼓励开展跨学科特别是新兴交叉学科的研究。

2. 课程学习及学分组成

（1）普博生。攻读博士学位期间，要完成本学科规定的各项培养环节和要求，需获得学位学分不少于15。自学课程学分另计。相关学分要求及课程设置见附录。

（2）直博生。攻读博士学位期间，要完成本学科规定的各项培养环节和要求，需获得学位学分不少于29。自学课程学分另计。相关学分要求及课程设置见附录。

10.3.5　主要培养环节及有关要求

1. 制订个人培养计划

博士生培养计划包括课程计划和论文工作计划两部分。课程计划在入学三周内完成，经导师签字后报系研究生管理办公室备案。计划执行过程中如因特殊情况需要变动，须征得导师同意后，在每学期选课期间修改。修改后的课程学习计划，经导师及系主管负责人签字后送系研究生管理办公室备案。

论文工作计划在导师指导下完成。内容包括：研究方向、文献阅读、选题报告、科学研究、学术交流、学位论文及实践环节等方面的要求和进度计划。论文工作计划在入学后三个月内完成。

直博生的学习年限一般为4～5年，普博生的学习年限一般为3～4年。

2. 博士生资格考试

博士生资格考试是正式进入学位论文研究阶段前的一次学科综合型考试。博士生严格实行资格考试制度。资格考试委员会由具有高级职称的5～7名教师组成，其中博士生导师不少于3名。资格考试对学科知识（包括基础理论和专业知识）进行考核，以笔试或口试方式进行，由系研究生管理办公室统一组织。资格考试未通过者，不能进行选题报告。

详见《自动化系博士生资格考试方案》。

资格考试一般在博士生入学后第二学期（直博生在入学后第四学期）结束前完成。每名博士生有两次资格考试机会，两次均不通过者，建议按照其他方式培养。

3. 选题报告

博士生入学后应在导师指导下，查阅文献资料，了解学科现状和动向，尽早确定课题方向，制订论文工作计划，完成论文选题报告。博士生选题报告每学期组织一次，由博士生本人提交书面申请，院/系研究生管理办公室统一安排。选题报告审查委员会由 5 ～ 7 名具有高级技术职称的教师组成，其中博士生导师不能少于 3 名。

选题报告应包括文献综述、论文选题及其意义、主要研究内容、可行性、工作特色及难点、预期成果及可能的创新点、论文工作计划、发表文章计划等。选题报告需要以书面形式交系研究生管理办公室备案。在论文研究工作过程中，如果论文课题有重大变动，应重新做选题报告。

选题报告必须在资格考试通过后方可进行，一般在博士生入学后第三学期初（直博生在入学后第五学期初）完成。每名博士生有两次选题报告的机会，两次均不通过者，建议按照其他方式培养。

4. 社会实践

具体要求参见《清华大学博士生必修环节社会实践管理办法》。

5. 学术活动与学术报告

实行博士生学术报告制度。博士生在学期间必须参加 30 次以上一级或二级学科的学术活动；至少有一次在全国性或国际学术会议上宣读自己撰写的论文。学术报告记录表由导师签字，申请答辩前交系研究生管理办公室记载成绩。博士生完成规定的学术报告并取得要求的学分后方可申请答辩。

6. 论文中期考核

学位论文严格实行中期考核制度。在研究生学位论文工作的中期，博士生在开题一年左右，由研究所统一组织考查小组（3 ～ 5 人组成）对研究生的综合能力、论文工作进展以及工作态度、精力投入等进行全方位的考查。通过者，准予继续进行工作。每名博士生有两次中期考核的机会，两次中期考核均不通过者，建议按照其他方式培养。中期考核完成后，博士生递交《博士论文中期考核记载表》到系研究生管理办公室备案。预答辩前，系研究生管理办公室核实该环节的完成情况，没有完成者不予以进行预答辩。

7. 学术论文发表的要求

研究生在攻读、申请学位期间，应以第一作者或第二作者（第一作者为导师或副导师）身份发表反映学位论文研究成果且署名单位是清华大学的学术论文。未达到学术论文发表要求的研究生可以申请学位论文答辩；答辩通过者，可先行毕业，毕业后在规定期限（博士生两年，硕士生一年）内达到发表论文要求的，可向学位评定分委员会提出学位审议申请。

博士生应满足以下条件之一：

（1）至少在 SCI 收录的期刊上发表 1 篇论文，影响因子不小于 2.0；

（2）至少在 SCI 收录的期刊上发表 1 篇论文，并在 EI 收录的期刊上发表 1 篇论文；

（3）至少在 EI 收录的期刊上发表 3 篇论文。

硕士生应至少撰写 1 篇反映学位论文研究成果且达到发表要求的论文，由论文评阅人认定。

说明：

（1）"发表"包括"已录用"。研究生在提交论文正式录用函的同时，需提交全文打印稿，并在正式发表后及时将刊出信息（同参考文献格式）提交给系研究生科备案。

（2）可以有 1 篇 EI 收录的期刊论文用下述成果替代：已有 EI 收录号的国际会议论文，已授权发明专利（排名前 3），或省部级二等以上奖励（排名前 5），须提交证书。

（3）对因涉密不能公开发表论文（须提交涉密证明），或论文水平很高且已达设定的年限（直博 6 年，普博 5 年）而又未发表论文（由分委员会认定）的博士生，应至少撰写 2 篇反映学位论文研究成果且达到 EI 收录期刊发表要求的论文，由论文评阅人认定。

（4）SSCI 论文与 SCI 论文同等对待。

（5）对于共同第一作者，在审核研究生的学位申请时，将论文的影响因子除以共同第一作者数。

（6）在审核研究生的学位申请是否达到论文发表要求时，原规定中"一篇 EI 期刊论文可以用已获得 EI 检索号的国际会议论文替代"的表述更改为"一篇 EI 期刊论文可以用已获得 EI 检索号的会议论文替代"。

（7）Quantitative Biology 杂志按 SCI 期刊对待，影响因子小于 2.0。

8. 最终学术报告

在博士学位论文工作基本完成以后，至迟于正式申请答辩前三个月，每个博士生须做一次论文工作总结报告，邀请 5 名以上同行专家（应具有本学科或相关学科博士生指导资格或正高职称，其中半数以上应具有博士生指导资格），对论文工作的主要成果和创新性等进行评议，广泛听取意见。交叉学科的论文工作总结报告应聘请相关学科至少两位专家参加。最终学术报告通过后方可提交论文送审。

10.3.6　学位论文工作及要求

（1）博士生学位论文研究的实际工作时间一般不少于 2 年，选题报告通过直至申请答辩的时间一般不少于一年。

（2）博士学位论文是博士生培养质量和学术水平的集中反映，应在导师指导下由博士生独立完成。

（3）博士学位论文应是系统完整的学术论文，应在科学上或专门技术上作出创造性的学术成果，应能反映出博士生已经掌握了坚实宽广的基础理论和系统深入的专门知识，具备了独立从事教学或科学研究工作的能力。

（4）博士生应按照《研究生学位论文写作指南》的有关规定和要求，撰写学位论文、接受同行专家评审及申请论文答辩。

（5）博士生完成个人培养计划、满足所在学科的培养方案、学位论文通过同行专家评审，方能申请答辩。

（6）学位论文工作时间按研究生院的有关规定执行。

附录 A *　直博生修读科目及学分要求

攻读博士学位期间，研究生需获得学位要求学分不少于 29。

1. 公共必修课程（5 学分）

- 自然辩证法概论　　　　　　　　　（60680021）　1 学分　（考试）
- 中国马克思主义与当代　　　　　　（90680032）　2 学分　（考试）
- 博士生英语（或其他语种）　　　　（90640012）　2 学分　（考试）

2. 学科专业要求课程（≥18 学分）

（1）基础理论课 ≥ 6 学分）

- 随机过程　　　　　　　　　　　　（60230014）　4 学分　（考试）
- 基础泛函分析　　　　　　　　　　（60420144）　4 学分　（考试）
- 系统与控制理论中的线性代数　　　（60250013）　3 学分　（考试）

---

*　注：此附录仅为 10.3 案例三中的附录。

- 矩阵分析与应用　　　　　　　　　（60250113）　3 学分　（考试）
- 应用随机过程　　　　　　　　　　（60420094）　4 学分　（考试）
- 组合数学　　　　　　　　　　　　（60240013）　3 学分　（考试）
- 高等数值分析　　　　　　　　　　（60420024）　4 学分　（考试）
- 应用近世代数　　　　　　　　　　（60420153）　3 学分　（考试）
- 分形几何　　　　　　　　　　　　（80420123）　4 学分　（考试）

注：经学位分委员会主席批准，可在导师指导下选择其他数学和物理类研究生课程。

（2）专业基础课（≥9 学分）

- 实验设计与数据处理　　　　　　　（60420123）　3 学分　（考试）
- 线性系统理论　　　　　　　　　　（70250023）　3 学分　（考试）
- 非线性系统理论　　　　　　　　　（70250253）　3 学分　（考试）
- 系统辨识理论与实践　　　　　　　（70250283）　3 学分　（考试）
- 多传感器融合理论与应用　　　　　（70250302）　2 学分　（考试）
- 现代信号处理　　　　　　　　　　（70250033）　3 学分　（考试）
- 模式识别　　　　　　　　　　　　（70250043）　3 学分　（考试）
- 信息论基础　　　　　　　　　　　（70250222）　2 学分　（考试）
- 统计学方法及其应用　　　　　　　（70250383）　3 学分　（考试）
- 系统与控制中的随机方法　　　　　（70250362）　2 学分　（考试）
- 应用软件系统分析与设计　　　　　（60250023）　3 学分　（考试）
- 系统分析理论及方法　　　　　　　（70250262）　2 学分　（考试）
- 凸优化　　　　　　　　　　　　　（70250403）　3 学分　（考试）
- 概率图模型理论与方法　　　　　　（70250423）　3 学分　（考试）
- 系统学　　　　　　　　　　　　　（70250063）　3 学分　（考试）
- Matrix Analysis and Applications　（70250453）　3 学分　（考试）

注：经学位分委员会主席批准，可在导师指导下选择其他相关的研究生课程。

（3）专业课程（≥3 学分）

- 最优控制　　　　　　　　　　　　（70250102）　2 学分　（考试）
- 稳定性理论　　　　　　　　　　　（80250242）　2 学分　（考试）
- 鲁棒控制　　　　　　　　　　　　（80250282）　2 学分　（考试）

- 鲁棒辨识 （80250232） 2 学分 （考试）
- 嵌入式系统的软硬件设计 （80250503） 3 学分 （考试）
- 视频处理和宽带通信 （80250773） 3 学分 （考试）
- 计算机网络与多媒体技术实验与设计 （60250093） 3 学分 （考试）
- 自适应控制理论与方法 （70250202） 2 学分 （考试）
- 动态系统的故障诊断与容错控制 （80250152） 2 学分 （考试）
- 综合自动化理论与方法 （80250582） 2 学分 （考试）
- 工业数据统计分析与应用 （80250532） 2 学分 （考试）
- 虚拟制造技术 （80250332） 2 学分 （考试）
- 高级 IT 项目管理 （80250631） 1 学分 （考试）
- 经营过程重构与 IT 咨询技术 （80250732） 2 学分 （考试）
- 产品数据与生命周期管理 （70250352） 2 学分 （考试）
- 制造过程调度理论及其应用 （70250342） 2 学分 （考试）
- 制造执行系统及其应用 （80250723） 3 学分 （考试）
- CIMS 应用工程案例 （80250292） 2 学分 （考试）
- 约束逻辑与算法设计 （80250512） 2 学分 （考试）
- 企业建模理论与方法 （80250622） 2 学分 （考试）
- 供应链协调和信息的动态性 （80250591） 1 学分 （考试）
- 复杂系统性能评价和优化（英） （90250052） 2 学分 （考试）
- 复杂网络系统的建模与优化 （80250463） 3 学分 （考试）
- 电子技术专题 （80250132） 2 学分 （考试）
- 现代电子学及实验 （80250013） 3 学分 （考试）
- 现代检测技术 （80250102） 2 学分 （考试）
- 统计学习与深度学习导论 （80250962） 2 学分 （考试）
- 计算分子生物学引论 （80250553） 3 学分 （考试）
- 生物信息学专题 （80250682） 2 学分 （考试）
- 人工神经网络 （70250323） 3 学分 （考试）
- 通信信号处理 （80250543） 3 学分 （考试）
- 盲信号处理 （70250312） 2 学分 （考试）
- 网络安全 （70250332） 2 学分 （考试）

- 智能交通系统概论　　　　　　　　（80250342）　2 学分　（考试）
- 离散事件动态系统　　　　　　　　（80250142）　2 学分　（考试）
- 摄动分析、马尔可夫决策和强化学习（90250062）　2 学分　（考试）
- 智能交通系统建模和仿真　　　　　（80250782）　2 学分　（考试）
- 先进计算技术与应用（英）　　　　（80250792）　2 学分　（考试）
- 生物信息学算法设计与分析　　　　（80250812）　2 学分　（考试）
- 现代服务理论与行业应用案例　　　（80250842）　2 学分　（考试）
- 飞行控制系统　　　　　　　　　　（80250833）　3 学分　（考试）
- 计算摄像学　　　　　　　　　　　（80250852）　2 学分　（考试）
- 随机规划和不确定优化　　　　　　（80250862）　2 学分　（考试）
- 排队论与随机服务系统　　　　　　（80250872）　2 学分　（考试）
- 空间机器人技术　　　　　　　　　（80250923）　3 学分　（考试）
- 机器学习基础　　　　　　　　　　（80250943）　3 学分　（考试）
- 最优滤波理论及其应用　　　　　　（70250462）　2 学分　（考试）
- 基因线路分析、设计与控制　　　　（80250972）　2 学分　（考试）
- 太赫兹探测与成像技术　　　　　　（80250953）　3 学分　（考试）
- Machine Learning　　　　　　　　（80250993）　3 学分　（考试）

注：经学位分委员会主席批准，可在导师指导下选择其他相关的研究生课程。

（4）为加强研究生综合素质培养，研究生院和一些院系开设了学术与职业素养课程作为研究生公共选修课程，可在导师指导下选修，替代专业课。

- 研究生学术与职业素养　　　　　　（62550031）　1 学分　（考查）
- 环境科学与工程前沿讲座　　　　　（60050011）　1 学分　（考查）
- 物流与服务运作管理　　　　　　　（60160012）　2 学分　（考查）
- 生命职业伦理和科学道德规范　　　（60450021）　1 学分　（考查）
- 创业机会识别和商业计划　　　　　（60510092）　2 学分　（考试）
- 创办新企业　　　　　　　　　　　（60510102）　2 学分　（考试）
- 创业创新领导力 Ⅰ　　　　　　　　（60510111）　1 学分　（考试）
- 创业创新领导力 Ⅱ　　　　　　　　（60510121）　1 学分　（考试）
- 经济学基础　　　　　　　　　　　（60510132）　2 学分　（考试）
- 公司金融　　　　　　　　　　　　（60510142）　2 学分　（考试）

- 公共危机管理　　　　　　　　　　（60590021）　1 学分　（考试）
- 当代中国研究　　　　　　　　　　（60590032）　2 学分　（考试）
- 科技伦理　　　　　　　　　　　　（60610152）　2 学分　（考查）
- 政治学经典导读— 国家的秘密　　（60610192）　2 学分　（考查）
- 幸福经济学　　　　　　　　　　　（60610202）　2 学分　（考查）
- 中国政治实证研究　　　　　　　　（60610212）　2 学分　（考试）
- 科研规范　　　　　　　　　　　　（60610221）　1 学分　（考查）
- 工程伦理　　　　　　　　　　　　（60610231）　1 学分　（考试）
- 创新与科技发展　　　　　　　　　（80611152）　2 学分　（考试）
- 成功心理训练　　　　　　　　　　（80611603）　3 学分　（考试）
- 美国政治与对华政策　　　　　　　（80612083）　3 学分　（考试）
- 社会分层与社会流动　　　　　　　（80613163）　3 学分　（考试）
- 生命伦理研究　　　　　　　　　　（80613322）　2 学分　（考试）
- 国际战略分析　　　　　　　　　　（80618032）　2 学分　（考试）
- 知识产权法律及实务　　　　　　　（60668012）　2 学分　（考试）
- 公共演说　　　　　　　　　　　　（60670012）　2 学分　（考试）
- 城市化与房地产热点问题　　　　　（60910011）　1 学分　（考查）

3. 职业素养课程（≥1 学分，必修）

- 英文科技论文写作与学术报告　　　（60250101）　1 学分　（考查）
- 科学规范与表达　　　　　　　　　（70250431）　1 学分　（考查）
- 学术伦理　　　　　　　　　　　　（80250901）　1 学分　（考查）

4. 必修环节（5 学分）

- 文献综述与选题报告　　　　　　　（99990041）　1 学分　（考查）
- 资格考试　　　　　　　　　　　　（99990061）　1 学分　（考试）
- 学术活动与学术报告　　　　　　　（99990032）　2 学分　（考查）
- 社会实践　　　　　　　　　　　　（69990041）　1 学分　（考查）

5. 自学课程

与研究课题有关的专门知识，可由导师指定内容系统地自学，并列入个人培养计划，学分另记（但不能顶替学位学分）。

附录 B　普博生修读科目及学分要求

攻读博士学位期间，研究生需获得学位学分不少于 15 学分。

1. 公共必修课程（4 学分）

- 中国马克思主义与当代　　　　　　（90680032）　2 学分　（考试）
- 博士生英语（或其他语种）　　　　（90640012）　2 学分　（考试）

2. 学科专业要求课程（≥ 5）

（1）基础理论课 ≥ 3 学分）

可选课程见《直博生修读科目及学分要求》中的基础理论课部分。

（2）专业课程（≥ 2 学分）

可选课程见《直博生修读科目及学分要求》中的专业基础课及专业课程部分。

3. 职业素养课程（≥ 1 学分，必修）

- 英文科技论文写作与学术报告　　　（60250101）　1 学分　（考查）
- 科学规范与表达　　　　　　　　　（70250431）　1 学分　（考查）
- 学术伦理　　　　　　　　　　　　（80250901）　1 学分　（考查）

4. 必修环节（5 学分）

- 文献综述与选题报告　　　　　　　（99990041）　1 学分　（考查）
- 资格考试　　　　　　　　　　　　（99990061）　1 学分　（考试）
- 学术活动与学术报告　　　　　　　（99990032）　2 学分　（考查）
- 社会实践　　　　　　　　　　　　（69990041）　1 学分　（考查）

5. 自学课程

其他涉及与研究课题有关的专门知识，由导师指定内容系统地自学，可列入个人培养计划，学分另计（但不能顶替学位学分）。

6. 补修课程

凡在本门学科上欠缺本科基础的博士研究生，一般应在导师指导下补修有关课程。补修课可计非学位课程学分。

注：有"＊"的课程为对全校研究生开设课程，不对本系工学研究生开设。

- ＊运筹学　　　　　　　　　　　　（70250124）　4 学分　（考试）
- ＊计算机软件技术基础　　　　　　（60250033）　3 学分　（考试）
- ＊微处理器应用系统设计　　　　　（60250084）　4 学分　（考试）

| ＊现代控制理论 | （60250074） | 4 学分 | （考试） |
| ＊自动控制原理 | （60250043） | 3 学分 | （考试） |

附录 C　清华大学国际学生（研究生）免学及免修课程说明 （适用于 2018 级国际学生）

根据《学校招收和培养国际学生管理办法》（教育部、外交部、公安部令第 42 号）、《清华大学攻读硕士学位研究生培养工作规定》和《清华大学攻读博士学位研究生培养工作规定》等文件精神，国际学生（研究生）培养要求一般与中国研究生相同。

在满足总学分要求不变的情况下，部分公共课程及必修环节可申请免学或免修，说明如下：

1. 学位必修的政治理论课程

可免学，其学分用下列"中国概况课"课组（课组编码：00000007）中的课程替代（2 ～ 3 学分），不足部分学分用专业课学分替代（见表 C.1）。

表 C.1　国际学生课程及学分

课程号	课程名称	学　　分	授课语言	开课学期
60590042	中国政府运作	2	中文	秋
60610082	中国文化与社会	2	英语	秋
60610112	中国科学技术与社会导论	2	中文	秋
60640542	中国思想与文化导论	2	英语	秋
60680031	当代中国社会经济政策、实践与挑战	1	英语	秋
60972003	中国文化、历史及价值观	3	英语	秋
80000902	中国建筑史	2	英语	秋
80800362	中国传统家具研究	2	中文	秋
80800702	中国画笔墨情趣研究	2	中文	秋
60640522	中国文化概览	2	英语	春秋
60050032	人文视野下的环境问题及对策	2	英语	春
60510341	宏观经济学：中国经济	1	英语	春
60610132	中国哲学	2	英语	春
60640552	中国哲学新视野	2	英语	春
60690032	中国历史与文化	2	英语	春
80140292	可持续发展的能源战略	2	英语	春
80670632	跨文化传播	2	英语	春

2. 外语

（1）汉语：学位必修外语课程（2 学分）为"汉语"，满足以下条件之一可申请免修。见表 C.2。

表 C.2　国际学生免修条件

编　号	免 修 条 件	免修办理方式
1	入学时汉语分级考试免修测试卷考试成绩通过	由研究生院培养办公室统一办理
2	入学时已通过原有国家汉语水平考试（HSK）8 级（中等水平 A 级），或新版 HSK6 级听力、阅读、书写三部分均达 65 分，总分数达 195 分	申请者填写《研究生学位要求课程免修申请审批表》，并附相关证明材料，导师和教学
3	在中国高等院校使用汉语学习，获得本科以上相应学位	主管主任审核签字后，提交到所属院系研究生教务办公室

办理免修的学生无须再进行选课操作。

（2）二外英语：母语或官方语言为非英语国家的国际学生（博士生），除获得"汉语"学分外，还须选修"英语"作为第二外语，计非学位要求学分。英语水平已符合研究生英语课程免修条件或达到中国国家英语考试四级者，可免学第二外语英语，不计学分。

3. 社会实践

国际学生（博士生）不参加社会实践，但其学分须用专业课学分替代。

附录 D　清华大学港澳台学生（研究生）免学及免修课程说明

（适用于 2018 级港澳台学生）

根据教育部等六部门《普通高等学校招收和培养香港特别行政区、澳门特别行政区及台湾地区学生的规定》（教港澳台〔2016〕96 号）、《清华大学攻读硕士学位研究生培养工作规定》和《清华大学攻读博士学位研究生培养工作规定》等文件精神，港澳台学生（研究生）培养要求一般与中国内地研究生相同。

在满足总学分要求不变的情况下，部分公共课程及必修环节可申请免学或免修，说明如下：

1. 学位必修的政治理论课程

按要求选修政治理论课程；或所要求学分用中国概况课（编码为 00000007 的课组中的课程，见表 D.1，2 ～ 3 学分）和专业课学分替代。

表 D.1 港澳台学生（研究生）课程及学分

课 程 号	课 程 名 称	学 分	授课语言	开课学期
60590042	中国政府运作	2	中文	秋
60610082	中国文化与社会	2	英语	秋
60610112	中国科学技术与社会导论	2	中文	秋
60640542	中国思想与文化导论	2	英语	秋
60680031	当代中国社会经济政策、实践与挑战	1	英语	秋
60972003	中国文化、历史及价值观	3	英语	秋
80000902	中国建筑史	2	英语	秋
80800362	中国传统家具研究	2	中文	秋
80800702	中国画笔墨情趣研究	2	中文	秋
60640522	中国文化概览	2	英语	秋 / 春
60050032	人文视野中的环境问题及对策	2	英语	春
60510341	宏观经济学：中国经济	1	英语	春
60610132	中国哲学	2	英语	春
60640552	中国哲学新视野	2	英语	春
60690032	中国历史与文化	2	英语	春
80140292	可持续发展的能源战略	2	英语	春
80670632	跨文化传播	2	英语	春

2. 外语

（1）第一外国语：港澳台学生（研究生）的第一外国语选修要求参照中国内地研究生的处理办法。

（2）博士生二外英语：参照中国内地博士生的处理办法，即第一外国语为非英语的博士生，除以学位课形式选修第一外国语课程外，还须以非学位课形式选修"英语"作为第二外语。英语水平已符合研究生英语课程免修条件或达到中国国家英语考试四级（CET-4）者，可免学第二外语英语，不计学分。

3. 社会实践

港澳台博士生不参加社会实践，但其学分须用专业课学分替代。

第四部分
控制科学与工程博士研究生
（直博）

第 **11** 章

全日制学术型博士研究生培养方案（直博）模板

11.1 培养目标

控制科学与工程是研究控制理论、方法、技术及其工程应用的一级学科。本学科培养德、智、体全面发展，具有坚实的基础理论和系统的控制专业知识，能够适应我国经济、技术、教育发展需要的高层次人才，了解控制科学与工程学科发展的前沿和动态，掌握涉及控制理论与控制工程、检测技术与自动化装置、系统工程、模式识别与智能系统、导航制导与控制以及物流工程等方面的专门学科知识，能够分析和解决现代经济建设和交叉学科中涌现出的新课题，并在控制科学与工程或其他相关学科领域内独立开展研究工作，在科学或专门技术方面做出创造性的成果。

11.2 基本要求

（1）热爱祖国，拥护中国共产党的基本路线、方针和政策，思想政治素质高，身体心理素质好，学术科研能力强，遵纪守法，全面发展，有志于为国家为人民奉献的社会主义接班人。

（2）掌握该专业坚实宽广的基础理论和系统深入的专门知识，能够独立地、创造性地从事科学研究、教学工作或担任专门技术工作，而且具有主持较大型科研、技术开发项目，或解决和探索我国经济、社会发展问题的能力，全面了解本学科领域的发展方向，并在理论或专门技术上做出创造性成果。

（3）至少掌握一门外国语，能熟练地阅读本专业的外文资料，并具有一定的写作能力和国际学术交流能力。第二外国语为选修，要求有阅读本专业外文资料的初步能力。第一外国语非英语的博士生，必须选修第二外国语，且语种必须为英语。

（4）具有健康的体魄和心理素质。

11.3　研究方向

根据本领域的二级学科方向，设计相关研究方向，见表 11.3.1。

表 11.3.1　直博生研究方向

研 究 方 向	主 要 内 容
控制理论与控制工程	现代控制理论及应用，计算机控制、智能控制、网络化控制、非线性及复杂系统控制理论、网络环境下复杂系统控制与信息安全、信息融合与复杂系统综合自动化、先进系统建模方法与仿真技术
检测技术与自动化装置	检测技术与传感器、检测与控制技术、故障诊断与容错控制、智能自动化装置、智能化运动控制技术
系统工程	大系统理论及应用、系统工程理论与优化方法、智能化决策、指挥与控制工程、系统仿真技术、复杂智能系统与体系效能分析、先进控制理论及应用、管理系统工程、社会与社会经济系统工程、资源环境与信息化系统工程
模式识别与智能系统	机器学习与人工智能、图像处理、机器视觉与模式识别、计算生物医学与脑认知、多媒体内容理解与应用、图像与视频技术、网络与信息安全
导航、制导与控制	航天器及导弹制导与控制系统、水下导航与控制、飞行控制与仿真技术、先进控制理论及应用、智能故障诊断与容错控制、先进导航系统与技术

11.4　学制及培养模式

采用学分制管理。

采用全日制学习、导师制培养模式；学习年限 5 年，经批准可适当缩短或延长，最短不少于 4 年，最长（含休学）不超过 7 年。

博士生的培养采取导师为第一责任人的导师负责制，或以导师为主的指导小组负责制，鼓励联合培养。指导小组的组成由导师提名和学院领导批准，小组成员一般由 3～5 名教授（含导师）组成，联合对博士生的课程学习、科学研究和学位论文进行指导，但博士生导师在博士生培养中起主导作用。在培养过程中，采取理论学习和科学研究相结合的办法，选择高水平的科研项目以培养博士生的开拓创新和独立从事科学研究的能力，鼓励博士生参加国际学术交流活动，以提高本学科博士生的国际化水平。

11.5　课程设置与学分要求

应修总学分 30，其中课程学习不少于 24 学分，公共基础不少于 12 学分。鼓励跨学科、跨领域选修，但跨学科、跨领域专业选修课不超过 2 门。

（1）公共基础课程（学位课），参见表 11.5.1。

表 11.5.1　公共基础课程

课程类别	课程名称	学时	学分	开课学期	课程属性	备注
外语类	学术英语 English for Academic Purposes	36	2	1	推荐必修	
思想政治类	中国马克思主义与当代 Marxism in China	36	2	1	推荐必修	
思想政治类	自然辩证法概论 Introduction to Dialectics of Nature	18	1	2	推荐必修	
思想政治类	控制学科前沿与国家战略（思政课程） Control Frontier and National Strategy	18	1	1		

（2）专业基础课，参见表 11.5.2。

表 11.5.2　专业基础课

课程类别	课程名称	学时	学分	开课学期	课程属性	备注
专业基础课	矩阵理论 Matrix Theory	48	3	1	推荐必修	
专业基础课	随机过程 Stochastic Processes	48	3	2	推荐必修	
专业基础课	最优化方法 Syllabus for Optimization Methods	48	3	1	推荐必修	
专业基础课	应用泛函分析 Functional Analysis	48	3	2		
专业基础课	数值分析 Numerical Analysis	48	3	1		
专业基础课	数理统计 Mathematical Statistics	48	3	2		

（3）专业模块课程（非学位课），参见表 11.5.3。

表 11.5.3　专业模块课程

课程类别	课程名称	学时	学分	开课学期	课程属性	备注
控制理论与 控制工程	线性系统理论 Linear Control Systems	48	3	1	推荐必修	
	非线性控制系统 Nonlinear Control Systems	48	3	1	推荐必修	
	鲁棒控制 Robust Control	48	3	2		
	预测控制 Predictive Control	32	2	2		

续表

课程类别	课程名称	学时	学分	开课学期	课程属性	备注
控制理论与 控制工程	系统辨识与滤波 System Identification and Filtering	48	3	1		
	智能控制及应用 Intelligent Control and Its Application	32	2	2		
检测技术与 自动化装置	现代检测技术 Modern Measurement Techniques	48	3	1	推荐必修	
	多传感器信息融合 Multi-sensor Information Fusion	48	3	1	推荐必修	
	无损检测技术 Nondestructive Testing Techniques	32	2	2		
	智能仪表原理与设计 Intelligent Instruments Principle and Design	32	2	2		
	信号检测与估计理论 Signals Detection and Estimation	48	3	1		
	故障诊断 Fault Diagnosis	54	3	1		
系统工程	运筹学 Operations Research	48	3	1	推荐必修	
	系统科学与工程 Systems Science and Engineering	48	3	2	推荐必修	
	控制系统可靠性分析与设计 Reliability Analysis and Design for Control System	32	2	2		
	最优控制理论 Optimal Control Theory	48	3	1		
	工业系统工程 Industrial System Engineering	32	2	2		
	安全系统工程 Safety System Engineering	32	2	2		
模式识别与 智能系统	机器学习 Machine Learning	32	2	1	推荐必修	
	机器视觉与模式识别 Machine Vision and Pattern Recognition	48	3	2	推荐必修	
	神经网络 Artificial Neural Network	32	2	1		
	现代信息融合理论 Information Fusion Theory	32	2	2		

续表

课程类别	课程名称	学时	学分	开课学期	课程属性	备注
模式识别与智能系统	智能信息处理技术 Intelligent Information Processing Technique	32	2	1		
	智能自主系统 Intelligent Autonomous System	32	2	2		
导航、制导与控制	组合导航原理与应用 Principle and Application of Integrated Navigation	54	3	1	推荐必修	
	现代导航技术 Modern Navigation Technologies	54	3	1	推荐必修	
	控制系统仿真技术 Control System Simulation Technology	54	3	1		
	制导控制与动力学 Guidance Control and Dynamics	54	3	1		
	导航规划与优化技术 Navigation Planning and Optimization Technologies	54	3	1		

（4）综合素质类课程，参见表 11.5.4。

表 11.5.4 综合素质类课程

课程类别	课程名称	学时	学分	开课学期	课程属性	备注
综合素质类	学术规范与研究生论文写作指导 Guidance for Academic Standards & Thesis Writing for Graduate Students	18	1	2	推荐必修	
	工程伦理 Engineeringethics	18	1	2	推荐必修	
	自动化前沿 Frontiers of Automation	32	2	1	推荐必修	
	职业素养与竞争力 Professional Ethics and Competiveness	36	2	2		
	创新思维与创新设计 Innovative Thinking and Design	18	1	2		
	研究生综合素质系列课程 Postgraduate Comprehensive Quality Series	18	1	1～4		
	学术交流活动 Academic Exchange Activities	15 次	2	1～4		
	体育 Physical	18	1	1、2		
	研究生跨专业公共选修课 Public Elective Course	36	2	2		

11.6　主要培养环节及有关要求

1. 课程学习

课程学习是博士生重要的培养环节，需达到相关学分要求。

（1）学术英语课程，博士生在达到相关要求后可申请免修；

（2）学术道德规范与人文素养课程内容包括：科学道德与学术规范、知识产权、人文、艺术、心理学、学术文献查阅、学术论文撰写、科学研究方法、科研项目申请书撰写等内容；

（3）跨学科培养博士生应在导师指导下选择相应的跨学科课程，课程类别和数量由各一级学科自定；

（4）学科前沿课程可由各学科邀请国内外知名专家学者为博士生讲授，参加名家讲堂或其他专家讲座可取得该课程学分；

（5）直博生应在导师指导下按培养方案制定课程计划，允许分阶段选课。修课时间可根据需要选择，或安排在论文工作前，或课程学习与论文工作同时进行，但学位必修课须在第一学年内完成，所有课程须在两年半内完成。在申请学位论文答辩前必须修完所规定的学分。

2. 科研实践

在培养博士生的实践环节上，应积极营造创新、合作的环境氛围。践行知行统一，着重培养博士生的科研能力、创新能力、团队合作与组织能力。鼓励博士生参与国家自然基金等各类科研项目的申报、立项等科学研究环节。完成后由博士生本人填写《科研实践考核表》，经指导教师及学院审核后归入本人档案。

3. 论文开题

论文开题工作是博士生进行学位论文工作的起点。博士生应在导师指导下，阅读有关文献尤其是外文文献，形成"文献综述"；开题报告应就选题的科学意义、选题背景、研究内容、预期目标、研究方法和课题条件等做出论证。通过论文开题，具备跟踪前沿研究的能力。

4. 中期考核

博士生在论文开题后一年左右，应撰写学位论文中期进展报告并向考核小组作学位论文中期汇报。中期汇报的内容应包括：论文工作是否按开题报告预定的内容及论文计划进度进行；已完成的研究内容，参加的科研学术情况；目前存在的或预期可能出现的问题，拟采用的解决方案等；下一步的工作计划和研究内容等，同时，还应列出投稿论文、发表论文、专利和科研成果等能证明论文研究进展的材料。

根据论文中期的研究进展和学科发展，允许学生对论文开题时的论文选题（题目、内容、研究计划等）做出必要的调整。申请学位论文答辩时，学位论文的主要内容应与中期考核后确定的学位论文的内容基本一致。

5. 国际交流经历

为提高研究生教育国际化水平，加强学术交流与合作，学校为博士生提供了国际会议交流、短期访学、联合培养、出国攻读学位等项目，博士生在读期间应至少有一次出国（境）进行学术交流或学术报告的经历。

6. 学位论文撰写

博士学位论文是博士生在导师指导下独立完成的、系统完整的学术研究工作的总结，博士学位论文应具有创造性和相当的工作量，应能反映出博士生已经掌握了坚实宽广的基础理论和系统深入的专门知识，对国民经济和建设以及社会发展具有重要的理论意义和使用价值。具体要求按相关学位论文撰写的规定执行。

7. 学位论文答辩

申请学位论文答辩参照校学位评定委员会的规定执行。

11.7　授予学位的要求（毕业要求）

（1）修完必修课程且达到本专业培养方案最低课程学分要求。

（2）完成所有培养过程环节考核并达到相关要求。

（3）通过学位论文答辩。答辩委员会由 5 ～ 7 位专家组成，其中至少 2 名为外校或外院（系）专家。导师不能作为答辩委员，且在形成答辩决议时导师需要回避，不参与讨论决议。

（4）符合学校规定的其他毕业要求。

（5）发表学术成果要求：按本校、本院及本学科的学术成果要求执行。

第 **12** 章 ——————————————————————

控制科学与工程博士研究生培养方案案例（直博）

12.1　案例一

哈尔滨工程大学

学科代码：081100

英文名称：Control Science and Engineering

12.1.1　培养目标

能够胜任研究机构、高等院校和产业部门相关学科的研究、教学、工程开发或技术管理工作的高层次人才。具体目标为：

（1）热爱祖国，忠于人民，遵纪守法，具有强烈的社会责任感和高尚的职业操守；拥有强健的体魄，良好的心理素质和心态；

（2）知识结构合理，具有深厚的数理、计算机、信息处理等基础知识和系统深入的控制学领域专业知识；熟知本学科的历史渊源、研究现状及发展趋势，掌握本学科的前沿理论、技术和研究方法；

（3）学术眼光敏锐，逻辑思维缜密，能够瞄准国际学术前沿和基于国家重大需求发现和提炼有重要学术价值的理论问题，通过独立思考和深入研究，产生原创性的学术成果；

（4）坚持"实事求是、追求真理"的科学精神，具有良好的学术道德、严谨的治学态度和强烈的科学批判精神；拥有不畏艰难和坚韧不拔的科学探索精神；

（5）具有开阔的国际视野，能熟练地应用英语获取知识、撰写科技论文和进行国际学术交流；清楚在知识产权保护中的责任、权利和义务；具有较高的人文素养、良好的工程管理和协调关系能力。

12.1.2　研究方向

哈尔滨工程大学直博研究方向见表 12.1.1。

表 12.1.1　直博生研究方向

研究方向	主要内容
控制理论与控制工程（01）	现代控制理论及应用、计算机控制、智能控制、网络化控制、非线性及复杂系统控制理论、网络环境下复杂系统控制与信息安全、信息融合与复杂系统综合自动化、先进系统建模方法与仿真技术
检测技术与自动化装置（02）	检测技术与传感器、检测与控制技术、故障诊断与容错控制、智能自动化装置、智能化运动控制技术
系统工程（03）	大系统理论及应用、现代火力控制理论、模型与方法、智能化决策、指挥与控制工程、航空电子综合系统及仿真技术、复杂智能系统与体系效能分析、先进控制理论及应用、管理系统工程、社会与社会经济系统工程、资源环境与信息化系统工程
模式识别与智能系统（04）	图像处理与模式识别、计算生物医学与脑认知、多媒体内容理解与应用、图像与视频技术、网络与信息安全
导航、制导与控制（05）	航天器及导弹制导与控制系统、水下导航与控制、飞行控制与仿真技术、先进控制理论及应用、智能故障诊断与容错控制、先进导航系统与技术

12.1.3　培养方式

博士生的培养采取导师为第一责任人的导师负责制，或以导师为主的指导小组负责制。指导小组的组成由导师提名和学院领导批准，小组成员一般由 3～5 名教授（含导师）组成，联合对博士生的课程学习、科学研究和学位论文进行指导，但博士生导师在博士生培养中起主导作用。在培养过程中，采取理论学习和科学研究相结合的办法，选择高水平的科研项目以培养博士生的开拓创新和独立从事科学研究的能力，鼓励博士研究生参加国际学术交流活动，以提高本学科博士生的国际化水平。

12.1.4　培养类型与学习年限

博士研究生根据选拔方式的不同，分为三种类型：公开招考、硕博连读、直接攻博。博士研究生一般在入学后 2 年内完成课程学习，直博生不超过 2.5 年。用于科学研究和撰写学位论文的时间不少于 2 年。博士研究生的学习年限一般为 3～5 年。

12.1.5　课程设置

课程设置见表 12.1.2。

表 12.1.2　课程设置

组别	分组情况	课程编号	课程名称	学时	学分	开课学期	授课方式	不计入总学分	必选	考试方式	备注
G1		D17G11001	中国马克思主义与当代	36	2	春秋季	授课与研讨形式	否	是	考试	
G1		D16G12001	学术英语	32	2	春秋季	授课与研讨形式	否	是	考试	
G2		D11G11002	最优化方法	40	2	春秋季	授课与研讨形式	否	否	考试	
G2		D11G11003	应用泛函分析	40	2	春秋季	授课与研讨形式	否	否	考试	
G2		D11G11004	组合数学	40	2	春秋季	授课与研讨形式	否	否	考试	
G2		M11G11001	矩阵论	60	3	秋季	授课与研讨形式	否	否	考试	
G2		M11G11002	数值分析	60	3	秋季	授课与研讨形式	否	否	考试	
G2		M11G11004	数理统计	60	3	秋季	授课与研讨形式	否	否	考试	
G2		M11G11005	随机过程	40	2	春季	授课与研讨形式	否	否	考试	
G3		M09G21003	DSP 实验	32	1	春季	授课与研讨形式	否	否	考试	
G3		M09G21006	工业机器人运动控制创新设计及实践	20	1	春季	集中授课	否	否	考查	
M2	第 3 组，选 2 分	D02M11026	自适应控制理论及应用	40	2	春季	授课与研讨形式	否	否	考试	
M2	第 3 组，选 2 分	D02M11027	系统辨识理论及应用	40	2	秋季	授课与研讨形式	否	否	考试	
M2	第 3 组，选 2 分	D02M11028	现代鲁棒控制理论及应用	40	2	秋季	授课与研讨形式	否	否	考查	
M2	第 3 组，选 2 分	D08M11009	火力控制高级论题	40	2	秋季	授课与研讨形式	否	否	考试	
M2	第 3 组，选 2 分	D09M11001	控制理论进展	40	2	春季	授课与研讨形式	否	否	考试	
M2	第 3 组，选 2 分	D09M11002	智能控制理论	40	2	春季	授课与研讨形式	否	否	考试	
M2	第 3 组，选 2 分	D09M11003	动态系统故障诊断与容错控制	40	2	秋季	授课与研讨形式	否	否	考查	

续表

组别	分组情况	课程编号	课程名称	学时	学分	开课学期	授课方式	不计入总学分	必选	考试方式	备注
M2	第3组，选2分	D09M11020	现代信息融合理论及应用	40	2	春季	授课与研讨形式	否	否	考试	
M2	第3组，选2分	D09M11026	机器视觉与机器学习	40	2	秋季	授课与研讨形式	否	否	考试	
M2		M09G11001	线性系统理论	60	3	秋季	授课与研讨形式	否	否	考试	
M2		M09G11002	计算机控制系统	60	3	春秋季	授课与研讨形式	否	否	考试	
M2		M09G11003	数字信号处理	60	3	秋季	授课与研讨形式	否	否	考试	
M2		M09M11040	智能控制理论及应用	40	2	秋季	授课与研讨形式	否	否	考试	
M2		M09M11057	最优控制理论及实现	40	2	春季	授课与研讨形式	否	否	考试	
M2		M09M11058	最优估计理论及应用	40	2	秋季	授课与研讨形式	否	否	考查	
M2		M09M11062	数据分析与信号处理	40	2	春季	授课与研讨形式	否	否	考试	
M2		M09M11068	非线性系统控制理论	40	2	春季	授课与研讨形式	否	否	考试	
M2		M09M11076	信息融合技术及应用	40	2	春季	授课与研讨形式	否	否	考试	
M2		M09M11088	系统辨识	40	2	春季	授课与研讨形式	否	否	考试	
M2		M09M11124	控制系统的工程化设计与实践	40	2	秋季	授课与研讨形式	否	否	考试	
M1		D02M11029	航天器控制	40	2	春季	授课与研讨形式	否	否	考试	
M1		D02M11031	现代导弹制导与控制	40	2	春季	授课与研讨形式	否	否	考试	
M1		D02M11032	复杂环境下图像处理方法	40	2	春季	授课与研讨形式	否	否	考试	
M1		D02M11036	控制系统的故障检测与诊断技术	40	2	春季	授课与研讨形式	否	否	考试	
M1		D03M11006	水下航行器控制技术新进展	40	2	春季	授课与研讨形式	否	否	考查	

续表

组别	分组情况	课程编号	课程名称	学时	学分	开课学期	授课方式	不计入总学分	必选	考试方式	备注
M1		D03M11007	控制系统故障检测与诊断及容错控制	40	2	秋季	授课与研讨形式	否	否	考查	
M1		D03M11010	鱼雷现代制导系统	40	2	秋季	授课与研讨形式	否	否	考试	
M1		D08M11002	现代通信高级论题	40	2	春季	授课与研讨形式	否	否	考试	
M1		D08M11003	信号与信息处理高级论题	40	2	秋季	授课与研讨形式	否	否	考试	
M1		D08M11007	对策论及其应用	40	2	春季	授课与研讨形式	否	否	考试	
M1		D08M11011	航空电子系统发展方向展望	40	2	春季	授课与研讨形式	否	否	考试	
M1		D08M11012	航空系统工程与作战效能评估	40	2	春季	授课与研讨形式	否	否	考试	
M1		D08M11013	现代机载探测系统	40	2	春季	授课与研讨形式	否	否	考试	
M1		D08M11030	现代火力控制与仿真验证	40	2	春季	授课与研讨形式	否	否	考试	
M1		D08M11031	综合电子战技术	40	2	春季	授课与研讨形式	否	否	考试	
M1		D09M11004	模糊控制、神经网络、专家系统及应用	40	2	春季	授课与研讨形式	否	否	考试	
M1		D09M11005	卡尔曼滤波与组合导航原理	40	2	春季	授课与研讨形式	否	否	考试	
M1		D09M11006	神经计算原理	40	2	春季	授课与研讨形式	否	否	考试	
M1		D09M11008	环境工程与资源工程	40	2	春季	授课与研讨形式	否	否	考试	
M1		D09M11009	自动化测试系统	40	2	春季	授课与研讨形式	否	否	考试	
M1		D09M11010	检测与自动化装置可靠性	40	2	秋季	授课与研讨形式	否	否	考试	
M1		D09M11011	模糊系统与控制理论	40	2	春季	授课与研讨形式	否	否	考试	

续表

组别	分组情况	课程编号	课程名称	学时	学分	开课学期	授课方式	不计入总学分	必选	考试方式	备注
M1		D09M11012	电气系统非线性控制	40	2	春季	授课与研讨形式	否	否	考试	
M1		D09M11014	密码学	40	2	秋季	授课与研讨形式	否	否	考试	
M1		D09M11015	先进控制理论及应用导论	40	2	春季	授课与研讨形式	否	否	考试	
M1		D09M11016	多分辨分析与小波滤波	40	2	秋季	授课与研讨形式	否	否	考试	
M1		D09M11017	飞行控制高级论题	40	2	春季	授课与研讨形式	否	否	考试	
M1		D09M11021	混合系统的建模与控制	40	2	春季	授课与研讨形式	否	否	考试	
M1		D09M11022	先进自主飞行控制	40	2	秋季	授课与研讨形式	否	否	考试	
M1		D09M11023	故障诊断和容错控制	40	2	春季	授课与研讨形式	否	否	考试	
M1		D09M11024	飞行控制仿真与评估验证	40	2	秋季	授课与研讨形式	否	否	考试	
M1		D09M11025	图像实时处理与嵌入式系统	40	2	春季	授课与研讨形式	否	否	考试	
M1		D09M11027	复杂网络理论及应用	40	2	秋季	授课与研讨形式	否	否	考试	
M1		D09M11028	非线性系统理论	40	2	秋季	授课与研讨形式	否	否	考试	
M1		D09M11035	航空交流起动发电技术	40	2	秋季	授课与研讨形式	否	否	考试	
M1		D09M11039	精密惯性导航及其控制系统	40	2	秋季	授课与研讨形式	否	否	考试	
M1		D09M11053	容错飞行控制	40	2	秋季	集中授课	否	否	考试	
M1		D09M11054	民机电传与主动控制技术	40	2	秋季	集中授课	否	否	考试	
M1		D11M11007	光电检测技术与系统	40	2	春季	授课与研讨形式	否	否	考试	
M1		M02M11104	微小卫星设计与应用	40	2	春季	课堂授课	否	否	考试	

续表

组别	分组情况	课程编号	课程名称	学时	学分	开课学期	授课方式	不计入总学分	必选	考试方式	备注
M1		M02M11105	成像跟踪技术	40	2	秋季	课堂授课	否	否	考查	
M1		M02M11106	未来飞行器智能控制技术前沿	20	1	春季	讲授/讲座	否	否	考查	
M1		M09M11016	小波理论及应用	40	2	春季	授课与研讨形式	否	否	考查	
M1		M09M11019	控制系统可靠性分析与设计	40	2	春季	授课与研讨形式	否	否	考试	
M1		M09M11027	智能化优化算法及其应用	40	2	春季	授课与研讨形式	否	否	考试	
M1		M09M11029	控制系统建模与仿真	40	2	春季	授课与研讨形式	否	否	考试	
M1		M09M11047	机器人控制技术及智能控制方法	40	2	春季	授课与研讨形式	否	否	考试	
M1		M09M11048	飞行器航路规划与优化技术	40	2	春季	授课与研讨形式	否	否	考试	
M1		M09M11051	鲁棒控制理论及应用	40	2	春季	授课与研讨形式	否	否	考试	
M1		M09M11055	模糊控制理论及应用	40	2	春季	授课与研讨形式	否	否	考试	
M1		M09M11059	自适应控制	40	2	秋季	授课与研讨形式	否	否	考试	
M1		M09M11061	信号估计与检测	40	2	秋季	授课与研讨形式	否	否	考试	
M1		M09M11083	模式识别方法	40	2	秋季	授课与研讨形式	否	否	考试	
M1		M09M11087	多媒体理解与应用	40	2	春季	授课与研讨形式	否	否	考试	
M1		M09M11089	系统工程	40	2	秋季	授课与研讨形式	否	否	考试	
M1		M09M11090	图像多尺度几何分析	40	2	春季	授课与研讨形式	否	否	考试	
M1		M09M11092	DSP图像处理原理与应用	40	2	春季	授课与研讨形式	否	否	考试	
M1		M09M11110	故障诊断与容错控制系统	40	2	春季	授课与研讨形式	否	否	考试	

续表

组别	分组情况	课程编号	课程名称	学时	学分	开课学期	授课方式	不计入总学分	必选	考试方式	备注
M1		M09M11111	光学遥感信号处理进展	40	2	春季	授课与研讨形式	否	否	考试	
M1		M09M11112	统计信号处理	40	2	春季	授课与研讨形式	否	否	考试	
M1		M09M11114	空间系绳系统动力学与控制导论	40	2	春季	授课与研讨形式	否	否	考查	
M1		M09M11115	生物信息学前沿讲座	40	2	春季	授课与研讨形式	否	否	考查	
M1		M09M11116	现代图像处理理论进展	40	2	春季	授课与研讨形式	否	否	考查	
M1		M09M11117	惯性导航系统	40	2	秋季	授课与研讨形式	否	否	考试	
M1		M09M11118	现代陀螺技术	40	2	春季	授课与研讨形式	否	否	考试	
M1		M09M11136	网络控制	40	2	春季	授课与研讨形式	否	否	考试	
M1		M09M11137	导航系统	40	2	春季	授课与研讨形式	否	否	考试	
M1		M09M11138	现代飞行控制理论	40	2	春季	授课与研讨形式	否	否	考试	
M1		M09M11141	虚拟仪器	40	2	春季	授课与研讨形式	否	否	考试	
M1		M09M11158	多操纵面飞机控制分配理论与应用	40	2	春季	集中授课	否	否	考查	
M1		M09M11160	机器学习理论及实践	40	2	春季	集中授课	否	否	考试	
M1		M09M11161	深度学习与遥感图像分析	40	2	春季	集中授课	否	否	考试	
M1		M09M11168	直升机飞行力学与飞行控制	40	2	秋季	集中授课	否	否	考试	
L		D17L11001	学术道德规范与人文素养	18	1	春秋季	授课与研讨形式	否	是	考查	
L		M00L11001	求职有道	16	1	春季	授课与研讨形式	是	否	考查	
L		M00L21001	体育	40	2	春秋季	授课与研讨形式	是	否	考查	

组别	分组情况	课程编号	课程名称	学时	学分	开课学期	授课方式	不计入总学分	必选	考试方式	备注
L		D16L12005	英语（二外）	60	2	春秋季	授课与研讨形式	是	否	考试	
L		D16L14001	德语（二外）	60	2	春秋季	授课与研讨形式	是	否	考试	
L		D16L15004	法语（二外）	60	2	春秋季	授课与研讨形式	是	否	考试	
L		D16L16003	日语（二外）	60	2	春秋季	授课与研讨形式	是	否	考试	
L		D16L17002	俄语（二外）	60	2	春秋季	授课与研讨形式	是	否	考试	

备注：

G1 公共课（学位必修课，在下列课程中至少选 4 学分）；

G2 基础理论课（学位必修课，至少选 7 学分，其中，在博士生基础理论课中至少选 2 学分，硕士生基础理论课至少选 5 学分）；

G3 公共实验课（至少包括一门公共实验课 1 学分）；

M2 专业基础课（学位必修课，在下列课程中至少选 8 学分，在硕士生专业基础课中至少选 6 学分，在博士生专业基础课中至少选 2 学分）；

M1 专业课（学位选修课，在下列课程中至少选 9 学分）；

A 博士学科前沿课（选专业课为前沿课，专业基础课和专业课中选修一门作为学科前沿课程，但不可重复选修）；

L 综合素养课（学位选修课，至少选修《学术道德规范与人文素养》1 学分，其余课程不计入最低总学分）；

L1 跨一级学科课程（跨一级学科课程 2 学分）。

12.1.6 培养环节

1. 课程学习

课程学习是博士研究生重要的培养环节，需达到相关学分要求。

（1）学术英语课程，博士生在达到相关要求后可申请免修；

（2）学术道德规范与人文素养课程内容包括：科学道德与学术规范、知识产权、人文、艺术、心理学、学术文献查阅、学术论文撰写、科学研究方法、科研项目申请书撰写等内容；

（3）跨一级学科课程各学科应选择其他一级学科课程目录中基础性强、覆盖面宽、教学效果好、学生选学人数多的专业课程作为跨一级学科课程，课程类别和数量由各一级学科自定；

（4）学科前沿课程可由各学科邀请国内外知名专家学者为博士研究生讲授，参加名家讲堂或其他专家讲座可取得该课程学分；

（5）直博生应在导师指导下按培养方案制定课程计划，允许分阶段选课，但最迟须在入学后 1 年内完成选课。修课时间可根据需要选择，或安排在论文工作前，或课程学习与论文工作同时进行，但学位必修课须在第一学年内完成，所有课程须在两年半内完成。在申请学位论文答辩前必须修完所规定的学分。

2. 科研实践

在培养博士研究生的实践环节上，应积极营造创新、合作的环境氛围。践行知行统一，着重培养博士生的科研能力、创新能力、团队合作与组织能力。博士研究生应侧重于参与国家自然科学基金等国家级科研项目的申报、立项等科学研究环节。完成后由博士生本人填写《西北工业大学博士研究生科研实践考核表》，经指导教师及学院审核后归入本人档案。

3. 论文开题

论文开题工作是博士生进行学位论文工作的起点。博士生应在导师指导下，阅读有关文献尤其是外文文献，形成"文献综述"；开题报告应就选题的科学意义、选题背景、研究内容、预期目标、研究方法和课题条件等做出论证。

4. 中期考核

博士研究生在论文开题后一年左右，应撰写学位论文中期进展报告并向考核小组作学位论文中期汇报。中期汇报的内容应包括：论文工作是否按开题报告预定的内容及论文计划进度进行；已完成的研究内容，参加的科研学术情况；目前存在的或预期可能出现的问题，拟采用的解决方案等；下一步的工作计划和研究内容等，同时，还应列出投稿论文、发表论文、专利和科研成果等能证明论文研究进展的材料。

根据论文中期的研究进展和学科发展，允许学生对论文开题时的论文选题（题目、内容、研究计划等）做出必要的调整。申请学位论文答辩时，学位论文的主要内容应与中期考核后确定的学位论文的内容基本一致。

5. 国际交流经历

为提高研究生教育国际化水平，加强学术交流与合作，学校为博士生提供了国际会议交流、短期访学、联合培养、出国攻读学位等项目，博士生在读期间应至少有一次出国（境）学术交流经历。

6. 学位论文撰写

博士学位论文是博士研究生在导师指导下独立完成的、系统完整的学术研究工作的总结，博士学位论文应具有创造性和相当的工作量，应能反映出博士研究生已经掌握了坚实宽广的基础理论和系统深入的专门知识，对国民经济和建设以及社会发展具有重要的理论意义和使用价值。具体要求按《哈尔滨工程大学关于学位论文撰写的规定》执行。

7. 学位论文答辩

申请学位论文答辩参照校学位评定委员会的规定执行。

12.1.7　发表论文及科研成果要求

为提高本分会博士研究生培养质量，加强博士研究生科研和创新能力的培养，本分会所属的控制科学与工程、电气工程、交通运输工程等学科申请博士学位发表学术论文，在满足《哈尔滨工程大学关于研究生在学期间发表学术论文的规定（2013 年 11 月 28 日校学位评定委员会会议第四次修订)》基础上，还须达到以下要求。

（1）在《哈尔滨工程大学第十届学位评定委员会第十分会认定的重要期刊》内发表SCI 论文至少 1 篇，或者在学校要求的范围内发表学术论文 4 篇，其中发表 SCI 论文至少3 篇。

（2）外方攻读博士学位留学生需发表不少于 2 篇学术论文，其中至少 1 篇 SCI。

说明：SCI 期刊论文"发表"指见刊或有 DOI 号。

本要求从 2019 年 9 月及以后入学的相关学科博士研究生执行，解释权在本分会。

12.2　案例二

上海交通大学

12.2.1　基本信息

基本信息见表 12.2.1。

表 12.2.1　基本信息

院系名称	电　　院		适用年级	2020 级
适用专业	控制科学与工程		标准学制	5 年
学习形式	全日制			
项目类型	学术型			
培养层次	直博生			
最低学分	33	最低 GPA 学分	16	最低 GPA	2.7

12.2.2　学科简介

本学科由我国自动化学科的创始人之一张钟俊院士亲手创建，是我国最早设立博士点和博士后流动站、开展自动化学科建设的单位之一，是我国自动化科学与技术研究和开发的重要基地、培养自动化领域各层次高级专门人才的摇篮。本学科的"控制理论与控制工程"和"模式识别与智能系统"两个二级学科在 1987 年和 2001 年两度被评为国家重点学科，一级学科"控制科学与工程"2007 年被评为首批国家一级重点学科，并在历次一级学科评估中位居全国前列。自动化系现有教职工 84 人，其中，专职教师 70 人，教授 / 研究员 30 人，副教授 / 副研究员 / 高级工程师 37 人。现有教师中，25 名教师已获得国家和上海市人才计划支持，其中包括中科院外籍院士 1 人、长江学者 2 人、IEEE Fellow 4 人、国家杰出青年基金获得者 4 人、新世纪百千万人才工程国家级人选 2 人、国家优秀青年基金获得者 4 人、国家青年千人计划 3 人、青年长江学者 1 人、教育部跨世纪 / 新世纪优秀人才支持计划获得者 9 人、上海市优秀学科带头人 3 人。自动化系广泛开展国际交流与合作，着力培养具有国际视野和国际竞争力的人才。2012 年以来，承办 IEEE ICRA 2011、IFAC LSS 2013、IEEE RCAR 2016 等国际会议与双边会议 10 个，邀请海外学者来访并做学术报告 320 场，同时鼓励系师生参加国际会议，到国外进修学习、合作科研或讲学。与德国柏林工业大学、法国国家信息与自动化研究所、瑞士苏黎世大学等多所世界知名高校建立了合作关系。未来几年，本学科将继续在学校"上水平、创一流"的办学思想指导下，以培养人才为根本任务，追求科学研究与科技创新水平的不断提高。毕业学生主要取向是继续在国内外大学和研究机构进一步深造与工作，或者在相关领域中领先企业就职。

The Control Science and Engineering Discipline was established by one of our country's old generation of academic leaders in the control field, academician Zhang Zhongjun. It was among the first earliest units to grant Doctorate Degrees and to establish the post-doctoral fellowship for carrying out automation discipline construction. The CSE Discipline has become an important basis for the science and engineering research, advanced technology research and development, high-level personnel training for senior professionals at all levels of automation.

The two sub-disciplines namely "Control Theory and Control Engineering" and "Pattern Recognition and Intelligent System" were twice rated as national key disciplines in 1987 and 2001, and the discipline "Control Science and Engineering" was rated as the first batch of national key disciplines and ranked among the top in the country in the first-degree discipline evaluation.

The Department of Automation has 84 faculties, (70 of them are full-time) including 30 professors/researchers, and 37 associate professors/deputy researchers/senior engineers. Among them, 25 faculties have received support from the national and Shanghai talent programs, including 1 foreign academician of the Chinese Academy of Sciences, 2 Changjiang Scholars, 4 IEEE Fellow, 4 National Distinguished Youth Fund winners, 2 national talent candidates for the new century, 3 National Outstanding Youth Fund winner, 3 scholars in national "1000-talent" plan, 1 Changjiang Young Scholar, 9 winners of the Cross-Century/New Century Excellent Talent Support Program of the Ministry of Education, and 3 Shanghai Excellent Academic Leaders.

The Department of Automation has extensive international exchanges and cooperation, and put forth effort to cultivate talents with international vision and competitiveness. Since 2012, there have hosted 10 international conferences and bilateral meetings such as IEEE ICRA 2011, IFAC LSS 2013, and IEEE RCAR 2016, as well as 320 academic reports from overseas visitors. At the same time, a great number of teachers/students have engaged in international conferences, studying abroad, cooperating in scientific research or giving academic lectures. Furthermore, it has established cooperative relationships with many world-renowned universities such as the Technical University of Berlin, The French Institute for Research in Computer Science and Automation, the Technical University of Berlin, the University of Zurich in Switzerland.

In the next few years, under the ideology guidance of the school that "Pursuing world class levels in all aspects of teaching, research, personnel training, academic environments and others", the discipline will continue to improve the level of scientific research and technological innovation with the fundamental task of cultivating talents.

The main orientation of graduate students is to continue to further study and work in universities and research institutions at home and abroad, or to take the lead in related fields in top enterprise.

12.2.3　培养目标

掌握控制科学与工程学科的坚实基础理论和系统的专门知识；具有合理的知识结构；掌握本学科的科研方法和技能，并能够做出创新性成果；洞悉本学科发展的现状和了解趋势；具有独立从事科学研究或担负专门技术工作的能力；熟练掌握一门外国语，能熟练地阅读本学科的外文资料，以及具有较好的外语写作与交流沟通能力。

To master the solid basic theory and systematic expertise in controlling science and engineering disciplines; to have a reasonable knowledge structure; to master the scientific research methods and skills of the discipline, and to be able to make innovative results; to gain insight into the current state of development of the discipline and to understand trends; to master the ability to independently engage in scientific research or to undertake specialized technical work; to be proficient in a foreign language, to be proficient in reading foreign language materials of the subject, and to have good foreign language writing and communication skills.

12.2.4　培养方式及学习年限

本项目采用全日制学习、导师制培养模式；学习年限 5 年，经批准可适当缩短或延长，最短不少于 4 年，最长（含休学）不超过 7 年。

The project is full time study, and tutor training mode. The study period is 5 years. It can be shortened or lengthened after ratification. The shortest study period can't be less than 4 years and the longest can't be more than 7 years (including suspension of schooling).

12.2.5　课程学习要求

总学分≥33。其中：GPA 统计源课程学分≥16，专业基础课（不含数学类）不低于 6 学分，数学类课程不低于 3 学分。

为拓宽研究生的专业知识面，加强学科交流，允许选修 1 ~ 2 门相关学科的课程，作为专业选修课列入培养计划。

课程学习原则上要求在 2 年内完成；GPA 不低于 2.7。

The total credits ≥ 33, including: GPA statistical source course credits ≥ 16; professional basic courses (excluding mathematics) ≥ 6; mathematics courses ≥ 3.6.

In order to broaden the professional knowledge of graduate students and strengthen the exchange of disciplines, students are allowed to take 1~2 courses in related subjects, which are selected as a professional elective course.

The course study is required to be completed in 2 academic year.

各类课程具体要求如表 12.2.2。

表 12.2.2　课程具体要求

课程类别 Course Type	学分要求 Min Credits	门数要求 Min Courses	GPA 学分要求 Min GPA Credit	备注 Note
公共基础课 General Courses	6	4	3	
专业基础课 Program Core Courses				
专业前沿课 Program Frontier Courses				
专业选修课 Program Elective Courses				
任意选修课 Elective Courses				非必需

控制科学与工程直博生需要在以下 6 门课程中选择三门作为资格考试科目。

序　号	课程编号	课程名称	授课教师
1	AU7017	智能信息处理理论及应用	杨杰、顾运
2	AU7005	计算机视觉	赵旭
3	AU7006	鲁棒控制	翁正新
4	AU7018H	自适应控制	李少远、邹媛媛
5	AU7013H	线性系统理论	李贤伟
6	AU7021H	学习与控制中的优化	黄晓霖、邬晶

12.2.6　培养过程要求

直博生的资格考试原则上应在入学后第二学年第二学期内完成，直博生的前两年课程学习的 GPA 应≥ 2.7。

博士生学位论文开题工作应该在通过资格考试后，普博生一般应该在第二学年结束前完成。

In principle, the qualification examination of direct postgraduates shall be completed within the second semester of the second academic year after enrollment, and the GPA of direct postgraduates in the first two years shall be ≥ 2.7.

The opening work of doctoral dissertation should be completed by the end of the second academic year after passing the qualification examination.

12.2.7　学术成果要求

数量要求：申请学位论文答辩之前，至少发表（或录用）2 篇与学位论文主要内容相关的学术论文。获得国家级科技成果奖，可免除论文发表的要求；获得省部级科技成果一等奖（署名前 5 位）、二等奖（署名前 3 位）、三等奖（署名前 2 位），或发明专利授权，等同于发表相同数量的 SCI 或 EI 论文；获得省部级其他科技成果奖项或发明专利公开，等同发表相同数量的学术论文。

质量要求：学术论文至少有 1 篇学术论文发表（或录用）在 SCI（科学引文索引）或 EI（工程索引）检索的刊物上。在 EI 检索刊物上发表的论文需为英文（或其第一外国语）。

认定办法：学术论文必须在就读博士期间，以上海交通大学为第一单位发表（或录用）于所属学位评定分委员会认定的刊物上。学位申请人为第一作者发表的论文以 1 篇计；以第二作者发表的论文（第一作者必须是其导师）以 1/2 篇计；第三作者及以后者不计。

（1）在申请学位论文答辩前，至少发表（或录用）两篇与学位论文主要内容相关的学术论文，这两篇论文满足如下条件之一：

① 一篇重要期刊论文（推荐学科重要期刊列表见附件）；

② 两篇被 SCI 检索的学术期刊论文；

③ 一篇被 SCI 检索的学术期刊论文，另一篇为其导师认定的重要研究成果。

（2）为了加强对博士生学术交流和英文报告能力的培养，博士生在学期间至少参加一次参加国际学术会议，以英语口头宣读论文或张贴论文并讨论，或参加有英语分组的全国性学术会议，以英语口头宣读论文。

（3）在学期间取得的科研成果可等同学术论文的发表。获得国家级科技成果奖，可免除论文发表的要求；获得省部级科技成果一等奖署名前 5 位，或二等奖署名前 3 位，或三等奖署名前 2 位，或获得发明专利授权，等同于发表 SCI 或 EI 论文；获得省部级科技成果奖，或获得发明专利公开，等同发表相同数量的学术论文。

（4）博士生所发表的学术论文必须以上海交通大学为第一单位发表（或录用）于所属学位评定分委员会认定的刊物上。学位申请人为第一作者发表的论文以 1 篇计；以第二作者发表的论文（第一作者必须是其导师）以 1/2 篇计；第三作者及以后者不计。学术论文必须在就读博士期间，博士生在硕士生期间发表的论文不计入其博士生学习阶段的论文发表数。

（5）对硕博连读生和提前攻博生的要求与博士生相同。

（6）以上论文规定是对博士研究生研究工作的底线要求，导师根据博士研究生的研究内容不同，相应提出博士论文答辩的具体要求。

推荐期刊列表：

· *Automatica*
· *IEEE Transactions on Automatic Control*
· *IEEE Transactions on Pattern Analysis and Machine Intelligence*

具体按照有关文件执行，详细参见电子信息与电气工程学院研究生教务办网站上发布信息。

Quantity requirements: Before applying for a dissertation defense, at least 2 academic papers related to the main content of the dissertation should be published (or accepted); the acquisition of the National Science and Technology Achievement Award can exempt the requirements for paper publication ; obtaining the first prize (the top 5 in the signature), the second prize (the top 3 in the signature), or the third prize (the top 2 in the signature) of the provincial and ministerial level scientific and technological achievements, or the invention patent authorization, is equivalent to publishing the same number of SCI or EI papers; obtaining other provincial scientific and technological achievements awards or the invention of the patent disclosures is equivalent to publishing the same number of academic papers.

Quality requirements: At least one academic paper is published (or accepted) in academic journals in SCI (Science Citation Index) or EI (Engineering Index). The paper published in the EI journal must be in English (or its first foreign language).

Method of identification: Academic papers must be published (or accepted) by Shanghai

Jiao Tong University as the first unit during the doctoral period in the journals recognized by the subdegree committee. The degree applicant's paper for the first author is equivalent to one article; the second author's paper (the first author must be his mentor) is equivalent to 1/2 article; the third author and the latter are not within the range.

(1) Before applying for the dissertation defense, at least 2 academic papers related to the main content of the dissertation should be published (or accepted).These two papers must meet at least one of the following conditions:

① One important journal paper (see the attached list for the recommended important journals);

② Two academic journal papers indexed by SCI;

③ One academic journal paper indexed by SCI and another important research result identified by the supervisor.

(2) In order to strengthen the training of doctoral students' academic exchanges and English reporting skills, doctoral students attend at least one international academic conference during their studies to orally present papers or post papers and discuss in English, or participate in national academic conferences with English groupings to read the paper orally in English.

(3) The scientific research results obtained during the academic period can be equivalent to the publication of academic papers. Obtaining the National Science and Technology Achievement Award can exempt the requirements for publication of the paper; obtaining the first prize(the top 5 in the signature), the second prize(the top 3 in the signature), or the third prize(the top 2 in the signature) of the provincial and ministerial level scientific and technological achievements or obtaining the invention patent authorization is equivalent to publishing an SCI or EI paper; obtaining a provincial-level scientific and technological achievement award, or obtaining an invention patent disclosure is equivalent to publishing the same number of academic papers.

(4) Academic papers published by doctoral students must be published (or accepted) by Shanghai Jiao Tong University as the first unit in the journals recognized by the sub-degree committee. The degree applicant's paper for the first author is equivalent to one article; the second author's paper (the first author must be his mentor) is equivalent to 1/2 article; the third author and the latter are not within the range. Academic papers must be published during the doctoral period, and the papers published by doctoral students during the master's degree are not counted in the

number of papers published by their doctoral students.

(5) The requirements for students of successive master-doctor program and early-stage doctoral students are the same as those for doctoral students.

(6) The above papers are the bottom line requirements for the research work of doctoral students. According to the research content of doctoral students, the tutors correspondingly put forward the specific requirements for the defense of doctoral thesis.

List of recommended important journals:

· *Automatica*
· *IEEE Transactions on Automatic Control*
· *IEEE Transactions on Pattern Analysis and Machine Intelligence*

Execute in accordance with the relevant documents, and please refer to the website of the Academic Affairs Office of the School of Electronic Information and Electrical Engineering for details.

12.2.8 学位论文

博士研究生应选择学科前沿领域或对科技进步、经济建设和社会发展有重要意义的课题开展研究。博士学位论文能够表明作者具有独立从事科学研究工作的能力，反映作者在本门学科上掌握了坚实宽广的基础理论和系统深入的专业知识。博士学位论文具体要求详见《上海交通大学关于申请授予博士学位的规定》《上海交通大学博士、硕士学位论文撰写指南》。

PhD students should choose research topics in the frontier areas of the discipline or on issues of importance to scientific and technological progress, economic construction and social development. The doctoral thesis can show that the author has the ability to work independently in scientific research, reflecting that the author has mastered a solid and broad basic theory and systematic and in-depth professional knowledge in this subject. The specific requirements of the doctoral thesis are detailed in: *Shanghai Jiao Tong University's regulations on applying for PhD degree*、*Shanghai Jiao Tong University Ph.D., Master's Thesis Writing Guide*.

12.2.9 课程设置

（1）培养方案制定完成并经院系学位委员会审核通过后，全日制请将本表格电子版

（word）发送至学校邮箱；

（2）请在新研究生教育管理信息系统完成新培养方案的申请，并在审核通过后将本表格的纸质版（签字盖章）送交研究生院存档。

课程设置见表 12.2.3。

表 12.2.3　课程设置

课程类别 Category	课程代码 Course Code	课程名称 Course Name		学分 Credit	授课语言 Language	开课学期 Semester	可以计算 GPA	必须计算 GPA	备注 Note
		中文 Chinese	English 英文						
公共基础课 General Courses	FL6001	学术英语	English for Academic Purposes	2	英文 in English	秋季 Fall	是 Yes	是 Yes	必修 Compulsory
	MARX7001	中国马克思主义与当代	Marxism in China	2	中文 in Chinese	秋季 Fall	否 No	否 No	必修 Compulsory
	MARX6003	自然辩证法概论	Introduction to Dialectics of Nature	1	中文 in Chinese	秋季 Fall	是 Yes	是 Yes	必修 Compulsory
	GE6001	学术写作、规范与伦理	Scientific Writing, Integrity and Ethics	1	中文 in Chinese	春秋季 Spring&Fall	否 No	否 No	必修 Compulsory
专业基础课 Program Core Courses	AU7017	智能信息处理理论及应用	The Theory and Application of Intelligent Information Processing	2	中文 in Chinese	秋季 Fall	是 Yes	是 Yes	
	AU7005	计算机视觉	Computer Vision	3	中文 in Chinese	春季 Spring	是 Yes	是 Yes	
	AU6004	高级过程控制	Advanced Process Control	2	中文 in Chinese	春季 Spring	是 Yes	是 Yes	
	AU7015	预测控制	Predictive Control	2	中文 in Chinese	春季 Spring	是 Yes	是 Yes	
	AU7006	鲁棒控制	Robust Control	2	中文 in Chinese	春季 Spring	是 Yes	是 Yes	
	AU7003	高级机器人技术	Advanced Robotics	2	中文 in Chinese	秋季 Fall	是 Yes	是 Yes	
	AU7014	信息融合	Information Fusion	2	中文 in Chinese	春季 Spring	是 Yes	是 Yes	

续表

课程类别 Category	课程代码 Course Code	课程名称 Course Name		学分 Credit	授课语言 Language	开课学期 Semester	可以计算 GPA	必须计算 GPA	备注 Note
		中文 Chinese	English 英文						
	AU7002	动态大系统方法	Introduction to Large Scale Dynamic Systems	2	中文 in Chinese	春季 Spring	是 Yes	是 Yes	
	EI6202	计算机图形学	Computer Graphics	3	中文 in Chinese	春季 Spring	是 Yes	是 Yes	
	AU6008	人工神经网	Artificial Neural Network	2	中文 in Chinese	秋季 Fall	是 Yes	是 Yes	
	AU6001	多媒体技术与系统	Multimedia Technology and System	3	中文 in Chinese	春季 Spring	是 Yes	是 Yes	
	AU7008	数据挖掘	Data Mining	2	中文 in Chinese	春季 Spring	是 Yes	是 Yes	
	AU7018H	自适应控制	Adaptive Control	2	英文 in English	秋季 Fall	是 Yes	是 Yes	
	AU7011	系统辨识	System Identification	2	中文 in Chinese	秋季 Fall	是 Yes	是 Yes	
	AU6007	集散控制系统与现场总线系统	Distributed Control System and Fieldbus	2	中文 in Chinese	秋季 Fall	是 Yes	是 Yes	
	AU6005	机器人学与控制	Robotics Fundamental and Control	2	中文 in Chinese	春季 Spring	是 Yes	是 Yes	
	AU7010	IT 项目管理	IT Project Management	2	中文 in Chinese	秋季 Fall	是 Yes	是 Yes	
	AU7009	数字图像处理	Image Processing	3	中文 in Chinese	秋季 Fall	是 Yes	是 Yes	
	EI6201	计算机模式识别	Pattern Recognition	3	中文 in Chinese	春季 Spring	是 Yes	是 Yes	
	AU7013H	线性系统理论	Linear System Theory	3	英文 in English	秋季 Fall	是 Yes	是 Yes	
	AU6011	最优控制原理及应用	Theory and Application of Optimal Control	3	中文 in Chinese	春季 Spring	是 Yes	是 Yes	
	AU6003	分布式计算机系统	Distributed Computer Systems	2	中文 in Chinese	秋季 Fall	是 Yes	是 Yes	

续表

课程类别 Category	课程代码 Course Code	课程名称 Course Name		学分 Credit	授课语言 Language	开课学期 Semester	可以计算 GPA	必须计算 GPA	备注 Note
		中文 Chinese	English 英文						
	AU7007	神经网络、模糊控制及专家系统	Neural Network, Fuzzy Control and Expert System	2	中文 in Chinese	春季 Spring	是 Yes	是 Yes	
	G071503	计算方法	Numerical Analysis	3	中英文并行开班 in both Chinese & English	秋季 Fall	是 Yes	是 Yes	选课门数： 12 选 1 最少选课学分：3
	G071507	数学物理方程	Mathematical-Physical Equation	3	中文 in Chinese	秋季 Fall	是 Yes	是 Yes	
	G071532	应用泛函分析	Functional Analysis with Application	3	中英文并行开班 in both Chinese & English	春季 Spring	是 Yes	是 Yes	
	G071555	矩阵理论	Matrix Theory	3	中英文并行开班 in both Chinese & English	春秋季 Spring&Fall	是 Yes	是 Yes	
	G071564	应用随机过程	Applied Stochastic Processes	3	中文 in Chinese	秋季 Fall	是 Yes	是 Yes	
	MA16007	最优化方法	Syllabus for Optimization Methods	3	中英文并行开班 in both Chinese & English	春秋季 Spring&Fall	是 Yes	是 Yes	
	MA26005	基础数理统计	Fundamental Mathematical Statistics	3	中英文并行开班 in both Chinese & English	秋季 Fall	是 Yes	是 Yes	
	MA26070	偏微分方程数值方法	Numerical Solutions of Partial Differential Equations	3	中英文并行开班 in both Chinese & English	春季 Spring	是 Yes	是 Yes	
	MA26071	图与网络	Graph and Networks	3	中文 in Chinese	春季 Spring	是 Yes	是 Yes	

课程类别 Category	课程代码 Course Code	课程名称 Course Name		学分 Credit	授课语言 Language	开课学期 Semester	可以计算 GPA	必须计算 GPA	备注 Note
		中文 Chinese	English 英文						
	AU7016	运筹与优化	Operations Research and Optimization	3	中文 in Chinese	秋季 Fall	是 Yes	是 Yes	
	AU7021H	学习与控制中的优化	Optimization in Learning and Control	3	中文 in Chinese	秋季 Fall	是 Yes	是 Yes	
	AU7022	系统与控制中的随机方法	Stochastic Methods in Systems and Control	3	中英文并行开班 in both Chinese & English	春季 Spring	是 Yes	是 Yes	
专业前沿课 Program Frontier Courses	GE6012	学术报告会	Academic Reports	1	中文 in Chinese	春季 Spring	否 No	否 No	必修 Compulsory
专业选修课 Program Elective Courses	AU7012	先进工程控制导论	Introduction to Advanced Engineering Control	2	中文 in Chinese	春秋季 Spring&Fall	否 No	否 No	
任意选修课 Elective Courses									

第 **13** 章 ———————————————
部分课程教学大纲

13.1 "非线性系统"课程教学大纲

13.1.1 课程基本情况

课程基本情况见表 13.1.1。

表 13.1.1 课程基本情况

课程编号	xxxxx	开课学期	春/秋	学　分	2	学　时	32
课程名称	（中文）非线性系统理论						
	（英文）Nonlinear System Theory						
课程类别	专业课						
教学方式	课堂讲授（以基本理论知识为主）、课堂讨论						
考核方式	课程设计/研究报告						
适用专业	控制科学与工程						
先修课程	自动控制原理、线性系统理论、矩阵理论						
教材与参考文献	教材： 冯纯伯，费树岷.非线性控制系统分析与设计[M].2版.北京：电子工业出版社，1998 参考文献： [1] 程代展.非线性系统几何理论[M].1版.北京：科学出版社，1988 [2] R. Isidori. Nonlinear Control Systems. Springer Verlag Press, 1998 [3] H J Marquez. Nonlinear control systems: analysis and design: Wiley &sons, Inc Press						

13.1.2 课程简介

非线性系统理论是目前控制领域的前沿课题。本课题的开设使研究生掌握非线性控制系统分析与设计的基本方法，为今后从事非线性控制系统理论与应用研究提供必要的基础。

13.1.3 课程内容及知识单元

课程的具体内容及知识单元见表 13.1.2。

表 13.1.2 教学内容

教 学 内 容	知 识 单 元	教 学 方 法
1 绪论（4 学时） 1.1 非线性控制系统概述 1.2 非线性控制系统的数学描述 1.3 非线性控制系统的特性及研究方法 1.4 非线性控制系统实例		课堂讲授
2 数学基础知识（6 学时）* 2.1 拓扑空间、范数 2.2 向量场、李导数、李括号 2.3 状态变换、相对阶和标准形 2.4 一些有用的结论		课堂讲授
3 Lyapunov 稳定性理论（6 学时）* 3.1 稳定性概念 3.2 线性化和局部稳定性 3.3 Lyapunov 直接法 3.4 Lyapunov 函数的构造 3.5 基于 Lyapunov 直接法的系统分析与设计		课堂讲授
4 反馈线性化方法（10 学时）# 4.1 反馈线性化概念 4.2 输入状态精确线性化 4.3 输入输出精确线性化 4.4 多输入系统的反馈线性化 4.4 非线性时变系统的反馈线性化 4.5 基于反馈线性化的控制器设计		课堂讲授 课堂讨论
5 非线性观测器（6 学时）★ 5.1 非线性系统的可控与可观性观测器的保性能控制 5.2 几种非线性观测器设计方法 5.3 非线性分离原理		课堂讲授 课堂讨论

注："*"表示重点，"#"表示难点，"★"表示涉及学科前沿。

13.2 "运筹学"课程教学大纲

13.2.1 课程基本情况

课程代码及开课学期等内容见表 13.2.1。

表 13.2.1　课程代码及开课学期

开课学期	□ 春　 □ 夏　 □ 春夏　 □ 秋　 □ 冬　 □ 秋冬				
课程名称	（中文）运筹学				
	（英文）Operation Research				
学分	2	周学时 / 总学时	4/32	授课对象	硕士生、直博生
课程类别	□ 必修　 □ 选修				
授课年级	□ 研一　 □ 研二　 □ 直博一　 □ 直博二				
教学方式	■ 课堂讲授为主　 □ 实验为主　 □ 其他				
课程学时	课内学时数及学时分配	课内学时共计 32 学时，主要包括：****			
	课外学时数及学时分配	课外学时约计 **** 学时，主要包括：*******			
课程考核方式	□ 期末闭卷考试　 □ 期末开卷考试　 □ 课程实践大作业　 □ 其他				
	期末成绩 占比（%）	60%	平时成绩 占比（%）	40%	
先修课程要求	高等数学、线性代数、大学物理等基础理论课程				

13.2.2 课程内容说明

学习运筹学的理论与方法，掌握运筹学中各个分支的模型化、命题分析和求解方法与步骤，应用运筹学中各种优化技术解决常见的工程应用问题。本课程的主要内容涵盖：线性规划、整数规划、目标规划、非线性规划、动态规划、图论、对策论、排队论、决策论等等，并用运筹学的理论与方法剖析实际的应用案例。本课程强调理论方法与实际应用的结合，通过课程实践环节培养学生的分析问题、解决问题能力。

同时，本课程通过课程思政案例讲解和课堂讨论等方式，把运筹学方法教学与政治思想教育结合起来，培养学生探索未知、追求真理、勇攀科学高峰的责任感和使命感，使学生具备正确的人生观、价值观和世界观。

13.2.3 课程教学目标

本课程针对自动化类的研究生，目的是使学生通过学习运筹学的基础理论与方法，掌握运筹学中各个分支的优化命题分析和求解方法与步骤；应用运筹学中各种优化技术解决常见的工程应用问题，培养学生综合运用各门课程知识的能力，锻炼学生的科研能力和创新意识。

13.2.4 课程育人目标

提炼运筹学知识体系中所蕴含的思政价值和精神内涵，适当增加课程的人文性，提升时代性和开放性。把运筹学方法教学与科学精神的培养结合起来，提高学生正确认识、分析和解决问题的能力。注重科学思维的训练和科学伦理的教育，培养学生探索未知、追求真理、勇攀科学高峰的责任感和使命感，努力促进学生在自主学习、健康成长、责任担当、实践创新等方面得到发展。

13.2.5 课程教学要求

1. 授课方式与要求

授课方式包括课堂讲授、案例讨论、课程大作业研究与训练、课外平时作业。学习要求应该达到：掌握运筹学的基础理论与方法，掌握运筹学中各个分支的问题分析和求解方法与步骤，应用运筹学技术解决常见的工程应用问题。

2. 课程考核方式

本课程的考核包括平时成绩和期末成绩两部分。

平时成绩占 40%，含平时作业和课堂讨论两项，期末成绩占 60%，含期末大作业和期末随堂小考两项。其中，期末大作业包括大作业完成质量情况、大作业结题答辩表现和大作业研究报告规范性。

13.2.6 课程教学内容分章节目录

第 1 章 概述

    1.1 运筹学的发展历史

    1.2 运筹学的性质、特点和模型

    1.3 运筹学的应用

第 2 章 线性规划

    2.1 线性规划问题的提法

    2.2 线性规划问题的数学模型

第 8 章　动态规划

8.1 动态规划问题的提法及其基本概念

8.2 动态规划的数学模型

8.3 动态规划的求解方法

8.4 静态规划问题的动态规划求解

8.5 应用案例分析

第 9 章　排队论

9.1 排队论问题及其数学模型

9.2 单服务台排队系统及其求解

9.3 多服务台排队系统及其求解

9.4 排队系统的最优化问题及其命题求解

9.5 应用案例分析

第 10 章　决策论

10.1 决策问题及其分类

10.2 确定性决策模型及其求解

10.3 风险型决策模型及其求解

10.4 不确定型决策模型及其求解

10.5 竞争性决策模型及其求解

10.6 序贯型决策模型及其求解

10.7 多目标决策模型及其求解

10.8 应用案例分析

课程考核大作业答辩及随堂小考。

13.2.7　课程实验实践环节说明

本课程无实验。

13.2.8　课程教学计划安排

课程教学计划安排见表 13.2.2。

表 13.2.2　课程教学计划安排

周次	课堂教学内容	实验实践环节（含作业）	教学课时数	核心知识点	课程思政方面内容
1	第 1 章概述 第 2 章线性规划	第 1 次作业 第 2 次作业	4	线性规划模型 单纯形法 运输问题建模	（1）运筹学思想和方法的产生、发展与中华文明； （2）中国运筹学人物与贡献
2	第 3 章整数规划 第 4 章非线性规划	第 3 次作业 大作业布置	4	整数规划模型和分类 整数规划的分支定界法 0-1 规划模型 非线性规划模型 局部最优和全局最优问题 无约束极值问题求解	
3	第 4 章非线性规划（续）	第 4 次作业	4	有约束极值问题求解 库恩 - 塔克定理	数学规划的建模、求解中蕴含的世界观、人生观和价值观思想和原理
4	第 4 章非线性规划（续）	第 5 次作业	4	制约函数法 逐次逼近法	
5	第 5 章目标规划 第 6 章图论	第 6 次作业 大作业中期检查	4	多目标优化 目标规划法 赋权图 最小支撑树	案例剖析：武汉新冠疫情紧急时期抗疫物资的多途径、多方式供应和调配方案设计，通过专业知识的解析增进同学们对"坚定信心、同舟共济、科学防治、精准施策"要求的理解，激发同学们学好本领报效祖国的情怀
6	第 6 章图论（续） 第 7 章对策论	第 7 次作业	4	最短路问题 狄克斯特拉方法 矩阵对策（二人有限零和对策） 纳什均衡 矩阵对策的混合策略 混合局势 矩阵对策基本定理	课程思政方面主要包括：国家重大战略决策中的《运筹学》思想和方法应用，启发学生对此展开讨论，进一步培养爱国主义精神和增强民族自豪感，展示社会主义制度的优越性

续表

周次	课堂教学内容	实验实践环节（含作业）	教学课时数	核心知识点	课程思政方面内容
7	第 8 章动态规划 第 9 章排队论	第 8 次作业	4	最优性原理 状态转移方程 动态规划求解算法（逆序法和顺序法） 动态规划基本方程 排队系统的数学模型 单服务台及多服务台排队系统 排队系统的优化	
8	第 10 章决策论 大作业答辩及随堂小考		4	确定性决策问题 风险型决策模型 不确定型决策模型 竞争性决策模型 序贯型决策模型 多目标决策模型	运用对策论诠释习总书记提出的关于国际关系、世界经贸等的"合作共赢""一带一路""人类命运共同体"等主张的深刻理论内涵，使同学们在增加博弈知识的同时，更好理解党和国家在政治、外交、经济、军事等领域的方针和政策，并帮助学生在处理自身具有竞争特点的问题时树立美好的品德，起到德育功能和价值引领作用，达到润物无声的育人效果

第14章 ————————————————

控制科学与工程学术型博士（含直博）研究生培养方案调研报告

14.1 调研背景

控制科学与工程学科是以控制论、信息论、系统论和人工智能为基础，以系统为主要对象，借助计算机技术、网络技术、通信技术，以及传感器和执行器等部件，运用控制原理和方法，以达到或实现预期的目标。其应用领域涉及工业、农业、服务业的大多数国民经济领域，特别是在智能制造、智慧城市、现代农业、现代物流、机器人等系统的分析、决策和管理等领域或行业中具有十分重要的地位，具有实践性、系统性、交叉性、时代性的特点。

培养方案是高校人才培养的核心内容，它不仅是教学运行的重要文件依据，也是人才培养和质量提升的根本保证举措。培养方案是人才培养的首要环节与核心命脉，是指在特定的教育思想和教育理论指导下，对人才培养目标、培养方式、课程设置、学位论文要求等各环节要素进行综合设计而形成的纲领性文件。

在本报告中，我们重点阐述在这次调研中搜集的各个高校控制科学与工程学科学术型博士（含直博）相关培养方案，以便为以后培养方案的调整修订工作提供充足的资料和信息。针对目前高校的培养方案制定情况进行对比分析，以此为契机和切入点，找准未来研究生培养的努力方向。希望在此基础上形成新一轮控制科学与工程领域博士培养方案修订工作的思路，抓住培养中的几个重点问题，形成培养特色。

14.2 调研内容

本次控制科学与工程领域学术型博士（含直博）培养方案调研主要对开设控制科学与工程学科博士点的高校情况调研，选取了 36 所具有代表性的高校进行调研，所选取的高校覆盖了全国不同地理区域，和多个层次的院校，覆盖了开办自动化学科的不同批次的院校，覆盖了第四轮学科评估不同等级的院校。培养方案调研内容主要包括培养目标、课程设置及学分分布、学位论文要求等。

14.3　调研对象

1. 调研对象的选择

北京工业大学、北京航空航天大学、北京科技大学、北京理工大学、大连理工大学、东北大学、东南大学、广东工业大学、哈尔滨工业大学、杭州电子科技大学、华北电力大学、华东交通大学、华东理工大学、华南理工大学、华中科技大学、吉林大学、江苏大学、兰州理工大学、辽宁科技大学、南京航空航天大学、南京理工大学、清华大学、山东大学、山东科技大学、上海交通大学、天津大学、同济大学、武汉科技大学、西安交通大学、西北工业大学、西南交通大学、西南科技大学、燕山大学、中国地质大学、中国矿业大学和浙江大学。共计 36 所。

2. 调研对象的选择说明

（1）均为工科实力较强院校；

（2）均设有控制科学与工程博士点；

（3）覆盖了全国大部分地理区域，包括华北 8 所，华东 14 所，东北 4 所，华南 2 所，华中 3 所，西北 3 所，西南 2 所；

（4）覆盖了不同层次的院校，包括 985 重点院校（清华大学、浙江大学、上海交通大学、西安交通大学、东南大学、北京航空航天大学、哈尔滨工业大学、西北工业大学、同济大学、大连理工大学等）、211 重点院校（北京工业大学、南京航空航天大学、南京理工大学、华东理工大学、华北电力大学、西南交通大学、中国地质大学等）以及其他院校（华东交通大学、燕山大学，武汉科技大学、广东工业大学等）；

（5）覆盖了开办自动化学科的不同批次院校。包括最早开设自动化系的清华大学等；

（6）覆盖了第四轮学科评估的不同层次院校，包括"A+"学科的清华大学、哈尔滨工业大学、浙江大学；"A"学科的北京航空航天大学、北京理工大学、东北大学、上海交通大学；"A-"学科的东南大学、山东大学、华中科技大学、西安交通大学；"B+"学科的北京工业大学、天津大学、大连理工大学、同济大学、南京航空航天大学、南京理工大学、杭州电子科技大学、西北工业大学等。

14.4　调研方法

高校调研方面，调研方法主要采用网络调研法，并将一手资料调研与二手资料调研相结合。其中一手资料调研是通过相应高校的相应院系的工作人员，以网络传输的形式直接获得其开办控制工程专业的相关培养方案；二手资料调研时利用搜索引擎，以"控制科学与工程""博士生""培养方案"的关键词作为搜索项进行搜索并下载相关文档。

14.5　调研分析

1. 所在院系

关于院系归属详见表 14.5.1。

表 14.5.1　相关大学的院系

学 校 名 称	所 在 学 院	所 在 系
北京工业大学	自动化学院	智能控制研究所
北京航空航天大学	自动化科学与电气工程学院	自动控制系
北京科技大学	自动化学院	智能科学与技术系
北京理工大学	自动化学院	—
大连理工大学	控制科学与工程学院	自动化系
东北大学	电气与信息工程学院	工业人工智能与自动化系
东南大学	自动化学院	自动化系
广东工业大学	自动化学院	自动控制系
哈尔滨工业大学	航天学院	控制科学与工程系
杭州电子科技大学	自动化学院	自动化系
华北电力大学	控制与计算机工程学院	自动化系
华东交通大学	电气与自动化工程学院	自动化教研室
华东理工大学	信息科学与工程学院	自动化系
华南理工大学	自动化科学与工程学院	控制与信息工程系
华中科技大学	人工智能与自动化学院	自动控制系
吉林大学	通信工程学院	控制科学与工程系
江苏大学	电气信息工程学院	自动化系
兰州理工大学	电气工程与信息工程学院	自动化系
辽宁科技大学	电子与信息工程学院	自动化系
南京航空航天大学	自动化学院	自动控制系
南京理工大学	自动化学院	自动控制系

续表

学 校 名 称	所 在 学 院	所 在 系
清华大学	信息科学技术学院	自动化系
山东大学	控制科学与工程学院	自动化系
山东科技大学	电气与自动化工程学院	自动化系
上海交通大学	电子信息与电气工程学院	自动化系
天津大学	电气自动化工程学院	自动化系
同济大学	电子与信息工程学院	控制科学与工程系
武汉科技大学	信息科学与工程学院	自动化系
西安交通大学	自动化科学与工程学院	—
西北工业大学	自动化学院	控制理论与控制工程系
西南交通大学	电气工程学院	电力工程系
西南科技大学	信息工程学院	自动化系
燕山大学	电气工程学院	自动化系
中国地质大学	自动化学院	自动控制系
中国矿业大学	信息与控制工程	自动化教学实验部
浙江大学	控制科学与工程学院	—

由上述表格可知，虽然在各个高校中，控制科学与工程学科所在院系均不完全相同，但是都在自动化、控制、信息相关的院系里。由此反映出，在培养控制科学与工程领域博士方面，开设该专业的高校都侧重于自动化、控制方向，总体培养方向是一致的。

2. 培养目标

各学校相关专业培养目标见表 14.5.2。

表 14.5.2　博士生培养目标

学 校 名 称	培 养 目 标
北京工业大学	培养未来在自动化和自动控制、模式识别与人工智能、机器人学与机器人技术、传感技术与智能化仪器仪表、系统工程与复杂系统理论、导航与制导技术，以及生物信息学与生物医学工程等领域从事科学研究、工程与高新技术开发，品德优良、基础扎实、素质全面、身心健康、具有国际视野、创新能力强的高层次学术创新人才
北京航空航天大学	培养具有高度的国家使命感和社会责任感，突出的创新创业能力和国际竞争力的高层次社会主义事业优秀建设者和可靠接班人使之成长为具有领军领导潜质的拔尖创新人才。1. 拥护中国共产党的领导，热爱祖国，遵纪守法，品行端正，诚实守信，拥有强健的体魄和良好的心理素质，具有良好的科研道德和敬业精神。2. 适应科技进步和社会发展需要，在控制科学与工程领域坚实宽广的基础理论和系统深入的专门知识以及学科前沿发展动态；具有良好的综合素质以及解决复杂问题和系统问题的能力；具有独立地和创造性地从事科学研究工作的能力或工程技术创新工作的能力；熟练掌握一门外语。3. 在科学或专门技术上做出创造性的成果

学校名称	培养目标
北京科技大学	本学科对博士研究生以学术素养、创新能力的培养为主，对硕士研究生以学术素养、应用能力的培养为主。应热爱祖国、遵纪守法、德智体全面发展、具备严谨科学作风和敬业精神；应具备良好的学术表达能力；应在控制科学、控制工程领域掌握坚实宽广的基础理论和系统深入的专业知识；应具有独立从事科学研究的能力或科技开发的能力；应在理论或技术方面取得创新性成就
北京理工大学	培养坚持习近平新时代中国特色社会主义思想，坚持党的基本路线，具有国家使命感和社会责任心，遵纪守法，品行端正，诚实守信，身心健康，富有科学精神和国际视野的高素质、高水平的德智体美全面发展的创新人才。博士研究生应掌握本学科坚实宽广的基础理论和系统深入的专门知识，具有独立从事科学研究工作的能力，在科学或专门技术上做出创造性的成果
大连理工大学	掌握所从事本行业领域坚实的基础理论和宽广的专业知识，熟悉本行业领域的相关规范，在本行业领域的某一方向具有独立担负工程规划、工程设计、工程实施、工程研究、工程开发、工程管理等专门技术工作的能力，具有良好的职业素养
东北大学	培养热爱祖国，拥护中国共产党的领导，拥护社会主义制度，遵纪守法，品德良好，诚实守信，身心健康，具有良好的科研道德和敬业精神，具有服务国家、服务人民的社会责任感，在本门学科上掌握坚实宽广的基础理论和系统深入的专门知识，具有独立从事科研工作的能力；在科学或专门技术上做出创造性成果的高级专门人才
东南大学	培养德智体美劳全面发展、具有科技创新能力和独立从事科学研究及专门技术能力的高层次合格人才，努力造就具有家国情怀和国际视野、担当引领未来和造福人类的领军人才。具体要求：1. 较好地掌握马克思主义基本原理，坚持党的基本路线；热爱祖国、热爱人民、热爱中国特色的社会主义现代化建设事业；遵纪守法、情操高尚、品行端正，具有为人民服务和为社会主义现代化建设事业献身的精神。2. 培养严谨求实的科学态度和作风，创新求实的精神，良好的科研道德和团队协作精神。3. 在控制理论与控制工程、检测技术及自动化装置、模式识别和智能系统、系统工程、导航制导与控制等方面，掌握坚实宽广的基础理论，具备系统深入的专门知识，具有独立开展科学研究和解决有关技术问题的能力，可以胜任本学科领域中高层次的教学、科研、工程技术与科技管理工作。4. 至少熟练掌握一门外语
广东工业大学	1. 遵纪守法，品行优良，学风严谨；富于创新精神，善于开拓进取，树立全心全意为人民服务和为国家建设献身的思想。2. 攻读博士学位研究生要求掌握坚实、宽广的基础理论和系统深入的专门知识，以及相应的技能和方法，能围绕有关研究课题掌握相关学科的前沿知识，具有独立从事本学科创造性科学研究和实际工作能力，并能深入学科前沿，做出创造性的科研成果。同时能用第一外语熟练阅读本专业的外文资料，并具有较强的写作能力和进行国际学术交流的能力。3. 身体、心理健康
哈尔滨工业大学	1. 树立爱国主义和集体主义思想，掌握辩证唯物主义和历史唯物主义的基本原理，树立科学的世界观与方法论。2. 掌握本学科坚实宽广的基础理论和系统深入的专门知识；掌握本学科的现代实验方法和技能；熟练地掌握一门外语，并具有一定的国际学术交流能力；具有独立地、创造性地从事科学研究的能力；能够在科学研究或专门技术上做出创造性的成果。3. 具有严谨的科研作风，良好的合作精神和较强的交流能力

学校名称	培养目标
杭州电子科技大学	培养德、智、体全面发展，具有求实严谨科学作风和创新精神，遵纪守法、品德良好，身心健康；学风严谨，具有强烈的科学探索精神和高度的社会责任感。应掌握坚实宽广的基础理论和系统深入的专门知识，了解控制学科的发展方向及国内外研究前沿，并熟练掌握一门外语；能够独立地、创造性地从事科学研究工作，而且要具有主持较大型科研、技术开发及工程项目的能力，或解决和探索我国经济和社会发展问题的能力，能够胜任高等院校、科研院所等的教学、科研或技术管理等工作的高层次学术型创新型人才
华北电力大学	1.拥护党的基本路线和方针政策、热爱祖国、遵纪守法、品行端正、诚实守信，具有良好的职业道德和敬业精神，具有实事求是、严谨的治学态度和工作作风，恪守学术道德规范，遵守知识产权相关法律法规。2.在控制科学与工程领域内掌握坚实宽广的基础理论和系统深入的专门知识，熟悉所从事的研究领域中科学技术的发展动向；具有独立从事科学研究的能力或独立承担专门技术工作的能力。要求熟练掌握一门外语，具有国际视野和跨文化环境下的交流、竞争与合作的基本能力。在控制科学与工程学科的科学理论或专门技术上做出创造性的成果
华东交通大学	1.热爱祖国、热爱人民，品德良好，诚信公正，有社会责任感，身心健康；2.具有严谨务实的科学态度和创新精神，掌握本学科坚实宽广的基础理论和系统深入的专业知识。3.掌握控制科学与工程学科发展动向和国内外研究前沿，具有较强的独立从事科学研究和管理工作能力，能创造性地研究和解决与本学科有关的理论和实际问题。4.至少掌握一门外语，能熟练阅读本专业外文资料，开展学术研究，进行国际学术交流。5.具备学术带头人的良好素质，能承担高等院校、科研机构和企事业单位的教学、科研或技术管理等工作的高层次学术型创新型人才
华东理工大学	本学科博士学位获得者应掌握本学科扎实宽广的基础理论和系统深入的专业知识；至少学习一门外语，能熟练地阅读本专业的外文资料，并具有良好的写作和进行国际学术交流能力；具有独立从事科学研究和管理工作的能力，能在科学或专门技术上做出创造性的成果
华南理工大学	培养德、智、体全面发展，掌握本专业领域坚实而宽广的理论基础和系统深入的专门知识，深入了解本学科发展方向及国际学术研究前沿；熟练地掌握一门外语；掌握科学研究的先进方法，具有良好的科学文化素养和独立从事创造性科学研究及实际工作的高级专门人才
华中科技大学	1.热爱祖国，遵纪守法，品德良好，学风严谨，有较强的事业心和献身精神。2.具有控制科学与工程学坚实宽广的基础理论和系统深入的专门知识，具有独立从事科学研究工作的能力，在科学和专业技术上做出创造性的成果。3.至少熟练掌握一门外语，熟练阅读和理解相关专业的外文文献，并具有用外语撰写学术论文以及进行学术交流的能力。4.身心健康
吉林大学	1.热爱祖国，遵纪守法，品德优良，学风严谨，具有实事求是、不断追求新知、勇于创造的科学精神，积极为社会主义建设服务。2.培养从事控制科学与工程各相关方面的各类专门人才，掌握本学科坚实宽广的基础理论和系统深入的专门知识。具有能独立从事科学研究和教学工作、组织解决理论或实际问题的能力，并在科学或专门技术上做出创造性成果。3.至少掌握一门外语，能熟练阅读外文资料，具有撰写学术论文和进行国际学术交流的能力

续表

学校名称	培养目标
江苏大学	1. 较好地掌握马克思主义理论，具有正确的人生观、价值观和世界观，坚持四项基本原则，遵纪守法，品德良好，学风严谨，具有强烈的事业心和献身科学精神。2. 掌握本学科坚实宽广的基础理论和系统深入的专门知识，具有独立从事控制科学与工程领域的科学研究的能力，在科学或专门技术上做出创造性成果。3. 至少掌握一门外语，能熟练地阅读本专业的外文资料，并具有一定的写作能力和交流能力。4. 身心健康
兰州理工大学	1. 努力学习和掌握马列主义和毛泽东思想的基本原理，自觉树立无产阶级世界观，掌握科学的方法论；坚持四项基本原则，坚持改革开放，热爱祖国，品行端正，遵纪守法，诚信公正，有社会责任感；积极为我国的现代化建设服务。2. 在控制科学与工程专业学科领域内掌握坚实的基础理论和系统的专门知识；熟悉所从事研究方向的科学发展动向；具有从事科学研究工作或独立担负专门技术工作及教学工作的能力；具有实事求是、科学严谨的治学态度和工作作风。3. 能比较熟练地运用一种外语阅读控制科学与工程专业学科的外文资料，并能撰写论文，具有初步的听说能力。4. 积极参加体育锻炼，具有健康的体魄
辽宁科技大学	1. 掌握马克思列宁主义、毛泽东思想、邓小平理论、"三个代表"重要思想、科学发展观、习近平新时代中国特色社会主义思想，树立正确的世界观、人生观和价值观，遵纪守法，品德良好，实事求是，学风严谨，服从国家需要。2. 树立严谨科学作风和良好职业道德的精神，具有服务国家、服务人民的社会责任感，能适应社会发展和科技进步对高层次人才的知识需要。3. 掌握本学科基础理论和系统深入的专业知识，深入了解本学科发展方向及国际学术前沿；培养基础理论扎实、专业知识宽广，具有创新精神和创新能力，能够独立地、创造性地从事科学研究、教学工作或担任专门技术工作，而且具有主持较大型科研、技术开发项目或解决和探索我国经济、社会发展问题的能力，并在理论或专门技术上做出创造性成果。4. 至少熟练应用一门外语从事本学科及相关领域的研究和应用，达到听、说、读、写的水平，能熟练运用外语进行本学科的学习、研究和学术交流
南京航空航天大学	培养从事控制科学与工程相关方面的各类专门人才，培养学生在自动控制理论、信息与信号处理、系统工程、模式识别、导航制导与控制等方面掌握坚实宽广的基础理论和系统深入的专门知识，具有科学严谨和求真务实的学习态度和工作作风，具有独立从事本学科科学理论研究和解决工程技术问题的能力，具有组织科学研究、技术开发与专业教学的能力，熟悉本学科最新研究成果和发展动态，能够熟练运用一门外语进行学术论文写作和交流，具有创新精神及能力、较高学术水平和从事科学研究、教学、管理等工作能力的高层次专门人才
南京理工大学	培养德、智、体全面发展，具有求实严谨科学作风和创新精神，遵纪守法、品德良好，身心健康；学风严谨，具有强烈的科学探索精神和高度的社会责任感。应掌握坚实宽广的基础理论和系统深入的专门知识，了解本学科的发展方向及国内外研究前沿，并熟练掌握一门外语；能够独立地、创造性地从事科学研究工作；拥有终身学习的能力，而且要具有主持较大型科研、技术开发及工程项目的能力，或解决和探索我国经济和社会发展问题的能力，能够胜任高等院校、科研院所等的教学、科研或技术管理等工作的高层次学术型创新型人才

学校名称	培养目标
清华大学	本学科培养从事控制科学与工程各相关方面的各类专门人才。 培养学生在自动控制理论、人工智能、模式识别、系统工程、计算机应用、信息与信号处理、系统设计与仿真、导航制导与控制、生物信息学、系统生物学、检测技术等方面掌握坚实宽广的基础理论和系统深入的专门知识，具有独立从事相关学科科学理论研究和解决工程技术问题的能力，具有组织科学研究、技术开发与专业教学的能力，熟悉本学科最新研究成果和发展动态，能够熟练运用一门外语进行学术论文写作和交流，成为本学科的高级专门人才
山东大学	1. 热爱祖国，拥护中国共产党的基本路线、方针和政策，思想政治素质高，身体心理素质好，学术科研素质强，遵纪守法，全面发展，有志于为国家为人民奉献的社会主义接班人。 2. 掌握该专业坚实宽广的基础理论和系统深入的专门知识，能够独立地、创造性地从事科学研究、教学工作或担任专门技术工作，而且具有主持较大型科研、技术开发项目，或解决和探索我国经济、社会发展问题的能力，全面了解本学科领域的发展方向，并在理论或专门技术上做出创造性成果。3. 至少掌握一门外语，能熟练地阅读本专业的外文资料，并具有一定的写作能力和国际学术交流能力。第二外语为选修，要求有阅读本专业外文资料的初步能力。第一外语非英语的博士生，必须选修第二外语，且语种必须为英语。4. 具有健康的体魄和心理素质
山东科技大学	1. 热爱祖国、热爱人民、热爱中国特色的社会主义现代化建设事业；坚持中国共产党的领导，维护国家利益；遵纪守法、情操高尚、学风端正；具有很好的协作精神。2. 培养严谨求实的科学态度和作风、创新求实精神、良好的科研道德和团队协作精神，并具备学术带头人优良的综合素质。3. 在掌握坚实宽广的基础理论和相关学科理论的基础上，具备系统深入的专门知识；具有独立从事科学研究工作的能力，可胜任本学科领域中高层次的教学、科研、工程技术工作与科技管理工作。4. 在学术上具有较强的创新能力，能够在科学研究领域或专门技术研究方面做出创新性成果。5. 具有健康的体魄
上海交通大学	掌握控制科学与工程学科的坚实基础理论和系统的专门知识；具有合理的知识结构；掌握本学科的科研方法和技能，并能够做出创新性成果；洞悉本学科发展的现状和了解趋势；具有独立从事科学研究或担负专门技术工作的能力；熟练掌握一门外语，能熟练地阅读本学科的外文资料，以及具有较好的外语写作与交流沟通能力
天津大学	培养面向世界、面向未来，具有家国情怀、国际视野、创新精神和实践能力，德智体美全面发展，能从事控制科学、信息科学和自动化工程与技术相关领域教学、科研的高层次创新型人才。应具有良好的道德品质、遵纪守法、团结协作、学风严谨、有较高的学术素养、有强烈的事业心和奉献精神；具有控制科学与工程领域坚实而广博的理论基础、系统的专门知识和熟练的专业技能；熟悉本学科领域国内外学术研究及科技发展动态；具有承担科学研究、工程建设和技术开发工作的能力，并能取得创造性成果；能够独立地从事教学、科研和技术管理工作，适应社会进步和职业发展的需求

续表

学校名称	培养目标
同济大学	坚持社会主义办学方向，立德树人，努力培养新时代中国特色社会主义伟大事业的建设者和接班人，培养具有正确的人生观和价值观，深厚的理论素养，开阔的国际视野和出众的综合能力的控制科学与工程研究者，能够独立进行创造性研究与实践的控制科学与工程高端人才，以及引领未来的专业精英及新领域的开拓者。1. 具有坚定正确的政治方向，热爱社会主义祖国，拥护中国共产党的领导；较好掌握马克思列宁主义、毛泽东思想、邓小平理论、"三个代表"重要思想、科学发展观、习近平新时代中国特色社会主义思想；具有为人民服务和为祖国富强而艰苦奋斗的献身精神；遵纪守法，品德高尚，身心健康。2. 掌握坚实宽广的基础理论和系统深入的专门知识；具有实事求是、勇于探索和创新的科学精神；能独立从事科学研究工作，在科学或专门技术上做出创造性成果；具有国际视野，能熟练进行国际学术交流；具有良好的合作、组织与领导能力。3. 成为引领未来发展的科学家、专业精英和社会栋梁
武汉科技大学	1. 具有崇尚科学的献身精神、开放精神和团队精神诚实守信，恪守学术道德规范。2. 具有活跃的学术思想，严密的逻辑思维和一定的创新意识，对控制科学与工程学科研究具有浓厚的学术兴趣；掌握控制科学与工程学科坚实宽广的基础理论和系统深入的专门知识 3. 具有独立从事控制科学与工程领域科学研究和独立担负专门技术工作的能力，能从事专业相关方向的科研，设计，管理，或其他工程技术工作，做出具有创造性的成果。4. 具有独立获取新知和分析信息的能力，具备熟练、正确，规范地撰写学术论文和著作的能力，具备熟练掌握和运用一种外语进行本学科文献阅读和学术交流的能力
西安交通大学	本学科培养德、智、体全面发展，且知识结构合理、综合素质高和创新能力强的高级专门人才。取得本学科工学博士学位的毕业生，将能在控制科学与工程及相关学科领域的科学研究、大学教学、技术开发及工程管理等方面发挥带头人的作用。具体要求如下：1. 热爱祖国，遵纪守法，尊敬师长，团结同志，品德良好，服从国家需要，积极为祖国的社会主义建设服务。2. 掌握坚实宽广的基础理论和系统深入的专业知识，在独立从事科学研究、技术开发、组织科学研究和从事教学等方面具有很强的能力；能把握本学科一些新的研究方向，熟悉所从事研究的最新科技发展动态；至少熟练掌握一门外语，能熟练阅读和翻译专业文献，能用外语进行交流和撰写科技论文。3. 具有实事求是、科学严谨的工作作风以及协作、奉献、勇于创新的精神，在实际工作中勇于承担责任，勇于解决科学技术难题。4. 在本领域内取得创造性成果
西北工业大学	1. 热爱祖国，忠于人民，遵纪守法，具有强烈的社会责任感和高尚的职业操守；拥有强健的体魄，良好的心理素质和心态。2. 知识结构合理，具有深厚的数理、计算机、信息处理等基础知识和系统深入的控制学领域专业知识；熟知本学科的历史渊源、研究现状及发展趋势，掌握本学科的前沿理论、技术和研究方法。3. 学术眼光敏锐，逻辑思维缜密，能够瞄准国际学术前沿和基于国家重大需求发现和提炼有重要学术价值的理论问题，通过独立思考和深入研究，产生原创性的学术成果。4. 坚持"实事求是、追求真理"的科学精神，具有良好的学术道德、严谨的治学态度和强烈的科学批判精神；拥有不畏艰难和坚韧不拔的科学探索精神。5. 具有开阔的国际视野，能熟练地应用英语获取知识、撰写科技论文和进行国际学术交流；清楚在知识产权保护中的责任、权利和义务；具有较高的人文素养、良好的工程管理和协调关系能力

学校名称	培养目标
西南科技大学	为培养德、智、体全面发展的控制科学与工程领域高层次创新型人才,具有坚实的基础理论、系统深入的专门知识以及全面的科学研究方法与技能,了解本学科的新进展与发展动向;具有较强的独立从事科学研究和解决工程中局部问题的能力,取得具有学术意义或应用价值的创造性研究成果;熟练掌握一门外语,能熟练阅读本专业外文资料和进行国际学术交流
燕山大学	1. 树立正确的世界观人生观价值观,践行社会主义核心价值观,具有坚定理想信念,高尚的道德情操,高度社会责任感、强烈创新精神、精深专业素养和开阔国际视野。2. 在控制科学领域具有坚实的理论基础及系统的专业知识,具备交叉学科的基本相关知识,具有专业方面的创新思维能力。3. 具有较强的从事控制科学与工程学科及相邻学科的教学、科研的工作能力,能够胜任控制科学与工程学科领域的技术开发、科学研究及管理等工作。4. 能比较熟练地运用英语阅读控制工程学科的外文资料,具有撰写英文学术论文和进行国际学术交流的能力。5. 具有实事求是、科学严谨的治学态度和工作作风;具有良好的团队合作精神;遵守社会公德和公共秩序,具有知识分子应有涵养
中国地质大学	1. 拥护中国共产党的基本路线和方针政策,热爱祖国,遵纪守法;具有严谨求实的科学作风、科学道德、创新意识和合作精神,身心健康。2. 具有控制论、信息论、系统论方面坚实宽广的基础理论和系统深入的本学科专门知识;具有独立从事学科前沿课题研究和担负工程技术项目的能力,在理论研究或工程技术应用方面取得创造性成果。熟悉本学科最新研究成果和发展趋势,了解相关学科的国际研究前沿。能运用控制系统设计和工程实践的相关知识在其他相关学科领域进行高层次的教学、科研、技术开发和管理工作。3. 至少掌握一门外语,能熟练地阅读本学科的专业外文资料,具有较好的外文写作能力和国际学术交流能力
中国矿业大学	1. 较好地掌握马克思主义的基本理论,拥护中国共产党的领导,热爱祖国,遵纪守法,诚信公正,科学严谨,学风端正,具有服务国家和社会的高度社会责任感,良好的学术道德和创新创业精神。2. 掌握本学科坚持宽广的基础理论和系统深入的专业知识,掌握控制,信息,人工智能等领域的研究现状和相关发展动态,具有独立从事理论研究和技术开发的能力,能够在理论研究或工程技术应用方面取得创新性成果。能运动控制系统设计和工程实践的相关知识在相关学科领域进行高层次的教学,科研,技术开发和管理工作。3. 熟练掌握一门外语,能熟练阅读本学科专业外文文献,拥有宽广的国际视野,并有较强的外文写作能力和国际学术交流能力。4. 崇尚科学,具有献身科学研究的探索精神,严谨的科研作风和良好的团队合作能力。5. 具有健康的身体素质和良好的心理素质
浙江大学	培养具有正确的世界观、人生观和价值观;热爱祖国,品德良好;实事求是,学风严谨;具有良好的职业道德;具备控制科学与工程领域中坚实宽广的基础理论及系统深入的专门知识;具备与本专业相关的跨学科领域知识结构;掌握控制科学与工程的国家重大需求和国际学术前沿;熟练掌握运用一门外语;具有独立从事学术研究工作的能力并做出创造性的成果的控制科学与工程专门人才

由上述的培养目标对比可知,被调研的高校在制定培养目标上,首先是掌握本学科基础理论和系统深入的专业知识,掌握控制、信息、人工智能等领域的研究现状和相关发展

动态。其次，都要求控制科学与工程领域博士具有独立从事相关学科科学理论研究和组织科学研究、技术开发与专业教学的能力，并不同层次地要求具备能够在科学研究或专门技术上做出创造性的成果。由此反映出，控制科学与工程领域专业博士的培养目标中，掌握该领域的基础理论、专业知识和相关领域的国内外研究发展现状是基本要求，虽然不同高校对在科学领域或专门技术上做出创造性的成果要求或高或低，但是能独立从事理论研究和技术开发的能力是必备要求。除此之外，不同高校提出了其他的培养目标，如清华大学、哈尔滨工业大学、上海交通大学等要求该领域博士能够熟练运用一门外语进行学术论文写作和交流。

3. 培养方式

各学校相关专业博士生的培养方式。

表 14.5.3 博士生培养方式

学 校 名 称	培 养 方 式
北京工业大学	实行导师负责制。 学制为 4 年，学习期限为 3～5 年。原则上全日制博士研究生最长修业年限（含休学）为 5 学年，全日制委托培养博士研究生最长修业年限（含休学）为 7 学年。直博生学制为 5 年，硕博连读生学制为 6 年，学习年限为 5～7 年，原则上最长修业年限（含休学）为 7 学年
北京航空航天大学	以一级学科内培养为主，鼓励跨学科培养、国际联合培养及校企（所）联合培养等模式。博士研究生培养期间，采用责任导师负责制，实施责任导师指导与团队集体指导相结合；公派联合培养采取学分互认制，倡导国内外或校内外导师联合指导的校内责任导师负责制。 直接攻读博士研究生学制为 5 年；实行学分制
北京科技大学	全日制博士研究生：学制 3 年，学习年限一般为 3～5 年，最低学分要求为 10 学分； 学士直攻博研究生：学制 5 年，学习年限一般为 5～6 年，最低学分要求为 34 学分
北京理工大学	硕士起点 4 年；本科起点（含硕士）6 年。学术型博士最长修业年限在基本学制基础上增加 2 年
大连理工大学	博士研究生的培养以科学研究为主，重点进行独立从事科学研究、团队合作和创新能力的培养。博士研究生导师可根据课题 需要聘请相关学科的博士生导师协助工作，也可吸收学有专长的中青年学术骨干组成指导小组。导师（组）负责研究生日常管理、学风和学术道德教育、制订和调整博士研究生培养计划、组织安排开题、中期考核、指导科学研究和学位论文等。 博士研究生课程学习实行学分制，在申请答辩之前须修满所要求的学分。直接攻博研究生的基本学制为 5 年（含学习课程 1 年）
东北大学	直接攻博生学制为 5 年，最长学习年限（含休学和保留学籍）为 8 年
东南大学	学制 4 年，最长可延至 6 年

学 校 名 称	培 养 方 式
广东工业大学	1. 博士生的培养实行指导教师负责制，采取指导教师个人指导和指导小组集体培养相结合的方式进行，并提倡不同学科的专、兼职指导教师组成学科群体进行联合指导。2. 博士生的培养以科学研究为主，但必须通过博士学位课程考试，成绩合格，方可参加博士学位论文答辩。3. 博士生的课程学习应贯彻教学相长和因材施教的原则。教师的指导作用在于引导学生进行深入思考，培养其独立分析问题和解决问题的能力。教学方式以讲授为主、讲授应更多地采用启发式、研讨式教学，以便充分发挥博士生的主动性和自觉性，培养创新能力。4. 在博士生培养的全过程中，应加强思想政治工作，注意培养博士生刻苦钻研的学风，实事求是的科学态度，诚实严谨的工作作风和谦虚诚挚的合作精神。5. 博士生培养采用目标管理。即年度考核、中期考核、论文抽查送审等监控手段，确保培养质量
哈尔滨工业大学	博士生的培养实行博士生导师负责制。可根据培养工作的需要确定副导师和协助指导教师。为有利于在博士生培养中博采众长，提倡对同一研究方向的博士生成立博士生培养指导小组，对培养中的重要环节和博士学位论文中的重要学术问题进行集体讨论。博士生培养指导小组名单在院系备案
哈尔滨工业大学	博士生培养年限一般为 4 年，特殊情况下，经有关审批程序批准，一般博士生的培养年限最长可延至 5 年
杭州电子科技大学	博士研究生的培养以科学研究为主，重点培养独立从事科学研究工作的能力；课程学习采用讲授、研讨和自学等多种方式。博士研究生的培养实行导师负责制，或导师负责的指导小组制。导师（组）全面负责博士生的日常培养教育工作。 本学科基本学制为 3 年，其中课程学习时间一般为 1 年，参加科研、撰写学位论文和论文答辩的时间为 2 年
华北电力大学	1. 博士生培养实行导师负责制，必要时可设副导师，或组成指导小组。副导师及指导小组成员一般应具有博士学位或高级职称。跨学科或交叉学科培养博士生时，应从相关学科中聘请副导师协助指导。2. 博士生的培养以科学研究工作为主，重点培养独立从事科学研究工作和进行创造性研究工作的能力；同时要根据本学科专业的要求、学位论文的需要及个人的实际情况学习有关课程；要学会进行创造性研究工作的方法和培养严谨的科学作风。3. 博士生可在校内攻读，也可由国内、国际的高校和科研院所联合培养。4. 博士研究生学习年限一般为 3～6 年
华东交通大学	博士研究生的培养方式采取导师负责制，也可实行以导师为主的指导小组制，课程学习和科学研究可以相互交叉，课程学习采用学分制，在申请答辩之前应修满所要求的学分。 博士研究生基础学制为 3 年，直博生 4 年。直博研究生一般为 4～6 年
华东理工大学	在导师组及导师的指导下制订培养计划，包括课程学习和学位论文工作计划。学位论文工作包括研究方向，已有工作基础，研究计划和时间安排等。 博士生学制为 3 年，培养年限不超过 6 年。课程学习成绩有效期自研究生入学开始为 6 年
华南理工大学	实行导师负责制。应在导师指导下在入学后两周内制订出培养计划，第三学期结束前按照《华南理工大学博士学位研究生中期考核办法》参加中期考核，并完成社会实践环节。定期做阶段总结报告

续表

学 校 名 称	培 养 方 式
华中科技大学	实行导师全面负责制，组成以博士生导师为组长的博士生指导小组，负责对博士生的培养和考核工作。 直攻博研究生的学习年限一般为 4～6 年
吉林大学	学习年限一般为三年
江苏大学	采取导师负责制，由指导教师负责成立博士研究生指导小组，负责指导博士研究生的课程学习、科学研究并进行思想政治教育。指导小组成员由指导教师推荐，所在学院（研究院、中心，下同）审批，报研究生院备案。 全日制博士研究生的学习年限一般为 3～4 年
兰州理工大学	1. 采取课程学习和学位论文并重的方式，并大体分为课程学习和学位论文工作两个阶段，二者在时间上应有一定交叉，其有效时间均不得少于一学年。2. 在指导上采取以导师负责和教研室（研究所）集体培养相结合的方法。也可以部分利用其他研究单位或工厂企业的科研条件、吸收具有高级职称的人员参加指导。 博士研究生基本学制为 3 年，特殊情况可延长至 6 年
辽宁科技大学	博士研究生在校学习基本年限为 4 年，课程学习一般为半年，论文工作时间不少于 15 个月。非定向博士研究生，最长学习年限 7 年；定向博士研究生，最长学习年限 8 年。定向博士研究生部分论文研究工作可以在研究生工作单位结合科学研究和技术开发实践完成
南京航空航天大学	博士生学制 4 学年。非定向培养的博士生学习年限为 3～6 学年；定向培养博士生且回原单位进行论文研究工作的，学习年限为 3～8 学年。其中课程学习时间为 1 学年左右，学位论文开题、科学研究和撰写学位论文的时间不少于 2 学年。直博生学制 5 学年。学习年限为 4～7 学年，其中课程学习时间为 1.5 学年左右，学位论文开题、科学研究和撰写学位论文的时间不少于 2.5 学年
南京理工大学	博士研究生实行以四年制为主的弹性学制；直接攻博生学制一般为 5～6 年，博士生最长学习年限不超过 8 年
清华大学	1. 博士生的培养方式以科学研究工作为主，重点培养博士生独立从事学术研究工作的能力，并使博士生通过完成一定学分的课程学习，包括跨学科课程的学习，系统掌握所在学科领域的理论和方法，拓宽知识面，提高分析问题和解决问题的能力。2. 博士生的培养工作由导师负责，并实行导师个别指导或导师负责与指导小组集体培养相结合的指导方式，一般不设副导师。如论文工作特殊需要，经审批同意后，导师可以聘任一名副教授及以上职称的专家担任其博士生的学位论文副指导教师。对从事交叉学科研究的博士生，应成立有相关学科导师参加的指导小组，必要时可聘请相关学科的博士生导师作为联合指导教师。3. 副导师、联合指导教师经系主管负责人审查批准后，报校学位办公室备案。 直博生的学习年限一般为 4～5 年
山东大学	博士研究生的培养实行导师指导和集体培养相结合的方式，以加强跨学科交叉培养和团队培养。成立博士生指导小组，由 3～5 名本专业和相关学科的专家组成，其中应有一名校内跨学科或校外导师，研究生导师任组长
山东科技大学	培养年限为 3～5 年，其中课程学习时间为 1 年

续表

学校名称	培养方式
上海交通大学	采用全日制学习、导师制培养模式；学习年限5年，经批准可适当缩短或延长，最短不少于4年，最长（含休学）不超过7年
天津大学	主要采取课程学习、科研训练、学术交流相结合的方式，实行指导教师与团队指导相结合的方式，根据每位研究生的基础、特点和职业发展制定个性化的培养方案，为其毕业后的发展奠定良好的基础。 学习年限：基本学习年限为5年
同济大学	博士研究生学制为4年，最长学习年限不超过7年。 直接攻读博士学位研究生学制为5.5年，最长学习年限不超过7年
武汉科技大学	实行导师负责制，采取以导师为主的渠体拓导方式．指导小组的成员一般由本学科或者跨学科相关专家组成，其中至少包括2名（含导师）副教授以上职称的学术梯队成员。培养独立从事科学研究工作的能力。在拓宽基础、加深专业、掌握前沿的基础上，掌握创造性科学研究方法和培养严谨的科学作风。 学制为3年，学习年限一般为2.5～4年，学习年限最长不超过8年（含休学）
西安交通大学	1. 博士研究生培养采用导师负责制，必要时可设副导师，或组成导师团队联合指导，跨学科或交叉学科培养博士研究生时，必须由本学科和相关学科的导师联合指导。2. 导师或导师团队应根据本培养方案要求与因材施教的原则，从研究生的具体情况出发，统筹考虑专业基础理论学习和课题研究工作，合理制订培养计划。3. 博士研究生的培养以科学研究工作为主，重点是培养独立从事科学研究工作和进行创造性研究工作的能力，并以提高品德修养、系统掌握学科基础理论、拓宽视野、掌握学科发展前沿为牵引，学习一定数量课程。在科学研究工作过程中，学会创造性开展研究工作的方法，培养严谨的科学作风，提升分析问题和解决问题的能力。研究生还应当积极参加校内外的学术报告会、讲座会或其他学术活动，及时了解学科前沿，拓展知识面。4. 博士研究生应生成"德智体美劳"全面发展，积极选修综合素质课程、加强体育锻炼、参加公益劳动。 学习年限为3～5年
西北工业大学	采取导师为第一责任人的导师负责制，或以导师为主的指导小组负责制。指导小组的组成由导师提名和学院领导批准，小组成员一般由3～5名教授（含导师）组成，联合对博士生的课程学习、科学研究和学位论文进行指导，但博士生导师在博士生培养中起主导作用。在培养过程中，采取理论学习和科学研究相结合的办法，选择高水平的科研项目以培养博士生的开拓创新和独立从事科学研究的能力，鼓励博士研究生参加国际学术交流活动，以提高本学科博士生的国际化水平。 博士研究生一般在入学后两年内完成课程学习，直博生不超过两年半。用于科学研究和撰写学位论文的时间不少于两年。博士研究生的学习年限一般为3～5年
西南科技大学	全日制学术型博士生的学制为3年，最长学习年限（含休学）不超过6年，经批准休学创新创业的时间不计入学习年限，最长不得超过3年
燕山大学	实行以科学研究为主导的导师负责制，也可以导师组集体指导的方式进行。鼓励博士研究生入校即进入课题，课程学习与科学研究同步进行。 普通招考博士研究生学制为4年，在学年限为3～6年

续表

学校名称	培养方式
中国地质大学	实行弹性修业年限，直博生基本修业年限 6 年，最长不超过 7 年
中国矿业大学	直博生学制 5 年，最长学习年限为 7 年（含休学）
浙江大学	主要采取课程学习、科学研究、学术交流和社会实践相结合的方式，实行导师个别指导或导师团队指导，鼓励海内外合作培养，实行导师组联合指导模式。学制为 3 ～ 5 年，具体由各学位授权点根据实际自主设定

由于被调研的高校在制定培养目标上，都不同层次地要求控制领域博士具备能够在科学研究或专门技术上做出创造性的成果。因此，在培养方式中，50% 以上的高校都在导师负责制基础上提出了以导师为主的指导小组制，导师以科学研究为主，由 3 ～ 5 位本学科和相关学科的专家组成指导小组，为拓宽知识面，加强跨学科交叉培养，有利于在博士生培养中博采众长。由此可知，在控制科学与工程领域博士的培养方式中，大部分高校都采取以导师为主的指导小组制，培养该领域博士掌握科研能力的同时，在相关领域做出更具有创新性的成果。

在学科学习年限中，被调研高校制定的基础学制和最长学习年限不同。在基础学制上，华北电力大学、江苏大学、杭州电子科技大学、华东理工大学、吉林大学、兰州理工大学、武汉科技大学、西南科技大学、山东科技大学、西北工业大学等要求该领域博士的基础学制为 3 年，清华大学，北京工业大学、哈尔滨工业大学、华东交通大学、华中科技大学、辽宁科技大学、燕山大学等要求基础学制为 4 年，北京科技大学、大连理工大学、东北大学、上海交通大学、天津大学、中国矿业大学、南京理工大学等要求基础学制为 5 年。在规定基础学制上，大部分高校制定为 3 年，该领域专业博士可合理完成课程学习、专业实践和学位论文撰写。大多数高校规定了最长学习年限（3 ～ 6 年），武汉科技大学规定最长年限为 2.5 ～ 4 年，最长不超过 8 年，哈尔滨工业大学最长年限为 5 年，中国矿业大学，中国地质大学最长年限为 7 年。因此，在规定最长学习年限上，大部分高校规定为 6 年。

4. 课程设置及学分分布

课程设置及学分分布情况表 14.5.4。

表 14.5.4　各相关大学博士生课程设置及学分分布

学校名称	课程环节	实践环节	综合环节
北京工业大学	公共课：4 学分；基础课：9 学分，必修不低于 6 学分；专业学位课：8 学分，选修不低于 2 学分		学术交流：听学术报告 16 次、公开做学术报告 1 次：2 学分；参加 1 次国际学术会议并做报告（含张贴报告）：2 学分

续表

学校名称	课程环节	实践环节	综合环节
北京航空航天大学	思想政治理论课：4学分；基础及学科理论及专业理论核心课：86学分，最低不低于15学分；学术（科技）素养：24学分，最低不低于4学分；跨学科课：4学分，最低不低于4学分	专业实践课：11学分，最低不低于3学分；社会实践：1学分	开题报告：1学分
北京科技大学	公共必修课：2学分；公共选修课：47学分；学科基础课：54学分；学科专业课：29学分		学术活动：1学分
北京理工大学	公共课9学分；基础课不少于2学分；前沿交叉课1学分；专业选修课不少于2学分	实践环节：1学分	学术活动：1学分
大连理工大学	总学分不低于14学分，其中必修学分不低于9学分，选修学分不低于5学分。公共必修课：7学分；大类及专业基础课：12学分		开题报告：1学分；中期报告：1学分
东北大学	总学分不低于12学分，其中学位课不低于8学分。公共必修课：4学分；学科核心课：16学分；公共选修课：4学分；学科选修课12学分	实践环节：1学分	科学精神与人文素养教育：1学分；学术活动：1学分
东南大学	课程总学分至少13学分，其中必修课至少8学分；综合素养环节6学分，包括教学实践、人文与科学素养系列讲座和学术交流活动		
广东工业大学	学位课：11学分；非学位课：20学分；必修环节：文献阅读与开题报告		
哈尔滨工业大学	总学分：不少于14学分；学位课：不少于6学分；选修课：不少于4学分		综合考评：1学分；开题报告：1学分；中期检查：1学分；学术活动或社会实践：1学分
杭州电子科技大学	总学分不低于15学分，学位课：9学分；非学位课12学分，必修环节：2学分		学术研讨：1学分（参加不少于4次校内外公开举办的学术活动）；学术研讨：1学分（在一级或二级学科范围内作学术报告至少2次）

续表

学校名称	课程环节	实践环节	综合环节
华北电力大学	最低学分为 14 学分；公共课：4 学分；基础理论课（不少于 2 学分）：9 学分；专业核心课（不少于 2 学分）：14 学分；必修环节（不少于 6 学分）：6 学分；任选课：3 学分		
华东交通大学	总学分不少于 15 学分；公共选修课：6 学分；学科基础课：8 学分；公共基础课：6 学分；学科前沿课：1 学分；专业选修课：10 学分	实践环节：3 学分：包括论文选题 1 学分、论文阶段成果报告（不少于 2 次）：1 学分；公共讲座（不少于 4 次）：1 学分	
华南理工大学	最低总学分：13 学分，其中：必修课不少于 9 学分；选修课不少于 4 学分；必修课：9 学分；选修课：15 学分		
华中科技大学	总学分≥53 学分；修课学分≥34 学分，其中高水平国际化课程≥6 学分；校级公共必修课程≥9 学分；校级公共选修课≥1 学分；学科基础与专业课≥24 学分		研究环节≥19 学分：文献阅读与选题报告：1 学分；参加国际学术会议或国内召开的国际学术会议并提交论文：1 学分；论文中期进展报告：1 学分；发表学术论文：1 学分；学位论文：15 学分
吉林大学	课程学习不少于 16 学分，其中学位课不低于 12 学分；公共课：6 学分；基础理论课：3 学分；专业课：9 学分；选修课：16 学分		学术活动：至少参加 5 次相关学术交流活动
江苏大学	总学分不少于 15 学分，其中学位课程至少 12 学分；政治理论：2 学分；一外：6 学分；基础理论：12 学分；专业基础课：12 学分；专业课：14 学分；专业选修：18 学分		参加专题讲座或学术讨论、交流等科技活动至少 20 次
兰州理工大学	总学分不少于 15～19 学分；学位课：11 学分（不少于 8 学分）；必修课：12 学分（不少于 2 学分）；选修课：19 学分（不少于 2 学分）	实践活动：1 学分	参加学科前沿及学术讲座：1 学分；博士生本人做学术报告：1 学分

学校名称	课程环节	实践环节	综合环节
辽宁科技大学	总学分不低于26学分：学位必修课不低于11学分；必修课：25学分；选修课：10学分		开题报告：2学分；中期检查：2学分；预答辩：2学分；学术活动：2学分；答辩：3学分
南京航空航天大学	总学分16～19，其中必修课9学分；选修课程不少于3学分；任选课程不少于4学分		至少修读2学分留学生课程，且修读8学分国际化课程
南京理工大学	博士研究生总学分≥16；直接攻博生和硕博连读生总学分≥40学分，必修不少于2学分全英语专业课		学科前沿学术报告：要求博士研究生毕业前必须公开做1次学术前沿报告，通过者，方可取得1学分；学术交流与学术报告：要求博士研究生毕业前必须参加8次及以上的学术报告，且必须参加1次国际会议
清华大学	总学分不少于29学分；公共必修课：5学分；基础理论课：32学分（最低不少于6学分）；专业基础课：44学分（最低不少于9学分）；专业课程：112学分（最少不低于3学分）公共选修课：48学分	社会实践：1学分	职业素养：英文科技论文写作与学术报告：1学分；科学规范与表达：1学分；学术伦理：1学分。文献综述与选题报告：1学分；资格考试：1学分；学术活动与学术报告：1学分
山东大学	总学分不低于34学分，必修学分不低于21学分；必修课（学位课）：学位公共课：2学分；学位基础课：8学分；学位专业课：不少于2门，不少于3学分；选修课（非学位课）；专业选修课：一般要求选修不少于3门专业课；非专业选修课：直博研究生在学期间须至少修读1门公共选修课或1门跨培养单位选修课；第一外国语为非英语的直博研究生，"第二外国语（英）"为必选		前沿讲座：6学分；讨论班：1学分
山东科技大学	总学分不低于24学分，其中必修环节6学分；公共课：11学分；基础理论课：2学分；专业基础课：4学分；专业课：14学分		文献综述与开题报告：2学分；学术活动：2学分；论文中期研究报告：2学分

续表

学校名称	课程环节	实践环节	综合环节
上海交通大学	总学分≥33 学分。其中：GPA 统计源课程学分≥16，专业基础课（不含数学类）不低于 6 学分，数学类课程不低于 3 学分		
天津大学	总学分不少于 37 学分，其中：课程学习 30 学分，必修培养环节 7 学分。必修课：18 学分；选修课：12 学分		必修培养；文献阅读：1 学分；开题报告：1 学分；研究进展报告：1 学分；中期考核：1 学分；学科前沿讲座：1 学分；学术会议：1 学分；科研项目申请书撰写训练：1 学分
同济大学	博士研究生至少应修满 18 学分，其中公共学位课 4 学分，专业学位课 4 学分，非学位课 2 学分（含基于研究方向的跨学院或跨学科课程至少 1 门，2 学分），必修环节 8 学分（论文选题 1 学分、研究生学术行为规范 1 学分、同济高等讲堂 2 学分、中期综合考核 3 学分、论文阶段成果学术报告会 1 学分）		
武汉科技大学	总学分不低于 22 学分，修课学分不低于 10 学分；学位课：公共必修课：4 学分；学科通识课：4 学分；学科基础课：6 学分；选修课：公共选修课：6 学分；专业选修课：18 学分		开题报告：1 学分；学术交流≥15 次：1 学分；论文中期进展报告及考核：1 学分；学位论文：9 学分
西安交通大学	1. 博士研究生课程按课程性质分为公共学位课、学科学位课、学科选修课、其他选修课。2. 博士研究生课程学习总学分至少 10 学分，其中学位课不少于 6 学分（公共学位课 2 学分，学科学位课不少于 4 学分），选修课不少于 4 学分		博士研究生在博士学位论文预答辩前必须有一定国际化交流经历，完成项目后提交书面总结，由导师签字确认，学院审核后，计 1 学分

续表

学校名称	课程环节	实践环节	综合环节
西北工业大学	公共课：至少4学分；基础理论课：17学分，至少2学分；公共实验课：2学分（至少包括一门公共实验课1学分）；专业基础课：43学分，至少2学分；专业课：101学分，至少9学分		博士学科前沿课；综合素养课：14学分（学位选修课，至少选修《学术道德规范与人文素养》1学分，其余课程不计入最低总学分）；跨一级学科课程（跨一级学科课程2学分）
西南交通大学	总学分不低于16学分；5级课程：公共课：9学分；公共基础课：9学分；专业基础课：18学分；专业课：54学分；6级课程：公共基础课：3学分；专业基础课：2学分；专业课：3学分；7级课程：公共课：9学分；公共基础课：8学分；专业课：7学分 7级公共课：≥2学分（《中国马克思主义与当代》为必修，《马克思主义经典著作精选》为选修）。 6级以上（含6级）公共基础课：≥2学分。 6级以上（含6级）专业基础课程和专业课总学分：≥9学分，（《电气工程与控制工程前沿科技》必修），其中6级专业基础课和7级专业课总学分：≥5学分。 7级必修环节：≥3学分（《前沿性学术专题》《学术报告》为必修）	控制科学与工程实验：2学分；科研实践：1学分；专业实践：5学分	学术报告（至少参加5次）：1学分；前沿技术专题（至少听5个）：1学分；前沿性学术专题（不少于4个，每个4～10学时）：2学分；学术报告（至少参加8次，其中本人主讲1次）：2学分
西南科技大学	至少修满16学分，其中学位课不低于8学分，必修环节4学分；学位课：公共学位课：4学分；学科基础课：2学分；非学位选修课：专业选修课：16学分；其他选修课：11学分		必修环节：学位论文开题报告：1学分；学术活动：2学分；学术报告：1学分

续表

学校名称	课程环节	实践环节	综合环节
燕山大学	要求不少于 14 学分（含其他培养环节），最多不超过 20 学分，其中学位课至少 8 学分。小语种研究生必修第二外国语（英语）。学位课：公共学位课：4 学分；学科基础课 2 学分；学科专业课：10 学分；非学位课：学科选修课：10 学分；公共选修课：3 学分		专题讲座：1 学分；学术活动：1 学分
中国地质大学	总学分不少于 30 分；公共学位课：6 学分；专业学位课：不少于 24 学分学分；学位必修课：18 学分（不少于 12 学分）；学位选修课：53 学分（不少于 12 学分）		学术活动：必修，至少完成 3 次学术报告；至少参加 50 次学院组织的学术讲座；至少参加 30 次学院组织的学术讲座。国际学术交流：至少有 1 次国际学术交流经历
中国矿业大学	总学分不低于 27 学分；公共必修：7 学分；专业必修：19 学分；选修课程：8 学分		科研素质与创新能力环节总学分不低于 13 分：科研素质环节：不低于 7 学分，创新能力环节：不低于 4 学分
浙江大学	总学分不低于 12 学分；其中公共学位课最低学分不少于 4 学分；专业课最低学分不少于 5 学分；专业学位课最低学分不少于 3 学分		其他课程 2 学分，经导师同意，可以选修其他方向/专业/学科的课程。专业学位课超过部分学分按专业选修课计学分

　　在分析不同高校的培养方案中，发现各个高校在课程设置及学分分布上，由三部分组成，分别是课程环节、实践环节、综合环节。

　　在课程环节上，分为必修课程和选修课程，从各个高校设置的学习课程中，必修课程包括公共必修课、公共基础课、专业基础课、专业方向课等，选修课程包括专业选修课等，应修总学分在 15 学分左右，必修课程学分大于选修课程学分。

5.公共必修课

　　此处主要为思政类课程和外语类课程，所有高校均开设，其中思政类课程包括必修的《中国马克思主义当代》《中国特色社会主义理论与实践研究》等课程和选修的《自然辩证法概论》《马克思主义与社会科学方法论》等课程，外语类课程主要为博士生英语，部分高校会开设口语、写作、翻译等方面的课程。

6. 公共基础课

这部分课程通常包括公共数学课以及部分与控制学科相关的数学课，按开设数量统计排序，其中开设较多的课程为《应用泛函分析》《矩阵论（矩阵分析）》《最优化方法》《数值分析》《数理统计》《随机过程》《数学物理方程》。

7. 专业基础课

该类课程多为控制学科领域的基础性专业课，各个学校开设的课程差异较大，按开设数量统计排序，开设较多的课程为《非线性系统理论》《鲁棒控制》《线性系统理论》《智能控制理论》《先进控制理论》《系统建模与仿真》《系统辨识》《自适应控制》《最优控制》《预测控制》《模糊控制》《随机控制》等。

8. 专业方向课

专业方向课主要是根据二级学科方向，及各高校根据自身实际与优势特色进行开展。

二级学科方面，按开设数量及排序，开设较多的课程为：《模式识别》《现代检测理论》《机器人控制（机器人学）》《机器学习》《人工智能》《数字图像处理》《智能信息处理》《系统科学与工程》《多传感器融合（信息融合）》等课程。

各高校也根据自身特色开设相关专业方向课程，如哈尔滨工业大学、北京航空航天大学、西北工业大学开设了较多的飞行、导航相关方向课程，西南交通大学等开设较多的列车运行控制、电力系统相关特色方向课程，中国地质大学等开设地质勘探、地球物理学相关特色方向课程。

在实践环节上，各个高校在专业实践的学分设置差异较大（1～12学分）。

在综合环节上，不同高校都开设培养综合素质的课程，如文献综述与开题报告、学术交流、信息检索等，促进该领域专业博士的全方位发展。

9. 学位论文要求

关于各相关大学博士学位论文的要求见表14.5.5。

表 14.5.5　学位论文要求

学校名称	学位论文要求
北京工业大学	学位论文应结合导师的科研任务进行，选题应具有较大的理论意义或工程应用价值。从事科研工作和撰写学位论文时间原则上不少于3年，开题报告完成两年以上方可申请博士学位论文答辩
北京航空航天大学	要求本学科博士研究生在大量阅读有关研究文献基础上写出综述报告。直接攻读博士学位研究生最晚于四年级第二学期完成开题报告，且开题报告至申请学位论文答辩时间不少于10个月。博士学位论文开题报告前必须通过博士研究生资格考试

学校名称	学位论文要求
北京科技大学	博士研究生在学期间须发表与博士学位论文研究内容相关的学术论文，并以北京科技大学为第一署名单位，研究生为第一作者或其导师为第一作者、研究生为第二作者
北京理工大学	博士学位论文应在导师指导下由博士研究生独立完成。博士学位论文应能表明作者确已掌握有关学科坚实宽广的基础理论和系统深入的专门知识，具有独立从事科学研究工作的能力，并在科学或专门技术上做出创造性的成果。论文应具有系统性和完整性。博士学位论文应符合北京理工大学研究生学位论文撰写规范要求
大连理工大学	学位论文选题应根据学科的特点，可以是基础研究和应用基础研究中的理论问题和实际问题，也可以是高新技术和重大工程技术的开发研究，对国民经济和国防建设以及社会发展具有重要的理论意义和实用价值。博士学位论文应具有创造性、先进性和相当的工作量。论文应表明作者具有独立从事科学研究工作的能力；应在科学或专门技术领域做出创造性成果；并反映作者在本门学科掌握了坚实宽广的基础理论和系统深入的专门知识
东南大学	1. 文献阅读：在论文选题及研究方向范围内至少阅读文献 50 篇，其中外文文献 30 篇，完成一篇综述。 2. 论文撰写：除符合学校规定外，学位论文必须是一篇系统、完整的学术论文，要求概念清楚、立论正确、论述严谨、计算正确、数据可靠，且层次分明、文笔简洁、流畅、图标清晰。 3. 论文学术水平：博士论文应有一定的深度和广度，要求具有明显的创新性，部分研究内容应达到国际先进水平，并具有一定涵盖面。学位论文的研究结果应有新发现、新见解，对本学科的学术发展具有一定的指导意义。围绕论文开展科研工作的时间不少于 2 年。 4. 预答辩报告：博士生完成培养方案规定的课程学习且成绩合格，所发表的与学位论文相关的学术论文达到本专业博士生发表论文量化标准，在学位论文工作基本完成并且通过学位论文专家评阅，最迟于正式申请答辩前 3 个月，博士生导师应邀请不少于 3 名同行专家对论文工作的主要成果和创新性等进行预答辩评议。预答辩报告通过后方可进行学位论文送审
东北大学	博士生应在导师的指导下，独立完成学位论文撰写工作。学位论文应体现研究生的研究成果、反映研究生在本学科领域研究中达到的学术水平，满足相应学位授予标准
广东工业大学	博士学位论文的基本科学论点、结论和建议，应在学术和对国民经济建设上具有较大的理论和实践价值。学位论文应反映出作者已具有坚实宽广的基础理论和系统深入的专门知识，在本学科或专门技术上做出创造性成果，掌握本门学科的研究方法和技能，具有独立从事科学研究工作的能力。1. 发现有价值的新现象、新规律或对已有现象及规律有新见解和新证明；2. 在实验方法、实验技术上有较大的创新；3. 提出具有较高科学水平的新工艺方法；4. 解决本学科所研究领域中科学技术或工程技术的关键问题

续表

学校名称	学位论文要求
哈尔滨工业大学	学位论文撰写是博士生培养过程的基本训练之一，必须按照规范认真执行，具体要求见《哈尔滨工业大学博士学位论文撰写基本要求》
杭州电子科技大学	学位论文工作主要包括文献研究、开题报告、论文工作中期报告、论文撰写、论文评阅、论文答辩等。开题报告一般在第三学期结束前完成，最迟不晚于第四学期期中之前完成。论文工作中期报告考评方式结合研究生的学术讨论或专题研究报告会进行
华北电力大学	博士生在学期间一般要用至少2年的时间完成学位论文。博士学位论文是综合衡量博士生培养质量和学术水平的重要标志，博士生的资格考核、学位论文选题报告、论文中期检查、学位论文预答辩、论文答辩资格审查等，是博士生培养工作的重要环节
华东理工大学	应选择学科前沿领域或对我国经济和社会发展有重要意义的课题，能体现学位论文的创新性和先进性。应是一篇系统而完整的学术论文，应在科学或专门技术上做出创造性的研究成果，能够表明作者掌握了本学科基础理论和专业知识、具备独立从事科学研究工作的能力。要求选题新颖、概念清楚、立论有据、分析严谨、数据可靠、计算精确、图表清晰、层次分明、文字简练，格式规范
华南理工大学	应在第三学期第8～15周制订论文工作计划，撰写开题报告；在申请学位论文答辩前，学术论文的发表要求按照华南工研〔2008〕61号文件执行。完成学位（毕业）论文后，按照《华南理工大学学位条例暂行实施细则》和《华南理工大学关于研究生申请学位论文答辩的有关规定》组织答辩
华中科技大学	博士生在撰写学位论文前，要向博士生指导小组提交论文中期进展报告，报告研究进展，听取质疑与商讨修改意见，待创造性研究成果获得通过后，方可撰写论文
吉林大学	应是系统完整的学术论文，应在科学上或专门技术上作出创造性的学术成果，应能反映出博士生已经掌握了坚实宽广的基础理论和系统深入的专门知识，具备了独立从事教学或科学研究工作的能力
江苏大学	应当表明作者具有独立从事科学研究工作的能力，并在科学或专门技术上做出创造性的成果，同时还应反映作者在本门学科上掌握坚实宽广的基础理论和系统深入的专门知识。研究工作可以是基础研究、应用基础研究、高新技术和重大工程技术的开发研究。应强调与经济和社会发展密切联系，并尽可能与承担的国家重大科研项目相结合。博士研究生从事科学研究和撰写学位论文的时间应不少于2年
兰州理工大学	论文应有一定的系统性和完整性，有自己的新见解，表明作者具有从事研究工作或独立担负专门技术工作的能力。论文应力求在理论上或实际上对控制科学与工程专业学科相关技术的发展和国家建设有一定的意义。论文选题应是从本一级学科的某一研究方向提出的对控制科学与工程专业技术的发展或国民经济具有一定实用价值或理论意义的课题。选题应尽量为实际课题，即纵向课题或横向课题。如无合适的实际课题，也可选择有理论或实际意义的自选课题。学位论文工作应与教研室承担的科研任务、科研方向和导师专长相结合，并充分考虑可能的物质条件

续表

学 校 名 称	学位论文要求
辽宁科技大学	论文的基本论点、结论有重要的理论意义或重大应用价值，论文内容应能表明作者在本学科上掌握坚实的基础理论和系统的专门知识，论文工作应表明作者掌握了从事科学研究的基本方法和技能，具有独立从事科学研究工作或担负专门技术工作的能力，研究成果具有科学性、系统性和创新性
南京航空航天大学	博士学位论文的研究内容应符合相应学科内涵，博士学位论文应有创造性的成果，并能反映作者在本门学科上掌握坚实宽广的基础理论和系统深入的专门知识，达到《一级学科博士、硕士学位基本要求》规定的标准
南京理工大学	博士学位论文能体现博士研究生具有宽广扎实的理论基础，系统深入的专业知识，以及较强的独立从事科研创新工作能力和优良严谨的科学学风。学位论文一般应包括：课题研究背景及意义、国内外动态、需要解决的主要问题和途径、本人在课题中所做的工作、结论和所引用的参考文献等
清华大学	学位论文应是系统完整的学术论文，应在科学上或专门技术上作出创造性的学术成果，应能反映出博士生已经掌握了坚实宽广的基础理论和系统深入的专门知识，具备了独立从事教学或科学研究工作的能力。学位论文研究的实际工作时间一般不少于 2 年，选题报告通过直至申请答辩的时间一般不少于 1 年
山东大学	学位论文应当是一篇完整的、系统的学术论文，应在科学上或专门技术上做出创造性的学术成果，应能反映出博士生已经掌握了坚实宽广的基础理论和系统深入的专门知识，具备了独立从事教学或科研工作的能力
山东科技大学	反映出作者的学术水平和新见解或创造性的科研成果。要求结构严谨、条理清楚、文字简洁流畅、数据可靠、论理透彻、立论正确、逻辑性强。论文应表明作者在本门学科上掌握了坚实宽广的基础理论和系统深入的专门知识，在学科和专门技术上做出了创造性的成果，并具有独立从事创新科学研究工作或独立承担专门技术开发工作的能力
上海交通大学	应选择学科前沿领域或对科技进步、经济建设和社会发展有重要意义的课题开展研究。博士学位论文能够表明作者具有独立从事科学研究工作的能力，反映作者在本门学科上掌握了坚实宽广的基础理论和系统深入的专业知识
天津大学	论文的选题应在大量调研、广泛阅读文献、对本学科和相关研究方向的最新进展充分了解和掌握的基础上，在指导教师及导师团队的指导下进行。学位论文选题涉及基础理论的研究内容，应紧跟国际发展前沿，具有较高的理论价值和创新性；选题涉及工程应用的研究内容，应具有明显的工程应用价值，技术上具有先进性；同时，选题应体现一定的研究难度和工作量
同济大学	研究生应在导师指导下独立完成学位论文。学位论文原则上应用汉语撰写；博士研究生的学位论文评阅、答辩组织、答辩审批、答辩过程，以及提前答辩和延期答辩的规定请参见《同济大学攻读博士学位研究生培养工作规定》
武汉科技大学	完成所有培养环节，学位论文按照学校相关文件执行

学 校 名 称	学位论文要求
西安交通大学	博士研究生的学位论文应在导师指导下独立完成，是系统完整的学术研究工作的总结，应体现博士研究生在本学科领域做出系统性和创造性学术成果，反映出博士研究生已经掌握了本学科坚实宽广的基础理论和系统深入的专门知识，具备独立从事科学研究工作的能力。达到了学校和学部相关文件规定的博士学位论文的基本要求后方能申请答辩
西北工业大学	学位论文应具有创造性和相当的工作量，应能反映出博士研究生已经掌握了坚实宽广的基础理论和系统深入的专门知识，对国民经济和建设以及社会发展具有重要的理论意义和使用价值
西南科技大学	学位论文应选择有一定学术价值，对国民经济发展有一定意义的课题；应对所选课题进行深入研究并得出科学的实验数据和合理的分析结论。论文成果在理论上或实践上对社会经济发展或本学科发展具有一定的积极意义，表明作者在本学科上掌握了坚实的基础理论和系统的专门知识，具有从事科学研究工作或独立担负专门技术工作的能力
燕山大学	必须进行学位论文开题，鼓励课题研究与课程学习同步进行，课程学习期间可组织开题，开题原则上应于入学后第四学期末前完成，详见《燕山大学关于研究生学位论文开题报告的规定》
中国地质大学	1. 具有重要的实用价值和理论意义，在科学或专门技术上做出创造性成果，表明作者具有从事科学研究工作或独立担负专门技术工作的能力。2. 在导师指导下，由博士生独立完成，从事论文研究和撰写学位论文的工作时间应不少于 1 年。3. 学位论文正文一般用中文撰写，不少于 5 万字。对论文内容和格式的具体要求，见《中国地质大学（武汉）研究生学位论文写作规范》
中国矿业大学	1. 学位论文选题为本学科相关，有理论意义和实用价值，鼓励学科交叉（鼓励请国内外学者作为第二导师），能较为准确地介绍国内外研究动态与趋势，把握学科前沿，并清楚阐述需要解决的问题和途径以及本人研究思路，方法和技术路线，反映作者具有发现问题和提出合理解决问题的方案的能力。2. 学位论文中所采用的科学调查与实验方法技术先进，科学，合理和可行，分析测试仪器设备技术参数和实验条件应经过严谨的论证，测试结果数据计算方法得当有效，体现作者掌握了所研究学科领域的理论，方法和技术。3. 研究所采用的第一手资料和数据应是作者独立工作获取或以作者为主的研究小组获取的。4. 学位论文的学术观点明确，论据依据充分，结论可靠。在某些方面有独到见解或创新性。5. 学位论文的内容要求概念清楚，立论正确，分析严谨，数据可靠，计算正确，学位论文撰写要求层次分明，逻辑清晰，文字简练，图表清晰且规范，表达流畅。给出研究中所涉及的公式，计算程序说明，列出必要的原始数据以及所引用的文献资料。6. 学位论文应明确科学问题，关键技术方法，创新点以及薄弱环节

续表

学 校 名 称	学位论文要求
浙江大学	学位论文应体现具备以下能力：1. 具有通过各种方式和渠道，有效地获取研究所需专业知识、研究方法的能力；2. 具有通过现代网络技术手段和专家咨询等形式获取所学知识的自学能力；3. 应具有对学术理论和工程重大需求的研究问题、研究过程、已有成果等进行评价判断的能力；4. 具有提出有价值的研究问题、独立开展高水平科学研究、组织协调、工程实践等科学研究能力；5. 具有在控制科学与工程领域开展创新性思考、开展创新性科学研究和取得创新性成果的能力；6. 具有进行学术交流、表达学术思想、展示学术成果的专业能力

　　在学位论文的要求上，被调研高校对论文选题来源和论文形式不作严格限制，选题可来源于应用课题、现实问题、生产背景等，但是要求学位论文具有理论意义和实用价值，在科学或专门技术上做出创造性成果，表明作者具有从事科学研究工作或独立担负专门技术工作的能力。大部分高校明确用于科学研究和撰写学位论文的时间不少于 1 ～ 2 年，如清华大学、中国地质大学、华北电力大学等。少数高校规定了学位论文的字数，如中国地质大学规定学位论文一般不少于 5 万字。

14.6　调研总结

　　在本次控制科学与工程领域学术型博士培养方案调研中，我们全面考虑地理区域、专业实力、学科评价等因素，选取开设了控制科学与工程领域具有代表性的 36 所高校进行调研，有效提高培养方案调研的客观性，提供控制科学与工程领域博士的培养方案修订工作的思路。

　　在被调研高校中，控制科学与工程博士点开设在与自动化、控制、人工智能、信息相关院系，因此培养方案都侧重于自动化、控制方向，总体培养方向相似，进而论证了其培养方案的可调研性。在基本学制的制定上，绝大部分高校规定该学科基本学制为 4 年，最长学习年限为 8 年，便于学生可合理完成课程学习、专业实践和学位论文撰写。绝大部分高校的培养方案都提到，以导师为主的指导小组制，导师以科学研究为主，由 3 ～ 5 位本专业和相关学科的专家组成指导小组，加强跨学科交叉培养，有利于在博士生培养中博采众长，与培养目标相呼应。除了学科专业上的培养，包括专业知识和专业实践能力，各个高校也注重学生的综合素质培养，并在培养方案中规定相关课程和学分，如科学精神与人文素养教育、文献综述与开题报告、国内外学术交流、信息检索等。大部分高校明确用于科学研究和撰写学位论文的时间不少于 1 年，由此保证学位论文的工作量和应用价值，而论文选题来源和论文形式不作严格限制，选题可来源于应用课题、现实问题、生产背景等。

通过本次培养方案调研，了解到具有代表性的高校在控制科学与工程领域博士的培养思路，包括培养目标、培养方式、课程设置及学分分布、学位论文要求。以各个高校的培养方案为基础，结合自动化专业的发展变化，在此基础上形成新一轮控制科学与工程博士培养方案修订工作的思路，贴合专业的社会需求，制定特色培养方案。

根据调研报告，控制科学与工程学术型博士培养方案建议可以基于如图 14.5.1 所示的培养模式发展趋势为导向开展具体构建工作，培养方案的基本框架建议可以以图 14.5.2 所示开展构建工作。

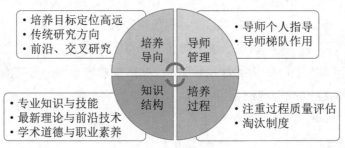

图 14.5.1　培养模式发展趋势

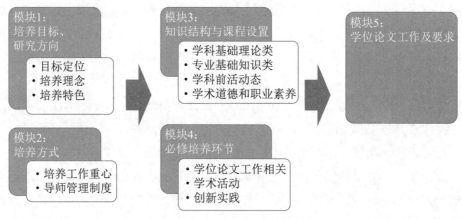

图 14.5.2　学术型博士研究生培养方案框架

在此次制定控制与科学学术型博士培养方案中，我们综合参考了被调研高校的培养方案的思路，结合新时期新时代的特点，开展了修订工作。培养目标方面，强调专业基础知识和实践能力相结合，以实际工程应用为导向，以综合素养和应用知识与能力的提高为核心，并要求掌握一门外语。在学习年限上，基础学制为 3 年，最长不得超过 4 年。课程设置分为两部分：课程学习阶段、实践训练阶段，课程学习阶段中涵盖了基础理论课程、专业技能和案例课、综合素质课程。同样实行导师为主的指导小组制。在学位论文要求上，规定开展学位论文工作实践不少于 1 年，论文选题和形式不作严格限制。

通过控制科学与工程领域博士培养方案的调研，拓展了控制科学与工程博士生培养建设思路，以培养方案修订为契机，提升专业建设质量，有效促进控制科学与工程领域人才培养质量持续改进。通过调研国内其他高校同方向培养方案，工作组制定的博士培养方案坚持厚基础、强能力、重实践、广适应的原则，构建以学生为本，有利于专业人才的培养体系，课程设置体现专业教育教学改革的趋势，以及人才综合素质发展的支撑，在培养核心专业技能的同时，也能满足学生个性发展需求。学位论文要求符合专业内涵建设，坚持成果导向、多元价值的理念。综上，工作组目前制定的博士培养方案具有较强的科学性与前瞻性，培养方式要求符合专业发展理念，符合国家发展需求，也符合学生的发展需求。

第五部分
工程博士

第15章

工程博士专业学位研究生培养方案模板

学科名称：控制科学与工程学科

学科代码：0811

15.1 培养目标及基本要求

紧密结合我国经济社会及科技发展趋势，面向国家重大战略和企业（行业）工程需求，坚持以立德树人为根本，培育和践行社会主义核心价值观，培养在相关工程领域掌握坚实宽广的基础理论和系统深入的专门知识，具备解决复杂工程技术问题、进行工程技术创新、组织工程技术研究开发工作等能力，具有高度社会责任感的高层次工程技术人才，为培养造就工程技术领军人才奠定基础。具体要求如下：

1. 基本素质要求

工程类博士专业学位获得者应拥护中国共产党的领导，热爱祖国，具有高度的社会责任感；服务科技进步和社会发展；恪守学术道德规范和工程伦理规范。

2. 基本知识要求

工程类博士专业学位获得者应掌握本工程领域坚实宽广的基础理论、系统深入的专门知识和工程技术基础知识；熟悉相关工程领域的发展趋势与前沿，掌握相关的人文社科及工程管理知识；熟练掌握一门外语。

3. 基本能力要求

工程类博士专业学位获得者应具备解决复杂工程技术问题、进行工程技术创新、组织工程技术研究开发工作的能力及良好的沟通协调能力，具备国际视野和跨文化交流能力。

15.2　学科概况及培养方向

控制科学与工程以控制论、系统论、信息论为基础，以工程系统为主要对象，以数理方法和信息技术为主要工具，研究各种控制策略及控制系统的理论、方法和技术，是研究动态系统的行为、受控后的系统状态以及达到预期动静态性能的一门综合性学科、研究内容涵盖基础理论、工程设计和系统实现，是机械、电力、电子、化工、冶金、航空、航天、船舶等工程领域实现自动化不可缺少的理论基础和技术手段，在工业、农业、国防、交通、科技、教育、社会经济乃至生命系统等领域有着广泛应用。

培养方向：控制理论与控制工程、模式识别与智能系统、测试技术与自动化装置、机械电子工程、电气工程、导航制导与控制、仿真与智能制造等。

15.3　学制及培养模式

工程类博士专业学位研究生采取校企合作的方式进行培养。

（1）工程类博士专业学位研究生可采用全日制和非全日制两种学习方式。

（2）工程类博士专业学位研究生的学位论文工作应紧密结合相关工程领域的重大、重点工程项目，紧密结合企业的工程实际，培养工程类博士专业学位研究生进行工程技术创新的能力。

（3）工程类博士专业学位研究生的培养应采取校企导师组的方式进行，聘请企业（行业）具有丰富工程实践经验的专家作为导师组成员。

学制：工程类博士专业学位研究生的学制一般为 4 ～ 6 年。

15.4　课程设置及学分要求

1. 课程设置

工程博士专业学位研究生的知识和能力包括思想政治素养、基础理论及专业知识素养、综合实践能力素养、技术创新意识素养、学术道德及科技伦理素养等。具体课程设置，详见表 15.4.1。

表 15.4.1　控制科学与工程学科工程博士专业学位研究生领域专业课程

类　别 \ 课　程		课 程 名 称	学　分	学　时	备　注
学位理论课程	思想政治理论课	中国马克思主义与当代 Chinese Marxism and Contemporary	2	32	
	数学理论课	应用泛函分析 Applied Functional Analysis	3	48	
		图论 Graph Theory	3	48	
		矩阵分析 Matrix Analysis	3	48	
		应用随机过程 Applying Stochastic Processes	3	48	
		组合优化与凸优化 Combinatorial and Convex Optimization	3	48	
	专业理论课	通信理论与系统 Communication Theory and System	3	48	信息处理类
		信息论 Information Theory	2	32	
		模式识别 Pattern Recognition	2	32	
		多传感信息融合 Multi-sensor Information Fusion	2	32	
		信号检测与估计 Signal Detection and Estimation	2	32	
		算法设计与分析 Algorithm Design and Analysis	3	48	数据计算类
		并行处理与体系结构 Parallel Processing and Architecture	2	32	
		软件体系结构 Software Architecture	2	32	
		大数据技术 Big Data Technologies	2	32	
		智能计算 Intelligent Computing	2	32	
		物联网与边缘计算 Internet of Things and Edge Computing	2	32	

续表

类 别 \ 课 程		课 程 名 称	学 分	学 时	备 注
学位理论课程	专业理论课	人工智能理论与技术 Theories and Technologies of Artificial Intelligence	2	32	人工智能类
		机器学习 Machine Learning	3	48	
		机器视觉与模式识别 Machine Vision and Pattern Recognition	2	32	
		人工智能软硬件系统 Software and Hardware System of Artificial Intelligence	2	32	
		智能决策与博弈理论 Intelligent Decision Making and Game Theory	2	32	
		线性系统理论 Linear System Theory	3	48	智能系统类
		机器人控制技术 Robot Control Technology	2	32	
		系统建模理论与方法 Theories and Methods of System Modeling	2	32	
		强化学习理论与技术 Theories and Technologies of Reinforcement Learning	2	32	
		自主导航与控制 Autonomous Navigation and Control	2	32	
		自动测试系统设计与集成技术 Technology of Automatic Test System Design and Integration	2	32	
	科技素养课	工程伦理 Engineering Ethics	1	16	
		软件过程管理 Software Process Management	1	16	
		领导与沟通 Leadership and Communication	1	16	
		工程经济学 Engineering Economics	1	16	
		工程领域前沿 Frontier of Engineering	1	16	

课　程　类　别		课 程 名 称	学　分	学　时	备　注
学位理论课程	科技素养课	工程领域重大专题研讨 Major Project Discussion in Engineering Field	1	16	
	综合实践	工程实践 Engineering Practice	2	32	
		开题报告 Opening Report	1	16	

2. 学分要求

（1）公共基础课程。

不少于 3 学分，包括政治或哲学类课程 2 学分，国际交流能力类课程 1 学分，可开设专门课程或在相关研究生公共系列课程中选修。

（2）职业能力拓展课程。

不少于 2 学分，重点围绕战略思维能力和领导管理能力，以及经济、金融、法律、商务、人文艺术等综合素质的培养。

（3）领域专业课程。

学分不作统一要求，可参考表 15.4.1 由导师根据研究方向并结合研究生个人实际来确定。

培养环节总学分要求不少于 9 学分，详见表 15.4.2。

表 15.4.2　控制科学与工程学科工程博士专业学位研究生培养方案学分要求

学 分 要 求	总学分≥9 学分；课程学分≥5 学分；其他培养环节学分：4 学分			
课 程 类 别	课 程 名 称	学　分	开课学期	备　注
公共基础系列≥ 3 学分	工程科技哲学	30	2	
	中国马克思主义与当代	40	2	
	专业英语与国际交流	18	1	
职业能力拓展系 列≥2 学分	系统工程管理与科学决策	9	0.5	
	工程伦理	9	0.5	
	应用心理学	9	0.5	
	经济法与知识产权法	9	0.5	
	空间安全与空间法	9	0.5	
	信息安全法	9	0.5	

学 分 要 求	总学分≥9学分；课程学分≥5学分；其他培养环节学分：4学分		
培 养 环 节	学 分	备 注	
选题与开题	1		
中期考核	1		
学术交流	1		
专业实践	1		
课程学习计划		不计入学分	
论文研究计划		不计入学分	

3. 制订个人培养计划

根据本培养方案，由校内导师、企业导师与工程博士研究生本人共同制订工程博士研究生个人培养计划。个人培养计划在考虑工程博士研究生知识能力结构与学位论文要求的基础上，充分体现个性化及按需定制的原则。个人培养计划包括课程学习计划、专业实习实践计划和学位论文研究计划。课程学习计划以及专业实践计划应在入学后2周内制订，工程实践应在第二学期结束前制定。学位论文研究计划应在开题报告中详细描述。

15.5　实践环节

工程实践（2学分）。

工程博士研究生在校学习期间，除完成本学科规定的学习和科研任务外，应主动接触、了解、参与实际工程，积极进行工程实践。

15.6　培养环节及学位论文相关工作

本环节是通过对工程博士研究生综合运用所学知识发现问题、分析问题和解决问题过程的训练，全面提升工程博士研究生的科技素养，规范学术道德，提升获取知识能力、科技开发能力、技术创新能力及组织协调能力。

1. 开题报告

（1）工程博士研究生在充分阅读相关专业文献，构筑出论文工作框架并在进行可行性研究的基础上，确定选题范围及工作计划，在导师的指导下撰写开题报告。开题报告内容一般包括课题来源、主要参考文献、课题的国内外研究概况及发展趋势、课题研究的目的和意义、课题的技术路线和实施方案、论文工作计划安排、预期成果等。

（2）开题报告评审由授予单位、学位点或各导师负责组织完成。工程博士研究生开题应成立由 3～5 名本学科或相关学科的副高级及以上职称专家或博士生导师组成的评审小组。评审小组对报告内容提问和质疑，并根据开题报告的书面质量、报告质量和回答问题情况提出具体意见，通过后方能继续进行课题研究。选题应该来源于社会的真实或重大需求，必须要有明确的专业背景和应用价值。

（3）工程博士研究生学位论文开题报告在第 5 学期到第 6 学期内完成。

2. 中期检查

工程博士研究生在论文工作期间必须进行一次中期检查。由授予单位、学位点或各导师负责组织完成，全面考核工程博士研究生思想政治素质，课程学习、文献综述、开题报告以及学术研究成果。考核通过者，进入下一阶段学习；不通过者，可以申请再次考核；再次考核不通过者，予以分流处理。

中期检查内容一般包括课程学习的完成情况及学术研究成果、学位论文研究进展等情况。由授予单位、学位点或各导师负责组织完成。

工程博士研究生的中期检查应在第 9 学期结束之前完成。

3. 论文撰写与论文答辩

工程博士研究生在学期间要把主要精力用于学术研究和博士学位论文的撰写，直接用于学位论文的时间一般不得少于 3 年。

工程博士研究生学位论文是工程博士研究生科学研究工作的全面总结，是描述其研究成果、反映其研究水平的重要学术文献资料，是申请和授予博士学位的基本依据。学位论文应在导师的指导下由工程博士研究生独立完成，要体现工程博士研究生综合运用科学理论、方法和技术解决实际问题的能力。内容要求概念清楚、立论准确、分析严谨、计算正确、数据可靠、文句简练、图表清晰、层次分明、重点突出、说明透彻、推理严谨，应具有创新性和先进性，能体现工程博士研究生具有宽广的理论基础，较强的独立工作能力和优良的学风。

工程博士研究生学位论文按顺序应包括：中文封面、英文封面、关于学位论文使用授权的声明、中文摘要、英文摘要、目录、主要符号对照表、引言、研究内容和结果、结论、参考文献、致谢、声明、必要的附录、个人科研工作经历、在学期间发表的学术论文和研究成果等。

工程博士研究生学位论文原则上要求用中文撰写。但在如下三种情况下，工程博士研究生学位论文可以用英文撰写：

（1）工程博士研究生学位论文指导教师是境外兼职导师；

（2）工程博士研究生参加国际联合培养项目；

（3）工程博士研究生参加国际合作项目。

工程博士研究生学位论文用英文撰写时，必须有不少于 3000 字的详细中文摘要。详细中文摘要的内容与学位论文的英文摘要可以不完全对应。

工程博士研究生的学位论文答辩应按照各授予单位论文答辩程序及工作细则执行。

第16章

工程博士专业培养方案案例

16.1 案例一

北京航空航天大学

电子信息（085400）工程类博士专业学位研究生培养方案

16.1.1 适用类别及培养方向

电子信息（085400）

培养方向：控制理论与控制工程、模式识别与智能系统、测试技术与自动化装置、机械电子工程、电气工程、导航制导与控制、仿真与智能制造等。

16.1.2 培养目标

本培养方案涉及的电子信息工程博士专业学位研究生的培养目标是：紧密结合我国经济社会及科技发展需求，面向国家重大战略需求和企业（行业）工程需求，培养政治觉悟高，道德修养好，具有国际视野、战略眼光、高度责任感和事业心，具有空天报国、敢为人先精神，服务国家重大战略需求的高层次工程技术人才。

在电子信息相关工程领域掌握坚实宽广的理论基础和系统深入的专门知识，具备独立从事相关学科科学理论与试验研究、解决复杂工程技术问题、进行工程技术创新、组织工程技术研究开发、组织实施重大（重点）工程项目和重要科技攻关项目等能力，熟悉电子信息技术相关的最新研究成果和发展动态，能够熟练运用一门外国语进行学术论文写作和交流。

16.1.3 培养模式及学习年限

1.培养模式

电子信息工程博士专业学位研究生采取校企合作的方式进行培养，聘请工业部门具有丰富工程实践经验的专家（原则上应具有正高职称）与校内导师组成导师组，校内导师为责任导师，企业导师为合作导师；采用全日制和非全日制两种学习方式。

导师组面向相关领域国家重大战略需求、企业（行业）工程需求、重大 / 重点项目攻关等，制定一生一策的个性化培养方案，将工程设计、工程管理、关键技术攻关、工程技术创新和工程系统维护等相关知识贯穿于课程学习、综合实践、国内外交流和论文研究等各个培养环节，注重多学科交叉能力、创新思维能力、工程技术创新能力、国际视野和跨文化交流能力的培养。

2. 学习年限

电子信息工程博士专业学位研究生的学习年限遵照《北京航空航天大学研究生学籍管理规定》，其学习年限为 6 年，学制为 4 年。

工程博士专业学位研究生实行学分制，要求研究生在申请学位论文答辩前，获得知识和能力结构中所规定的各部分学分和总学分。

16.1.4　知识能力结构及学分要求

电子信息类别工程博士专业学位研究生的知识和能力包括思想政治素养、基础理论及专业知识素养、综合实践能力素养、技术创新意识素养、学术道德及科技伦理素养等。培养环节学分由学位理论课程和综合实践环节两部分构成，详见表 16.1.1（全日制）和表 16.1.2（非全日制）。

16.1.5　培养环节及要求

1. 制订个人培养计划

根据本培养方案，由校内导师、企业导师与工程博士研究生本人共同制订工程博士研究生个人培养计划。个人培养计划在考虑工程博士研究生知识能力结构与学位论文要求的基础上，充分体现个性化及按需定制的原则。个人培养计划包括课程学习计划、专业实习实践计划和学位论文研究计划。课程学习计划以及专业实践计划应在入学后 2 周内制订，工程实践计划应在第二学期结束前（6 月份）制订。学位论文研究计划应在开题报告中详细描述。

个人培养计划制订确认后，不得随意变更。

2. 学位理论课学分

本类别工程博士专业学位要求的理论课程体系由思想政治理论课、基础及专业理论课、专业技术课及科技素养课组成。各课程组构成及学分要求见表 16.1.1 和表 16.1.2。

非全日制工程博士的学位理论课程采用线上授课或周末授课方式。除授课方式外，课程要求应与全日制工程博士课程要求一致。

3. 工程实践

根据《北京航空航天大学工程类博士研究生培养工作基本规定》，本类别工程实践的学分按附表审核，具体要求为：结合学位论文，在电子信息领域相关企业（行业）开展不少于 18 个月的专业实践，实践内容以重大（重点）工程项目技术攻关和工程实际研发与管理为主，完成一份具有一定深度和独到见解且不少于 5000 字的工程实践报告，经实践企业盖章、责任导师审核并经学院审查通过，可获得 2 学分。

16.1.6　学位论文及相关工作

本环节是通过对博士研究生综合运用所学知识发现问题、分析问题和解决问题过程的训练，全面提升工程博士研究生的科技素养，规范学术道德，提升获取知识能力、科技开发能力、技术创新能力及组织协调能力。

工程博士学位的选题应来自相关工程领域的重大、重点工程项目，并具有重要的工程应用价值。研究内容应与解决重大工程技术问题、实现企业技术进步和推动产业升级紧密结合，可以是工程新技术研究、重大工程设计、新产品或新装置研制等。对工程类博士专业学位论文应评价其学术水平、技术创新水平与社会经济效益，并着重评价其创新性和实用性。

涉密学位论文执行《北京航空航天大学研究生涉密学位论文开题、评阅、答辩与保存管理办法》。

1. 开题报告

执行《北京航空航天大学工程类博士专业学位研究生培养工作基本规定》及《北京航空航天大学研究生开题报告管理规定》。

博士学位论文开题报告由学院负责组织实施。要求博士生在进行工程实践 6 个月及以上申请开题报告。根据培养目标、论文选题和能力训练的要求，开题考核小组（须包括企业导师）可对博士生的开题报告作出通过开题报告、允许重新开题或终止博士研究生培养等结论。重新开题应在 2 个月之后，原则上由原考核小组组织完成，且重新开题至申请学位论文答辩时间不少于 8 个月。两次开题答辩报告均未通过者，须实施分流或终止培养。

博士生最晚于三年级第二学期（普通及硕博连读的工程博士）参加开题报告，且开题报告至申请学位论文答辩时间不少于 10 个月。

2. 研究学分

根据《北京航空航天大学工程类博士专业学位研究生培养工作基本规定》，本类别对工程博士研究学分的要求为：学生每学期向导师（组）提交研究进展报告，导师（组）根据研究生文献阅读与综述、学术活动、研究进展、课题参与、实验室管理等几方面情况，取不同权重加和计分，并按优秀、合格和不合格三级标准给予综合评分。获得优秀者可取得研究学分 2 学分，获得合格者可取得研究学分 1 学分，获得不合格者不取得学分。

3. 预答辩

根据《北京航空航天大学工程类博士专业学位研究生培养工作基本规定》，本类别对预答辩环节的要求如下：

（1）通过博士学位资格审查；

（2）完成博士学位论文撰写，并经过导师（组）审查；

（3）论文正式答辩前申请预答辩。

答辩研究生向学院提交预答辩申请，由导师（组）提名本学科不少于 5 位专家（专家组成员至少包括博导和工程实践经验丰富的工业部门专家各不少于 2 人，且院外博导不少于 1 人；导师不得担任专家组成员）报学院审核，审核通过后组成预答辩专家组。专家组采用无记名投票方式做出预答辩通过或不通过的决定。通过预答辩者，根据预答辩专家组提出的意见修改完善论文；修改完成后经导师和预答辩专家组组长确认同意后，将预答辩专家组同意意见提交学院可提交正式答辩申请。不通过预答辩者，须根据预答辩专家组提出的意见，对学位论文进行修改时间不少于 3 个月，修改完成后由导师审阅同意，重新申请预答辩。

4. 学位论文评阅与答辩

执行《北京航空航天大学学位授予暂行实施细则》。

16.1.7 分流与终止培养

执行《北京航空航天大学工程类博士专业学位研究生培养工作基本规定》和《北京航空航天大学博士研究生分流退出机制实施细则》。

表 16.1.1 为全日制电子信息类别工程博士专业学位研究生课程及环节学分要求一览表（已获硕士学位者）。

表 16.1.2 为非全日制电子信息类别工程博士专业学位研究生课程及环节学分要求一览表。

表 16.1.1　全日制电子信息类别工程博士专业学位研究生课程及环节学分要求一览表（已获硕士学位者）

课程性质			课程代码	课程名称	学　时	学　　分	学分要求
学位理论课程及学分要求	学位理论课程	思想政治理论课	28111101	中国马克思主义与当代	32	2	2
		思想政治理论课程组					2
		基础及专业理论课	03112101	矩阵理论	48	3	≥3
			03112102	数值分析	48	3	
			09112192	最优化方法	48	3	
			03112103	数理统计与随机过程	48	3	
			09112295	应用泛函分析	48	3	
			03112307	现代控制理论	48	3	≥2
			03112316	电气工程学科综合课	48	3	
			03113123	机电系统数学方法与控制技术	48	3	
			03112308	智能信息处理	48	3	
			03112309	测试系统动力学 Ⅱ	32	2	
			03112310	现代制导与控制	48	3	
			03112312	智能行为建模与仿真	32	2	
		基础及专业理论课程组					≥6
		专业技术课	03113323	先进控制系统设计	32	2	≥2
			03113332	计算智能	32	2	
			03113302	自动测试系统设计与集成技术	32	2	≥2
			03113115	智能电器	32	2	
			03113203	气动技术理论与实践	32	2	
			03113310	飞行控制系统设计与综合分析	32	2	
			03113340	工业互联网	32	2	
		专业技术课程组					≥2
		科技素养课	00114401	工程伦理	32	2	≥4
			03114105	工程管理系列讲座	32	2	
			12114110	高级学术英语写作（博）	32	2	2
			12114111	高级学术英语写作（博免）	0	2	
			03114101	英语（免修）	0	2	
			033131XX	专业英语类课程			
		科技素养课程组					≥6
	综合实践环节及学分要求		00117901	工程实践		2	2
			00117101	开题报告（博）		1	1
	综合实践环节						≥3
学位课程及环节							≥19

续表

课程性质	课程代码	课程名称	学　　时	学　　分	学分要求
研究学分		学生每学期提交进展报告； 导师每学期 / 每月综合打分后折算学分			≥6
申请答辩学分要求		需同时满足以上各类学分小计、学分合计及研究学分			

表 16.1.2　非全日制电子信息类别工程博士专业学位研究生课程及环节学分要求一览表

课程性质			课程代码	课程名称	学　　时	学　分	学分要求
学位理论课程及学分要求	学位理论课程	思想政治理论课	28161101	中国马克思主义与当代	36	2	2
		思想政治理论课程组					2
		基础及专业理论课	03115101	矩阵理论	48	3	≥3
			03115102	数值分析	48	3	
			03115103	数理统计与随机过程	48	3	
			03115104	现代控制理论	48	3	≥2
			03115105	电气工程学科综合课	48	3	
			03115106	机电系统数学方法与控制技术	48	3	
			03115107	智能信息处理	48	3	
			03115108	测试系统动力学 Ⅱ	32	2	≥2
			03115109	现代制导与控制	48	3	
			03115110	智能行为建模与仿真	32	2	
		基础及专业理论课程组					≥6
		专业技术课	03115301	先进控制系统设计	32	2	≥2
			03115302	计算智能	32	2	
			03115303	自动测试系统设计与集成技术	32	2	
			03115304	智能电器	32	2	
			03115305	气动技术理论与实践	32	2	
			03115306	飞行控制系统设计与综合分析	32	2	
			03115307	工业互联网	32	2	
		专业技术课程组					≥2
		科技素养课	00114401	工程伦理	32	2	≥4
			03114105	工程管理系列讲座	32	2	
			03114101	英语（免修）	0	2	≥2

续表

课程性质			课程代码	课程名称	学　时	学　分	学分要求
学位理论课程及学分要求	学位理论课程	科技素养课	12114111	高级学术英语写作（博免）	0	2	≥2
			033131XX	专业英语类课程	32	2	
		科技素养课程组					≥6
	综合实践环节及学分要求		00117901	工程实践		2	2
			00117101	开题报告（博）		1	1
	综合实践环节						≥3
学位课程及环节							≥19
研究学分			学生每学期提交进展报告；导师每学期/每月综合打分后折算学分				≥6
申请答辩学分要求			需同时满足以上各类学分小计、学分合计及研究学分				

16.2 案例二

电子科技大学

16.2.1 电子信息工程类专业学位博士培养方案

学科名称：电子信息工程类专业学位

专业代码：085400

电子信息工程类专业学位覆盖了电子科技大学的主要学科，包含"电子科学与技术"和"信息与通信工程"等双一流 A 类学科，汇集了 3 位中国科学院和中国工程院院士，形成了以院士、国家教学名师为学术带头人的高水平师资队伍；拥有电子薄膜与集成器件国家重点实验室等 5 个国家级重点实验室以及数十个省部级重点实验室；面向世界科技前沿、国家重大需求，解决了一系列从材料、元器件、电路到软硬件系统的重大问题；承担了一大批国家科技重大专项和国家重点研发计划等国家重大重点项目；获得多项包括国家科技进步奖一等奖、国家技术发明 / 科技进步奖二等奖、国防科技进步奖一等奖 / 二等奖等国家及省部级奖项。

1. 培养目标

瞄准科技前沿和国家发展的重大需求，以国家科技重大专项、国家重点研发计划等重大和重点项目为依托，培养电子信息领域的领军人才，学位获得者应具有：

（1）坚持党的基本路线，热爱祖国，遵纪守法，品德良好；

（2）学风严谨，具有事业心和为工程科学献身的精神，积极为社会主义现代化建设服务；

（3）坚实宽广的基础理论和系统深入的专门知识；

（4）设计复杂工程解决方案、组织核心技术创新和实施大型项目管理的能力；

（5）全球性的行业视野以及战略思维与规划能力；

（6）具有规划和组织实施工程技术研究开发的能力；在推动产业发展和工程技术进步方面作出创造性成果；

（7）能独立地、创造性地从事本领域内的科研工作并取得行业认同的科研成果。

2. 研究方向

（1）信息与通信工程

（2）电子科学与技术

（3）电气工程

（4）光电信息工程

（5）仪器科学与技术

（6）控制科学与工程

（7）地球信息科学与技术

（8）计算机科学与技术

（9）软件工程

（10）航空宇航科学与技术

（11）电子信息工程

（12）生物医学工程

3. 培养方式和学习年限

工程类博士专业学位研究生采用全日制学习方式。

工程类博士专业学位研究生采用校企双导师或导师组联合指导制。培养计划、课程教学、实践创新和学位论文工作等培养环节由校企双方共同制定和实施，共同遴选导师组成导师团队。

学位论文工作要紧密结合国家科技重大专项、重大研发计划或企业重大攻关项目等重大（重点）工程研发项目进行，培养博士生进行工程科技创新的能力。

博士生在学期间要积极参加专业实践活动，应具备国际研修、国际学术交流或参与国际联合项目研发的经历，培养工程实践能力，拓展学术视野。

各领域应根据本专业学位研究生教育指导委员会要求，结合学校实际，确定合适的培养方式。

工程类博士专业学位研究生学习年限一般为 4 年，最长学习年限不超过 6 年。

4. 学分与课程学习基本要求

总学分要求不低于 16 学分，其中课程学分 12 学分，学位课不少于 6 学分，专业课（包括专业基础课和专业选修课）不少于 4 学分，其他选修课不少于 2 学分，必修环节 4 学分。公共基础课必修。

5. 课程设置

课程设置情况见表 16.2.1。

表 16.2.1　电子信息专业学位博士课程设置

类　别		课程编号	课程名称	学　时	学　　分	开课学期	考核方式	备　注
学位课	公共基础课	1700005002	博士研究生英语	60	2	1,2	考试	必修
		1800005004	中国马克思主义与当代	36	2	1	考试	必修
	专业基础课	0108106004	通信网络系统基础	60	3	1	考试	信息与通信工程
		0108106010	通信网络算法思维	40	2	2	考试	
		0108106023	现代信号处理（进阶）	40	2	2	考试	
		0208096017	微波电子学	50	2.5	2	考试	电子科学与技术
		0208096034	高等电磁理论	60	3	1	考试	
		0208096201	射频集成电路	40	2	2	考试	
		0208096203	半导体器件物理	60	3	1	考试	
		0408086001	高等电力系统分析	40	2	1	考试	电气工程
		0508036007	激光物理	50	2.5	1	考试	光电信息工程
		0508546029	光电探测技术	40	2	2	考试	
		0608046004	信号检测与估计	40	2	1	考试	仪器科学与技术
		0608116006	先进控制技术	40	2	1	考试	控制科学与工程
		0708107003	高性能地学计算与空间大数据	40	2	1	考试	地球信息科学与技术
		0808126006	机器学习	40	2	2	考试	计算机科学与技术
		0808126014	统计学习理论及应用	40	2	1	考试	计算机科学与技术
		0908356012	网络计算模式	50	2.5	1,2	考试	软件工程
		1008116005	现代飞行器 GNC 理论	60	3	2	考试	航空宇航科学与技术
		1008256011	智能空战与飞行器前沿技术	40	2	1,2	考试	
		1207026018	高等光学	40	2	2	考试	电子信息工程
		1207027020	电磁学中的格林函数	20	1	2	考试	
		1408316002	生物医学信号处理	40	2	1	考试	生物医学工程

类　　别		课程编号	课程名称	学　时	学　分	开课学期	考核方式	备　注
学位课	专业基础课	2208106001	现代无线与移动通信系统	40	2	2	考试	信息与通信工程
		2808546002	模式识别	40	2	1	考试	深圳高等研究院
		2808546005	信号检测与估计	40	2	1	考试	深圳高等研究院
		2808546009	机器学习	40	2	1	考试	
非学位课	专业选修课	0108106002	信号理论与分析应用	40	2	1	考试	信息与通信工程
		0108107017	谱估计与阵列信号处理	40	2	1	考查	
		0208096001	近代天线理论	40	2	2	考试	电子科学与技术
		0208096002	非线性微波电路与系统	40	2	1	考试	
		0208096202	模拟集成电路分析与设计	50	2.5	1	考试	
		0208096206	计算电磁学	50	2.5	2	考试	
		0208097029	太赫兹科学技术导论	30	1.5	2	考查	
		0208097059	先进集成电路制造技术	40	2	2	考查	
		0208097061	无源集成与三维集成技术导论	40	2	1	考试	
		0408087012	新能源发电与并网	40	2	2	考试	电气工程
		0608047008	混合集成电路测试技术原理	40	2	2	考试	仪器科学与技术
		0608117008	计算机视觉	40	2	1	考试	控制科学与工程
		0608117011	电气传动与自动控制	20	1	1,2	考试	
		0708107002	遥感图像理解与解译	40	2	2	考查	地球信息科学与技术
		0808127006	高级计算机网络	20	1	2	考查	计算机科学与技术
		0808127012	GPU 并行编程	20	1	2	考查	
		0908357016	组合优化理论	50	2.5	1,2	考试	软件工程

类 别		课程编号	课程名称	学 时	学 分	开课学期	考核方式	备 注
非学位课	专业选修课	1008116003	现代测控通信技术	40	2	2	考试	航空宇航科学与技术
		1008257020	现代飞行器技术及应用	40	2	1,2	考查	
		1207027006	亚波长光学	40	2	2	考查	电子信息工程
		1207027018	导波场论与器件原理	30	1.5	2	考试	
		1404026004	认知神经科学	40	2	1	考试	生物医学工程
		1408317006	脑网络基础与应用	20	1	1	考查	
		2208107001	通信工程的数学建模与性能评估	40	2	2	考查	信息与通信工程
		2208107008	宽带无线通信技术	40	2	1	考查	
		2808547006	GPU 并行编程	20	1	1	考查	深圳高等研究院
		2808547009	电子系统故障诊断与测试技术	30	1.5	2	考查	
		2808547010	混合集成电路测试技术原理	40	2	2	考查	
		2808547011	电气传动与自动控制	20	1	2	考查	
	其他选修课	0111117001	研究生论文写作指导	20	1	1,2	考查	第1组，必须选1~3门
		0211117001	科技写作	20	1	2	考查	
		0411117001	研究生论文写作基础	20	1	2	考查	
		0511117001	科技论文和报告的写作方法及规范	20	1	2	考查	
		0611117001	研究生论文写作指导	20	1	1	考查	第1组，必须选1~3门
		0711117002	科技论文写作指导	20	1	2	考查	
		0811117001	学术规范与论文写作	20	1	1	考查	

类　　别		课程编号	课程名称	学　时	学　分	开课学期	考核方式	备　注
非学位课	其他选修课	0911117001	研究生论文写作指导课程	20	1	2	考查	第1组，必须选1～3门
		1011117001	科技论文写作	20	1	2	考查	
		1207026010	科技论文写作	20	1	1,2	考查	
		1411117001	研究生论文写作指导	20	1	2	考查	第1组，必须选1～3门
		1500005001	工程伦理与学术道德	20	1	1,2	考试	
		1502026010	金融经济学	48	3	1	考试	
		1512026002	战略管理研究	48	3	2	考试	
		1512026006	创新管理研究	40	2.5	2	考试	
		1552396004	项目管理案例分析	24	1.5	1,2	考查	
		1612047001	公共组织与组织行为学	40	2.5	2	考试	
		1612047009	人力资源管理	24	1.5	2	考试	
		XX0004XXXX	前沿与交叉课程	—	—	1/2	考试或考查	
必修环节		6400006004	论文开题报告及文献阅读综述 I	0	0	1,2	考查	必修
		6400007001	工程和创新实践	0	2	1/2	考查	必修
		6400007004	工程领域前沿讲座	0	1	1,2	考查	必修
		6400007005	工程领域重大专题报告	0	1	1,2	考查	必修
		6400007006	中期考评	0	0	1,2	考查	必修

　　课程教学采用学校集中授课和学院分散授课等多种模式，形式包括堂授、研讨、线上线下相结合的项目式混合教学等。可由校内导师组织不少于3位专家（其中1位为课程任课教师）组成考核小组，按照教学大纲与博士生研究方向结合考核合格后获得学分。

　　6. 必修环节

　　"工程领域前沿讲座"是工程博士生参加不少于10次校内或行业相关研讨会。由导师团队认定合格后获得学分。

　　"工程领域重大专题报告"由工程博士生结合其参与的工程领域重大专题（项目）在校内为研究生举行至少1次公开的高水平学术报告，由导师团队认定合格后获得学分。

"工程和创新实践"是在导师团队指导下开展的工程技术研发或工程项目管理，以及针对新技术或新产品或新制度或新产业的开发、考察、宣传和评估活动。工作量不少于 40 学时，完成不少于 8000 字的工程创新实践报告，由导师团队认定合格后获得学分。

7. 学位论文

（1）基本要求

学位论文选题应来自相关工程领域的重大、重点工程项目，并具有重要的工程应用价值。学位论文内容应与解决重大工程技术问题、实现企业技术进步和推动产业升级紧密结合，可以是工程新技术研究、重大工程设计、新产品或新装置研制等。

（2）学位论文工作

学位论文相关工作按《电子科技大学研究生学位授予实施细则》的规定执行。

16.2.2 机械专业学位博士培养方案

学科名称：机械专业学位

专业代码：085500

机械领域博士专业学位以服务国家制造的重大战略需求，适应创新型国家建设需要，满足国家重大工程项目和重要科技攻关项目对高层次工程应用型创新人才的需求为宗旨，依托我校在电子信息领域的综合优势，将电子信息学科优势与机械学科深度有机融合，加快智能制造和人工智能的进程，满足智能制造装备、智能制造技术、高端机器人等迫切需求，在机械领域具有国内领先水平和较大国际影响力；机械及其相关领域也是区域协调发展中最重要的组成部分之一，是各区域产业的基础条件，是区域社会经济发展的支撑系统，可以引导和促进区域经济的快速、健康发展，带来巨大的社会和经济效益，促进和谐社会的构建、全面建成小康社会的实现。

1. 培养目标

紧密结合国家经济社会和工程科技发展的重大（重点）需求，面向战略性产业工程实际，以立德树人为根本，培育和践行社会主义核心价值观，培养掌握相关工程领域坚实宽广的理论知识和系统深入的专门知识，具备解决复杂工程技术问题、进行工程技术创新、组织工程技术研究开发工作的能力，能够把握国际产业及行业技术发展态势，具有高度社会责任感的高层次工程科技创新引领型人才，为培养造就工程科技领军人才奠定坚实基础。

（1）品德素质要求：拥护中国共产党的领导，热爱祖国，遵纪守法，恪守学术道德，遵循工程伦理规范，具有高度的社会责任感、良好的职业素养和团队合作精神，矢志服务国家工程科技进步和社会发展。

（2）基本知识要求：适应科技进步和经济社会发展的需要，掌握本领域坚实宽广的基础理论、系统深入的专业知识和工程技术基础知识；熟悉本领域工程科技发展态势与前沿方向，掌握相关的人文社科及工程管理知识；熟练掌握一门外国语。

（3）基本能力要求：掌握本领域工程科技研究的先进方法，具备解决本领域复杂工程技术问题、进行工程科技创新以及规划和组织实施工程科技研发的能力，具备良好的沟通协调能力，具备国际视野和跨文化交流能力。

2. 研究方向

（1）机器人技术

（2）装备智能技术

（3）产品智能设计与数值仿真技术

（4）智能装备可靠性与优化

（5）智能电气技术与装备

3. 培养方式和学习年限

工程类博士专业学位研究生采用全日制学习方式。

工程类博士专业学位研究生采用校企双导师或导师组联合指导制。培养计划、课程教学、实践创新和学位论文工作等培养环节由校企双方共同制定和实施，共同遴选导师组成导师团队。

学位论文工作要紧密结合国家科技重大专项、重大研发计划或企业重大攻关项目等重大（重点）工程研发项目进行，培养博士生进行工程科技创新的能力。

博士生在学期间要积极参加专业实践活动，应具备国际研修、国际学术交流或参与国际联合项目研发的经历，培养工程实践能力，拓宽学术视野。

工程类博士专业学位研究生学习年限一般为四年，最长学习年限不超过六年。

4. 学分与课程学习基本要求

总学分要求不低于 16 学分，其中课程学分 12 学分，必修环节 4 学分。公共基础课必修，学位课不少于 6 学分，专业课（包括专业基础课和专业选修课）不少于 4 学分，其他选修课不少于 1 学分。

5. 课程设置

机械专业学位博士课程设计见表 16.2.2。

表 16.2.2 机械专业学位博士课程设置

类　别		课程编号	课程名称	学　时	学　分	开课学期	考核方式	备　注
学位课	公共基础课	1700005002	博士研究生英语	60	2	1,2	考试	必修
		1800005004	中国马克思主义与当代	36	2	1	考试	
	专业基础课	0408026006	机电一体化传感器及驱动器	40	2	2	考试	必修
		0408026007	现代设计理论与方法	40	2	2	考试	
		0408026008	现代测试导论	40	2	2	考试	
		0408026011	智能控制	40	2	2	考试	
		1100016002	应用数学理论与方法	60	3	2	考试	
		1107016002	偏微分方程	60	3	1	考试	
		1107016005	数值分析	60	3	1/2	考试	
非学位课	专业选修课	0408027001	振动理论与声学原理	40	2	1	考查	
		0408027002	微机电系统设计与制造	40	2	1	考查	
		0408027009	电子设备热设计	40	2	2	考试	
		0408027010	可靠性设计	40	2	2	考查	
		0408027014	现代机械强度理论及应用	40	2	1	考查	
		0408027015	电磁兼容性结构设计	40	2	1	考查	
		0408027017	设备加速试验及数据分析	40	2	2	考查	
		0408028001	学科前沿知识专题讲座	20	1	1	考查	必修
	其他选修课	0411117001	研究生论文写作基础	20	1	2	考查	必修
		1500005001	工程伦理与学术道德	20	1	1,2	考试	

续表

类　　别		课程编号	课程名称	学　时	学　分	开课学期	考核方式	备　注
非学位课	其他选修课	1502026010	金融经济学	48	3	1	考试	
		1512026002	战略管理研究	48	3	2	考试	
		1512026006	创新管理研究	40	2.5	2	考试	
		1512027004	人力资源管理	40	2.5	2	考查	
		1552396004	项目管理案例分析	24	1.5	1,2	考查	
		1612047001	公共组织与组织行为学	40	2.5	2	考试	
		XX0004XXXX	前沿与交叉课程	—	—	1/2	考试或考查	
必修环节		6400006004	论文开题报告及文献阅读综述 I	0	0	1,2	考查	必修
		6400007001	工程和创新实践	0	2	1/2	考查	必修
		6400007004	工程领域前沿讲座	0	1	1,2	考查	必修
		6400007005	工程领域重大专题报告	0	1	1,2	考查	必修
		6400007006	中期考评	0	0	1,2	考查	必修

课程分为学位课、非学位课、必修环节 3 部分。

课程教学采用学校集中授课和学院分散授课等多种模式，形式包括堂授、研讨、线上线下相结合的项目式混合教学等。可由校内导师组织不少于 3 位专家（其中 1 位为课程任课教师）组成考核小组，按照教学大纲与博士生研究方向结合考核合格后获得学分。

6. 必修环节

"工程和创新实践"是在导师团队指导下开展的工程技术研发或工程项目管理，以及针对新技术或新产品或新制度或新产业的开发、考察、宣传和评估活动。工作量不少于 40 学时，完成不少于 8000 字的工程创新实践报告，由导师团队认定合格后获得学分。

"工程领域前沿讲座"是工程博士生参加不少于 10 次校内或行业相关研讨会。由导师团队认定合格后获得学分。

"工程领域重大专题报告"由工程博士生结合其参与的工程领域重大专题（项目）在校内为研究生举行至少 1 次公开的高水平学术报告，由导师团队认定合格后获得学分。

7. 学位论文

（1）基本要求。

学位论文选题应来自相关工程领域的重大、重点工程项目，并具有重要的工程应用价值。学位论文内容应与解决重大工程技术问题、实现企业技术进步和推动产业升级紧密结合，可以是工程新技术研究、重大工程设计、新产品或新装置研制等。

（2）学位论文工作。

学位论文相关工作按《电子科技大学研究生学位授予实施细则》的规定执行。

16.2.3　材料与化工专业学位博士培养方案

学科名称：材料与化工专业学位

专业代码：085600

"材料与化工"是研究材料的制备、组成、结构及性能与应用相互关系的学科，研究对象包括电、磁、声、光、热、力及新型功能材料的理论、设计、制备、检测及应用，研究过程涉及信息的获取、转换、存储、处理与控制。

电子科技大学是首批"双一流"A 类建设高校，电子信息材料及应用的研究和开发是本学科的特色和优势。本学科现有国家级人才、博士生导师、教授、副教授以及一批青年博士组成的学术队伍，拥有适应学科发展的实验设施和充足的科研人才培养经费。

随着科学技术的发展，本学科与其他学科的交叉越来越紧密，同时，作为当代文明的重要支柱，本学科已成为现代科学技术发展的先导和基础，与当代社会发展有着极为密切的依存关系。

1. 培养目标

瞄准科技前沿和国家发展的重大需求，以国家科技重大专项、国家重点研发计划等重大和重点项目为依托，培养材料与化工领域的领军人才，学位获得者应满足以下要求：

（1）拥护中国共产党的领导，热爱祖国，遵纪守法，恪守学术道德，遵循工程伦理规范，具有高度的社会责任感、良好的职业素养和团队合作精神，矢志服务国家工程科技进步和社会发展。

（2）适应科技进步和经济社会发展的需要，掌握本领域坚实宽广的基础理论、系统深入的专业知识和工程技术基础知识；熟悉本领域工程科技发展态势与前沿方向，掌握相关的人文社科及工程管理知识；熟练掌握一门外语。

（3）掌握本领域工程科技研究的先进方法，具备解决本领域复杂工程技术问题、进行工程科技创新以及规划和组织实施工程科技研发的能力，具备良好的沟通协调能力，具备国际视野和跨文化交流能力。

2. 研究方向

（1）电子材料与器件

（2）新能源材料与器件

（3）纳米复合材料与工程

（4）材料基因工程

（5）有机及高分子功能材料与工程

（6）印制电路与印制电子技术

3. 培养方式和学习年限

工程类博士专业学位研究生采用全日制学习方式。

工程类博士专业学位研究生采用校企双导师或导师组联合指导制。培养计划、课程教学、实践创新和学位论文工作等培养环节由校企双方共同制定和实施，共同遴选导师组成导师团队。

学位论文工作要紧密结合国家科技重大专项、重大研发计划或企业重大攻关项目等重大（重点）工程研发项目进行，培养博士生进行工程科技创新的能力。

博士生在学期间要积极参加专业实践活动，应具备国际研修、国际学术交流或参与国际联合项目研发的经历，培养工程实践能力，拓宽学术视野。

工程类博士专业学位研究生学制为 4 年，最长学习年限不超过 6 年。

4. 学分与课程学习基本要求

总学分要求不低于 16 学分，其中课程学分 12 学分，实践环节 4 学分。公共基础课必修，专业课程学分不少于 4 学分，其他选修课不少于 1 学分。

5. 课程设置

课程设置详见表 16.2.3。

表 16.2.3　材料与化工专业学位博士课程设置

类　　别		课程编号	课程名称	学　时	学　　分	开课学期	考核方式	备　注
学位课	公共基础课	1700005002	博士研究生英语	60	2	1,2	考试	必修
		1800005004	中国马克思主义与当代	36	2	1	考试	必修
	专业基础课	0308056001	材料物理学	50	2.5	1	考试	
		0308056003	高等固体物理	40	2	2	考试	
非学位课	专业选修课	0308057001	纳米电子学与自旋电子学	40	2	2	考试	必修
		0308057010	材料设计与计算	30	1.5	2	考查	
		0308057024	物理与化学电源前沿	40	2	1	考查	

续表

类　　别		课程编号	课程名称	学　时	学　分	开课学期	考核方式	备　注
非学位课	其他选修课	0311117001	研究生论文写作指导	20	1	2	考查	必修
		1500005001	工程伦理与学术道德	20	1	1,2	考试	
		1502026010	金融经济学	48	3	1	考试	
		1512026002	战略管理研究	48	3	2	考试	
		1512026006	创新管理研究	40	2.5	2	考试	
		1512027004	人力资源管理	40	2.5	2	考查	
		1552396004	项目管理案例分析	24	1.5	1,2	考查	
		1612047001	公共组织与组织行为学	40	2.5	2	考试	
必修环节		6400006004	论文开题报告及文献阅读综述 I	0	0	1,2	考查	必修
		6400007001	工程和创新实践	0	2	1/2	考查	必修
		6400007004	工程领域前沿讲座	0	1	1,2	考查	必修
		6400007005	工程领域重大专题报告	0	1	1,2	考查	必修
		6400007006	中期考评	0	0	1,2	考查	必修

6. 必修环节

（1）课程考核。

课程教学采用学校集中授课和学院分散授课等多种模式，形式包括堂授、研讨、线上线下相结合的项目式混合教学等。可由校内导师组织不少于3位专家（其中1位为课程任课教师）组成考核小组，按照教学大纲与博士生研究方向结合考核合格后获得学分。

（2）实践环节考核。

"工程领域前沿讲座"是工程博士生参加不少于10次校内或行业相关研讨会。由导师团队认定合格后获得学分。

"工程领域重大专题报告"由工程博士生结合其参与的工程领域重大专题（项目）在校内为研究生举行至少1次公开的高水平学术报告，由导师团队认定合格后获得学分。

"工程和创新实践"是在导师团队指导下开展的工程技术研发或工程项目管理，以及针对新技术或新产品或新制度或新产业的开发、考察、宣传和评估活动。工作量不少于40学时，完成不少于8000字的工程创新实践报告，由导师团队认定合格后获得学分。

7. 学位论文

（1）基本要求。

学位论文选题应来自相关工程领域的重大、重点工程项目，并具有重要的工程应用价值。学位论文内容应与解决重大工程技术问题、实现企业技术进步和推动产业升级紧密结合，可以是工程新技术研究、重大工程设计、新产品或新装置研制等。

（2）学位论文工作。

学位论文相关工作按《电子科技大学研究生学位授予实施细则》的规定执行。

16.2.4　交通运输专业学位博士培养方案

学科名称：交通运输专业学位

专业代码：086100

交通运输系统是区域协调发展中最重要的组成部分之一，是各区域产业的基础条件，是区域社会经济发展的支撑系统。本专业学位授权点发挥学校电子信息学科人才培养的优势，在借鉴国内外知名高校交通运输工程领域课程设置的基础上，制定高水平的培养方案；采用全日制和非全日制相结合、校企导师组联合指导的方式来培养博士生；学位论文选题应来自交通运输工程领域的重大、重点工程项目，研究内容应与解决重大工程技术问题与创新管理问题、实现企业技术进步和推动产业升级紧密结合。本专业学位授权点教学科研条件完备，以"通信抗干扰技术国家重点实验室"、教育部"传感工程技术重点实验室"、"电子测试技术与仪器教育部工程研究中心"以及"电子与通信系统虚拟仿真实验"国家实验教学示范中心为依托，建有9个实验室和1个研究所，为人才培养提供强有力的保障。此外，还与中国航天科工集团第二研究院、中国电科第二十九研究所，以及华为成都研究所等企业联合建立了校外实践基地，能有效满足和支撑研究生实践教学的需要。

近5年，作为第一完成单位在交通运输相关领域获得国家科学技术进步奖或技术发明奖（二等及以上）1项、省部级科学技术进步奖或技术发明奖（一等及以上）3项。承担国家或省部级重大、重点工程类科技项目或重大横向委托课题28项，研究经费6000万元。近5年，本单位在交通运输相关领域，每年专任教师人均科研经费437.8万元，科研总经费年均4027.6万元，其中省部级及以上重大、重点工程类项目、重大横向委托课题（500万元以上项目）经费年均3500万元。

1. 培养目标

瞄准科技前沿和国家发展的重大需求，以国家科技重大专项、国家重点研发计划等重大和重点项目为依托，培养交通运输工程领域的领军人才，学位获得者应具有：

（1）坚持党的基本路线，热爱祖国，遵纪守法，品德良好；

（2）学风严谨，具有事业心和为工程科学献身的精神，积极为社会主义现代化建设服务；

（3）坚实宽广的基础理论和系统深入的专门知识；

（4）设计复杂工程解决方案、组织核心技术创新和实施大型项目管理的能力；

（5）全球性的行业视野以及战略思维与规划能力；

（6）具有规划和组织实施工程技术研究开发的能力；在推动产业发展和工程技术进步方面作出创造性成果；

（7）能独立地、创造性地从事本领域内的科研工作并取得行业认同的科研成果。

2. 研究方向

（1）交通运输系统故障诊断与预测。

（2）交通信息处理及智能控制。

（3）智能交通。

（4）空中交通管理及信息工程。

（5）交通工程技术。

3. 培养方式和学习年限

工程类博士专业学位研究生采用全日制学习方式。

工程类博士专业学位研究生采用校企双导师或导师组联合指导制。培养计划、课程教学、实践创新和学位论文工作等培养环节由校企双方共同制定和实施，共同遴选导师组成导师团队。

学位论文工作要紧密结合国家科技重大专项、重大研发计划或企业重大攻关项目等重大（重点）工程研发项目进行，培养博士生进行工程科技创新的能力。

博士生在学期间要积极参加专业实践活动，应具备国际研修、国际学术交流或参与国际联合项目研发的经历，培养工程实践能力，拓宽学术视野。

工程类博士专业学位研究生学习年限一般为 4 年，最长学习年限不超过 6 年。

4. 学分与课程学习基本要求

总学分要求不低于 16 学分，其中课程学分 12 学分，学位课不少于 6 学分，专业课（包括专业基础课和专业选修课）不少于 4 学分，其他选修课不少于 2 学分，必修环节 4 学分。公共基础课必修。

5. 课程设置

交通运输专业学位博士课程设置见表 16.2.4。

表 16.2.4　交通运输专业学位博士课程设置

类　别		课程编号	课程名称	学　时	学　分	开课学期	考核方式	备　注
学位课	公共基础课	1700005002	博士研究生英语	60	2	1,2	考试	必修
		1800005004	中国马克思主义与当代	36	2	1	考试	必修
	专业基础课	0608116006	先进控制技术	40	2	1	考试	专业核心课
		0608116007	高级人工智能	40	2	2	考试	
		0608616002	交通大数据与人工智能	40	2	2	考试	
		0608616004	飞行器总体设计与先进制造技术	40	2	1	考试	
		1008116008	现代飞行器 GNC 理论	40	2	2	考试	
		1008256009	交通运输系统工程	40	2	2	考试	
非学位课	专业选修课	0608117008	计算机视觉	40	2	1	考试	
		0608617019	旋转机械故障诊断技术	20	1	2	考试	
		1008256005	现代测控通信技术	40	2	2	考试	
		1008256016	导航与制导系统	40	2	1	考试	
		1008257018	空间交通管理系统	40	2	2	考查	
	其他选修课	0611117001	研究生论文写作指导	20	1	1	考查	必须选 1～2 门
		1011117001	科技论文写作	20	1	2	考查	
		1500005001	工程伦理与学术道德	20	1	1,2	考试	
		1502026010	金融经济学	48	3	1	考试	
		1512026002	战略管理研究	48	3	2	考试	
		1512026006	创新管理研究	40	2.5	2	考试	
		1552396004	项目管理案例分析	24	1.5	1,2	考查	
		1612047001	公共组织与组织行为学	40	2.5	2	考试	
		1612047009	人力资源管理	24	1.5	2	考试	
必修环节		6400006004	论文开题报告及文献阅读综述 I	0	0	1,2	考查	必修
		6400007001	工程和创新实践	0	2	1/2	考查	必修
		6400007004	工程领域前沿讲座	0	1	1,2	考查	必修

续表

类　　别	课程编号	课 程 名 称	学　　时	学　　分	开课学期	考 核 方 式	备　　注
必修环节	6400007005	工程领域重大专题报告	0	1	1,2	考查	必修
	6400007006	中期考评	0	0	1,2	考查	必修

课程分为学位课、非学位课、必修环节 3 部分。

工程博士专业学位研究生的课程设置分为 3 大类，结合个人从事的重大科技项目，在导师团队指导下完成课程学习和研读本领域的经典专著。

6. 必修环节

（1）课程考核。

课程教学采用学校集中授课和学院分散授课等多种模式，形式包括堂授、研讨、线上线下相结合的项目式混合教学等。可由校内导师组织不少于 3 位专家（其中 1 位为课程任课教师）组成考核小组，按照教学大纲与博士生研究方向结合考核合格后获得学分。

（2）实践环节考核。

"工程领域前沿讲座"是工程博士生参加不少于 10 次校内或行业相关研讨会。由导师团队认定合格后获得学分。

"工程领域重大专题报告"由工程博士生结合其参与的工程领域重大专题（项目）在校内为研究生举行至少 1 次公开的高水平学术报告，由导师团队认定合格后获得学分。

"工程和创新实践"是在导师团队指导下开展的工程技术研发或工程项目管理，以及针对新技术或新产品或新制度或新产业的开发、考察、宣传和评估活动。工作量不少于 40 学时，完成不少于 8000 字的工程创新实践报告，由导师团队认定合格后获得学分。

7. 学位论文

（1）基本要求。

学位论文选题应来自相关工程领域的重大、重点工程项目，并具有重要的工程应用价值。学位论文内容应与解决重大工程技术问题、实现企业技术进步和推动产业升级紧密结合，可以是工程新技术研究、重大工程设计、新产品或新装置研制等。

（2）学位论文工作。

学位论文相关工作按《电子科技大学研究生学位授予实施细则》的规定执行。

16.3　案例三

国防科技大学

16.3.1　培养目标

统筹国防和军队当前建设与未来发展需要，着力培养有灵魂、有本事、有血性、有品德，服务国防和军队建设发展战略需求，引领军事科技创新发展，具有国际竞争力的创新型高端人才和未来领导者。培养军政素质好，身心健康，掌握控制科学与工程学科坚实宽广的基础理论和系统深入的专门知识，具备战略思维、国际视野和国际竞争力，具有独立从事或组织开展技术创新、战法创新、管理创新和科学研究工作的能力，能够立足学科前沿、开展创新研究的高级专门人才。军人博士研究生必须具备适应军队建设和一体化联合作战的需要，锻炼成长为高层次参谋、指挥和管理人才的基本能力和素质。

1. 专业知识

在具有扎实的数理和力学知识、控制科学与工程基础理论和工程技术的基础上，系统地掌握控制系统理论、复杂系统理论、智能系统理论以及控制系统分析、设计和综合方法。深入了解本学科或所研究领域的发展动态，以及机械、电子、计算机、通信等相关领域的基本理论和工程技术。

2. 业务能力

能够熟练查阅检索各类文献和信息资源，追踪并了解控制科学与工程学科相关学术研究前沿动态，具备独立获取新知识的能力，具有独立开展或组织科学研究工作的能力，能够制定相应的研究计划和实施方案，进行系统的理论研究、应用开发和实验工作。善于提出问题、发现问题，具备正确分析问题和创造性解决问题的能力，能独立地解决科研工作中出现的难题，在科学研究工作中做出创造性成果。具有熟练运用外语进行学术表达和交流的能力，具备一定的组织管理能力和较强的团队协作能力。

3. 全面素质

树立正确的世界观、人生观和价值观；掌握马克思主义、毛泽东思想、邓小平理论、"三个代表"重要思想、科学发展观、习近平新时代中国特色社会主义思想，并能运用这些理论正确分析社会问题；具有坚定的共产主义信念和爱国主义精神。具有高尚的科学道德和敬业精神，掌握科学的思维和方法，坚守学术道德，坚持勤于学习、勇于创新，具备较强的团队精神。具有良好的身心素质和环境适应能力，能够适应国防建设需要和国民经济建设需要。

具有能从事本专业教学、科学研究或管理工作的专业素质。

16.3.2　学科简介和研究方向

1. 学科简介

学校控制科学与工程学科具有良好的建设基础，获得了国家"985 工程""211 工程"和军队"2110"重点建设支持。本学科创建于 1958 年，1981 年获首批博士学位授予权，2007 年被评为一级学科国家重点学科，最新一轮学科评估结果为 A。

学科拥有以兼职院士、国务院学科评议组成员、长江特聘教授、国家杰青基金获得者、国家级教学名师、973 首席科学家、教育部新世纪优秀人才、军队科技领军人才、军队育才奖获得者等为代表的导师队伍；以国家和军队重大战略需求为牵引，着力解决智能无人系统、精确制导武器等高新武器中的关键科学与技术问题，凝练了人工智能理论与应用、智能无人系统、自主导航与精确制导、智能控制工程、智能决策与协同打击、脑科学与认知、系统工程等特色学科方向；承担了以国家自然科学基金重大研究计划集成项目、863/973、国家重点研发计划等为代表的基础研究项目 100 余项、武器型号重点项目 60 余项，取得了以 2 项国家自然科学奖二等奖、1 项国家技术发明奖二等奖、1 项国家科技进步奖二等奖、20 余篇 ESI 高被引论文（前 3%）为代表的一大批科研学术成果。

2. 研究方向

国防科技大学博士生研究方向见表 16.3.1。

表 16.3.1　博士生研究方向和主要内容

序　号	研究方向名称	主要研究内容
1	人工智能理论与应用	人工智能认知机理与模型、高级机器学习算法与模型、无人系统自主智能与集群智能模型和算法、跨媒体大数据智能模型、自主可控人工智能开源软件支撑技术等相关的基础理论、技术、方法和应用
2	智能无人系统	自主感知与认知、自主决策与运动规划、多源融合定位与高精度运动控制、人机共融控制、作战仿真、指挥控制、有人 - 无人协同控制、集群控制、类脑控制、特种 / 微纳 / 仿生无人平台设计方面基础理论、关键技术及工程应用
3	自主导航与精确制导	仿生导航、全源导航、协同导航与组网定位、快速机动对准、重力测量与重力场建模、地球位场导航、智能导引头、亚 - 跨 - 超音速制导控制、多模信息融合制导、容错飞行控制、微小型一体化导航制导与控制、半实物仿真和作战环境模拟等相关的基础理论、技术、方法和应用

续表

序　号	研究方向名称	主要研究内容
4	智能控制工程	悬浮控制、大功率直线推进、智能检测与维护、超导技术等方面开展相关的基础理论、技术和应用；中低速、高速、超高速磁浮系统和无人机电磁弹射、磁浮火箭撬、磁浮风洞、磁浮隔振、磁浮飞轮、磁浮惯性稳定平台等工程应用的核心技术
5	智能决策与协同打击	无人 - 有人系统态势 / 意图识别、任务规划、复杂系统资源优化、意外事件自主决策与实时规划、自主集群行动控制、人机智能协同规划等相关的基础理论、技术、方法和应用
6	脑科学与认知	认知智能、脑 - 机智能融合、类脑智能、认知评估与增强、生物视觉机理及计算机视觉模型、视觉信息处理、装备脑控技术、高通量脑机接口技术、脑成像与智能信息处理、类脑计算与机器学习
7	系统工程	系统科学理论，系统分析与优化，决策理论与方法，需求与集成，信息系统工程，武器装备效能评估，复杂通信网络的分析与控制技术，智慧能源管理、能源行为分析、能源互联网规划、微电网优化设计技术
8	系统仿真	系统仿真研究仿真建模理论与方法、仿真系统与技术、仿真应用工程、数学建模与数据分析

16.3.3　培养方式

采用课程学习、科研实践与学位论文研究相结合，实行导师负责制，提倡校内外（国内外）双导师联合指导或导师组团队指导。

导师是研究生培养的第一责任人，要严格落实立德树人职责，导师组协助导师进行指导工作。由导师负责指导研究生制订个人培养计划，指导研究生选课、课程学习、论文选题和进行学位论文研究等工作，并做好研究生的思想政治工作。

16.3.4　学习年限

研究生的基本学制和学习年限，按照《国防科技大学军人研究生学籍管理规定》《国防科技大学无军籍研究生学籍管理规定》执行。

16.3.5　学分要求

1. 学分制
实施培养过程学分制，课程学习及关键培养环节均纳入学分要求。

2. 最低学分要求
军人研究生 12.5 学分、无军籍研究生 11.5 学分。

16.3.6　课程要求

1. 课程设置

见课程目录。

2. 课程学分要求

（1）最低学分要求

军人研究生 7 学分、无军籍研究生 6 学分。

（2）公共基础系列课程学分要求

只修政治学分，军人研究生 4 学分、无军籍研究生 3 学分。

（3）学科专业课程学分要求

控制科学与工程学科 700 级（含）以上课程不少于 3 学分。

（4）其他课程学分要求

鼓励研究生选修数学、物理、方法论或其他自然科学基础等课程。允许研究生选修国内外高水平大学和研究机构的课程学分。对跨学科录取的博士生，由导师根据培养目标、研究需要和博士生知识结构等在培养方案 500、600 级课程中选取，列入个人培养方案，并要求通过考核（不计学分）。

16.3.7　培养环节设置

培养环节包括入学教育、课程学习计划、论文研究计划、选课与开题、中期考核、学术交流活动、实习实践等，培养环节不少于 5.5 学分。

1. 入学教育（1 学分）

博士研究生要求入学教育合格。具体要求按照学校有关规定执行。

2. 课程学习计划

个人课程学习计划是研究生修课的基本依据，不计入培养环节学分。第一学期入学 1 个月内，应在导师指导下完成个人课程学习计划的制订。

3. 论文研究计划

结合开题工作，博士研究生在导师指导下制订个人学位论文研究计划，不计入培养环节学分。博士研究生必须掌握本研究领域的国内外高水平期刊和国际会议的最新动态，就本学科尤其是所研究领域的文献有比较系统的阅读和调研，至少详细阅读 50 篇以上文献，且外文文献不少于 25 篇，外文文献精读不应少于 10 篇，写出读书报告并经导师检查合格。

对文献进行归纳总结，进行批判性的评价，撰写文献综述与调研报告 1 份以上（含），并在课题组以上范围内做出公开报告。文献阅读与调研不达标不能开题。

4. 选题与开题（1 学分）

（1）论文选题。

学位论文应在广泛深入的文献研读和调查研究基础上，结合国家下达的科研项目或重大工程项目提出的关键性问题或其他有关科研课题，以符合控制科学与工程及相关领域范围，符合学科建设发展，能充分利用本单位及本部门技术条件为基本原则，充分考虑博士生的专业特长和兴趣，选择具有较大的学术价值，对国防和军队建设以及国民经济发展有一定的理论和实际意义的课题。选题要能做出创造性成果。鼓励在学科前沿和交叉学科领域进行选题。

博士研究生入学后即在导师指导下开始进行学位论文的选题、开题准备，原则上在第三学期开学 2 个月内完成开题。

（2）开题报告。

选题完成后要根据学校的有关规定撰写开题报告，并以开题报告会的形式进行开题。

开题报告必须包括国内外研究发展现状、主要研究内容、关键技术问题、主要创新点预计、拟采用的技术路线、研究可行性、预期达到的成果形式、工作计划、主要参考文献等。

开题报告应吸收有关教师和研究生参加，跨学科的学位论文选题应聘请相关学科的导师参加。

开题报告需经评议小组评议通过。开题报告未通过者，若重新开题，需经本人申请，导师同意，一般由原评审小组成员进行评审。

（3）开题通过者，进入下一阶段学习。无法按时完成开题的，可适当申请延期，最长可延期 12 个月。

5. 中期考核（1 学分）

博士研究生第五学期开学 2 个月内，组织开展中期考核。考核由学院主导完成，主要内容包括军政素质、课程学习、论文开题、课题进展、身心健康等方面进行全面考评，未通过者予以分流。

6. 学科基础知识考核（0.5 学分）

博士学位论文申请评阅前，应通过学科基础知识考核，考核以考试形式组织，满分 100 分，60 分为通过，每人最多有三次考核机会，未通过者予以分流。

7. 学术交流活动（1 学分）

博士研究生应面向全校作公开的学术报告至少 1 次，必须参加不少于 20 次学院及以上单位组织的学术交流活动，其中至少有 2 次为所在学科领域的国际高水平学术会议。参加学术交流活动后，须撰写不少于 500 字的总结报告，交导师审核签署意见。

8. 实习实践（1 学分）

博士研究生必须参加一定的教学（或科研、管理或社会）实践，并提交总结报告。参加实习实践后，须撰写不少于 2000 字的总结报告，交实践负责人审核签字，并上传到研究生教育管理信息系统。

必须承担下列实践一项：

（1）教学实践。讲授或指导 1 个本科生教学班的习题课 12 学时以上；或负责 1 个本科生教学班 48 学时以上课程的辅导答疑和批改作业；或辅助指导本科生毕业设计 1 人次以上；或担任 1 门本科生课程的助教工作；或其他相当工作量的教学工作。

（2）科研实践。参加科研项目，完成相当于助理人员 2 个月工作量的科研工作；或参加全校性（含）以上的研究生层次的科技竞赛活动。

（3）管理实践。参加 1 次学院本科毕业生综合演练并担任（或协助）相关的专业指挥和管理工作或其他相当工作量的管理工作。

（4）部队代职、调研实践。需到部队、军事院校或军事指挥机关进行至少 1 次为期 4 周的代职或调研。在代职或调研时，应结合专业研究课题或明确的研究任务，解决专业相关的实际问题。

16.3.8　学位申请及毕业

研究生学位申请及毕业要求按《国防科技大学学位工作细则（暂行）》《国防科技大学军人研究生学籍管理规定（试行）》《国防科技大学无军籍研究生学籍管理规定（试行）》等有关规定执行，详见表 16.3.2。

表 16.3.2　控制科学与工程博士研究生培养方案学分要求

学 分 要 求	总学分：军人学员 ≥ 12.5 学分，无军籍学员 ≥ 11.5 学分； 课程学分：军人学员 ≥ 7 学分，无军籍学员 ≥ 6 学分； 其他培养环节学分：5.5 学分			
课 程 类 别	课 程 名 称	学　　分	开课学期	备　　注
公共基础政治： 军人学员 ≥ 4 学分 无军籍学员 ≥ 3 学分	中国马克思主义与当代	2	春	必修
	习近平强军思想专题研究（博）	1	春	军人必修
	马克思主义经典著作选读	1	春	必修

续表

学 分 要 求	总学分：军人学员 ≥ 12.5 学分，无军籍学员 ≥ 11.5 学分； 课程学分：军人学员 ≥ 7 学分，无军籍学员 ≥ 6 学分； 其他培养环节学分：5.5 学分			
课 程 类 别	课 程 名 称	学 分	开课学期	备 注
学科专业课程（700 级 （含）以上课程 ≥ 3 学分）	700 级课程			1. 具体要求由导师自行确定； 2. 可选课程详见课程目录
	800 级课程			
其他课程	不纳入学分要求			

培 养 环 节	学 分	备 注
入学教育	1	
选题与开题	1	
培 养 环 节	学 分	备 注
中期考核	1	
学科基础知识考核	0.5	
学术交流活动	1	
实习实践	1	
课程学习计划		不计入学分
论文研究计划		不计入学分

16.4 案例四

清华大学

16.4.1 工程博士培养方案

1. 适用领域

（1）能源与环保（环境学院、核研院）

（2）先进制造（机械系、精仪系）

（3）电子与信息（电子系、计算机系、微纳电子系、软件学院）

2. 培养目标

工程博士专业学位获得者，应在相关工程技术领域具有坚实宽广的基础理论和系统深入的专门知识；应具备解决复杂工程技术问题、进行工程技术创新以及规划和组织实施工程技术研究开发工作的能力；应在推动产业发展和工程技术进步方面做出创造性成果。

3. 培养方式

工程博士生的培养结合重大工程技术中的关键问题，实行校企合作、多学科交叉培养。采取校内导师和企业导师联合指导的方式，并根据研究课题组成指导小组；工程博士生的校内导师由我校认定的博士生导师担任，企业导师由重大工程技术合作企业或相关领域资深专家担任，一般应具有正高级专业技术职称。跨学科的论文研究，应聘请相关学科的专家作为指导小组成员。

学习年限一般为 3 ～ 5 年。

4. 课程学习及学分要求

工程博士生课程要求应根据培养目标和培养对象的特点设置，总学分不少于 10 学分。可根据工程博士生的知识结构、行业背景和研究需要按需选课。

● 工程领域前沿讲座（1 学分）（99998021）

邀请国内外同行专家开设讲座课，讲授行业前沿、工程案例、管理理念和案例分析等。

● 工程领域重大专题研讨课（1 学分）（99998001）结合重大工程技术课题中的主要问题进行专题讨论。

● 工程管理类课程（2 学分） 项目管理

人力资源管理

工程经济学

国际经济法

- 领域专业课程（不少于 4 学分）

（1）专业基础课（≥ 1 门）

- 高等电动力学　　　　　　　　　（70230104）　4 学分　（考试）
- 量子电子学　　　　　　　　　　（70230223）　3 学分　（考试）
- 激光原理　　　　　　　　　　　（80230783）　3 学分　（考试）
- 固体物理　　　　　　　　　　　（80230814）　4 学分　（考试）
- 非线性光学　　　　　　　　　　（70230133）　3 学分　（考试）
- 集成光电子学概论　　　　　　　（80230793）　3 学分　（考试）
- 结构化集成电路设计　　　　　　（70230183）　3 学分　（考试）
- 高等模拟集成电路　　　　　　　（70230243）　3 学分　（考试）
- 现代电磁理论　　　　　　　　　（70230253）　3 学分　（考试）
- 半导体器件物理进展　　　　　　（71020013）　3 学分　（考试）
- 数字大规模集成电路　　　　　　（71020023）　3 学分　（考试）
- 模拟大规模集成电路　　　　　　（71020033）　3 学分　（考试）
- 数字 VLSI 系统的高层次综合　　（71020043）　3 学分　（考试）
- 集成电路的计算机辅助设计（ICCAD）（71020053）　3 学分　（考试）
- 模式识别　　　　　　　　　　　（60230023）　3 学分　（考试）
- 统计信号处理　　　　　　　　　（70230033）　3 学分　（考试）
- 应用信息论基础　　　　　　　　（70230063）　3 学分　（考试）
- 通信网理论基础　　　　　　　　（70230193）　3 学分　（考试）
- 近代数字信号处理　　　　　　　（70230233）　3 学分　（考试）
- 现代信号处理　　　　　　　　　（70230323）　3 学分　（考试）

（2）专业课

在导师指导下选修本领域开设的专业课程。

- 选题报告（1 学分）

选题报告包含选题背景及其意义、研究内容、技术难点、预期成果及可能的创新点等。选题报告以口试方式进行，由指导小组成员进行考查。

- 企业调研（1 学分）（99998011）

组织工程博士生到国内外知名企业考察与调研，学习企业先进经验，拓宽视野，提交调研报告，由导师负责考核。

5. 学位论文研究工作要求

论文选题结合重大工程技术中的关键问题作为研究课题，应与解决重大工程技术问题、实现企业技术进步和推动产业升级紧密结合，学位论文研究成果应具有创新性和实用性。

工程博士生每年应向导师提交研究工作进展报告，并在领域内做口头报告。

工程博士生须在学位论文工作基本完成后，至迟于正式申请答辩前三个月，做最终研究报告，由指导小组审查。

最终研究报告通过后方可进入提交论文送审及申请答辩程序。

6. 研究成果要求

工程博士生在学期间应作为主要研究人员参加并完成一项重大工程技术研究课题，作为主要撰写人完成综合性工程科技报告。公开发表的与重大专项相关的研究成果应署名清华大学，须发表 EI 或 SCI 收录的期刊论文 1 篇且须满足以下要求之一：

（1）以第一发明人身份获得国内外已授权发明专利；

（2）以排名前 1/2 身份获得省部级二等奖及以上奖励；

（3）领域认可的国际、国家或行业标准；

（4）设计方案已被采纳实施或研究成果鉴定通过。

电子系与微纳电子系对发表论文的相关解释参见电子与通信工程学位分委员会制定的《研究生在学期间发表论文基本要求实施细则》中的相关规定。

16.4.2 工程博士生培养方案（清华大学创新领军）（适用于 2018 级）

1. 培养目标

创新领军工程博士专业学位获得者，应在相关工程技术领域具有坚实宽广的基础理论和系统深入的专门知识，应具备解决复杂工程技术问题、进行工程技术创新以及规划和组织实施工程技术研究开发工作的能力，能够在工程领域做出创新性成果。

2. 专业学位类别及适用领域

工程（代码 0852）：

- 能源与环保（建筑学院、土木工程系、水利水电工程系、环境学院、能源与动力工程系、电机工程与应用电子技术系、工程物理系、化学工程系、核能与新能源技术研究院）

- 先进制造（机械工程系、精密仪器系、汽车工程系、工业工程系、航天航空学院、

材料学院）

- 电子与信息（电子工程系、计算机科学与技术系、自动化系、微电子与纳电子学系、医学院、软件学院、网络科学与网络空间研究院）

3. 培养方式

创新领军工程博士生的培养应结合重大工程技术问题，实行校企合作、多学科交叉培养。鼓励采取校内导师和企业导师联合指导方式，并鼓励根据研究课题组成论文指导小组；创新领军工程博士生校内导师由我校认定的博士生导师担任，企业导师由合作企业或相关领域专家担任，一般应具有正高级专业技术职称。

基本修业年限为 3 ～ 4 年，最长修业年限 8 年。

4. 课程学习及学分要求

总学分不少于 10 学分。可根据工程博士生的知识结构、行业背景和研究需要按需选课。

（1）创新模块（3 学分，必修）

- 工程领域前沿讲座（1 学分）（99998021）

邀请国内外同行专家开设讲座课，讲授行业前沿、工程案例、管理理念和案例分析等。

- 工程领域重大专题研讨课（1 学分）（99998001）

针对工程领域重大专题进行研讨。

- 企业调研（1 学分）（99998011）

组织工程博士生到国内外知名企业考察与调研，学习企业先进经验，拓宽视野，提交调研报告，由导师负责考核。

（2）工程领域专业课程（不少于 2 学分）

在导师指导下选修不少于一门与所从事工程领域相关的专业课。

（3）领导力及职业素养模块（不少于 4 学分）

- 工程伦理（新开课，必修，1 学分）
- 领导与沟通（2 学分）（60168012）
- 批判性思维（新开课）
- 项目管理
- 人力资源管理
- 工程经济学
- 国际经济法

（4）选题报告（1学分）

选题报告包含选题背景及其意义、研究内容、技术难点、预期成果及可能的创新点等。选题报告以口试方式进行，按领域方向进行考查。

5. 学位论文研究工作要求

论文选题应与解决重大工程技术问题、实现企业技术进步和推动产业升级紧密结合，学位论文研究成果应具有创新性和实用性。

工程博士生应定期向导师汇报研究工作进展，并在领域方向内做口头报告。

工程博士生须在学位论文工作基本完成后，至迟于正式申请答辩前三个月，做最终研究报告，按领域方向进行审查。

最终研究报告通过后方可进入提交论文送审及申请答辩程序。

6. 研究成果要求

工程博士生在学期间应作为主要研究人员参加并完成一项重大工程技术研究课题。公开发表的与重大工程技术相关的研究成果应与学位论文相关，并署名清华大学为第一单位，且须满足以下要求之一：

（1）以第一发明人身份获得国内或国外已授权发明专利；

（2）以排名前二分之一身份获得省部级二等奖及以上奖励；

（3）以第一作者发表 EI 或 SCI 检索论文 1 篇；

（4）领域认可的国际、国家或行业标准；

（5）设计方案已被采纳实施或研究成果鉴定通过。

16.5　案例五

西安交通大学

16.5.1　培养目标

为了贯彻落实《国家中长期人才发展规划纲要》、《国家中长期教育改革与发展规划纲要》和《国家中长期科学和技术发展规划纲要》，设立工程博士专业学位。面向企业，依托国家重大科技专项，结合行业前沿技术和发展趋势，在"先进制造"和"电子与信息工程"领域，培养造就应用型、复合型、创新能力强的高层次专门人才，使其成为工程技术创新的引领者和组织者，成为高层次技术与管理的复合型领军人才。

工程博士专业学位获得者应具有相关工程技术领域坚实宽广的理论基础和系统深入的专门知识；具备解决复杂工程技术问题、进行工程技术创新及规划、组织实施工程技术研究开发工作的能力；在推动产业发展和工程技术进步方面作出创造性成果。

16.5.2　招生领域

（1）先进制造

（2）电子与信息

16.5.3　培养方式

工程博士专业学位研究生培养实行产学研协同、导师团队指导、个性化培养新模式。导师团队由 3～5 人组成，由校内教师、校外专家构成，其中主导师由校内教师担任，校外专家由在企业或科研院所长期从事工程领域相关研究、取得显著成果，并具有正高或同等专业水平的人员担任。

导师团队应依据培养方案要求，按照"扬长补短"的原则，与工程博士生共同制订培养计划。主导师负责与研究生共同制订课程学习计划并检查督促研究生的课程学习。导师团队负责指导工程博士研究生论文选题、科研工作、专业实践、中期考核、学位论文撰写和答辩等各个环节。

16.5.4　课程学习及学分要求

工程博士生的课程体系由专业基础、专业技术、人文社科、经济学、组织管理、法律等构成。课程应体现综合性、前沿性和交叉性，根据培养对象的特点和培养目标要求进行个性化设计，结合实际工作需要，加强薄弱环节，突出优势和特色。工程博士生的培养过程实行学分制管理，包括课程学习和必修环节两部分，总学分应不少于 30 学分，其中课程学习至少完成 10 学分（学位课程 6 学分），必修环节 20 学分。

课程包括：公共学位课（政治理论）、专业学位课、专业选修课。专业学位课可在本学院制定的博士生学位课目录中选修，专业选修课可在全校研究生课程目录中选修。

必修环节包括：讲座（2 学分）、开题报告（2 学分）、中期考核（6 学分）、科技或工程报告撰写（2 学分）、专业实践（8 学分）。

关于工程博士专业学位研究生课程设计与要求见表 16.5.1。

表 16.5.1　工程博士专业学位研究生课程设置与要求

课程分类	课程编号	课程名称	学　分	备　注
学位课程	MLMD600114	中国马克思主义与当代	2	必修 2 学分
	—	在本学院制定的博士生学位课 目录中选修	—	至少选修 4 学分
选修课程	—	可在全校研究生课程目录中选修	—	至少选修 4 学分
必修环节	BXHJ800399	学术活动（讲座）博	2	必修 20 学分
	BXHJ800499	开题报告（博）	2	
	BXHJ800199	中期考核（博士）	6	
	BXHJ801099	科技或工程报告撰写	2	
	BXHJ800899	专业实践（工博）	8	

16.5.5　科技或工程报告撰写

工程博士生在学习期间，需在校内外导师指导下，完成一项科技报告或工程报告的撰写，培养工程博士生结合企业（行业）工程实际，进行工程技术创新、解决复杂工程技术问题的能力。由校内外导师对报告撰写质量进行把关并签署书面审核意见，提交学院审核通过后计 2 学分。

16.5.6　专业实践

专业实践是工程博士生培养的重要环节，实践周期不少于 6 个月，依托国内外知名企业、研究所以及创新港各研究院等，围绕其研究方向开展实践工作，具体实践形式、内容、时间由导师团队根据工程博士生情况制定。专业实践结束后，工程博士生需提交由实践企业或研究机构签署意见的书面实践报告（书面实践报告应包括行业发展前沿和趋势的介绍），通过由导师组织的实践汇报答辩，并提交学院审核通过后记 8 学分。

16.5.7　学习年限

全日制工程博士生学习年限为 3 ～ 5 年，非全日制工程博士生学习年限为 3 ～ 6 年。非全日制工程博士生在校学习时间累计不少于 4 个月。

16.5.8　学位论文

工程博士生学位论文是评价能否授予学位的根本条件，学位论文须在导师团队指导下由工程博士生本人独立完成。

根据从事研究的领域与内容，工程博士生学位论文类型可以多样性。工程博士生学位论文的内容可以是应用基础及前沿研究，也可以是科技知识的创造性应用，如先进的重大实验装置的发明、重大工程项目的设计、重大关键技术的突破等，但无论哪种形式论文，都要充分反映利用理论知识解决重大工程实践问题、实现企业技术进步的能力，都必须是本人在工程实践项目中的实际贡献及创造性成果。学位论文还应反映本人是否已掌握了本领域基础理论及专业技术知识，具有本领域核心技术发展跟踪及创新研究能力和国际竞争力。

工程博士生应在第 3 学期末之前由导师团队组织进行开题报告会并对选题进行审查和把关，具体安排根据学院规定执行。

工程博士生中期考核一般安排在入学第四学期，开题报告不通过者不得进行中期考核。中期考核主要考核工程博士生课程学习情况、选题报告及所研究课题进展情况、语言能力（含外语）等。中期考核未通过者，可申请参加随后一学期的补考核，再次考核仍未通过者，应办理结业或肄业手续，结束学籍。

工程博士生学位论文初稿完成后，由相关学院组织预答辩。预答辩通过后，修改并正式提交论文，按照博士学位论文答辩相关规定申请答辩。

工程博士生申请学位的社会评价成果应与学位论文内容相关，并在攻读学位期间取得，形式包括学术论文、发明专利、行业标准、科技奖励等，具体参见《西安交通大学关于工程博士学位申请的补充规定》（西交研〔2015〕29 号）。

课程设置

关于西安交通大学博士生的课程设置见表 16.5.2。

表 16.5.2　课程设置

组别	课程编号	课程名称	学时	学分	上课时间	授课方式	考试方式	计入总学分	必选	备注
11	141006	中国马克思主义与当代	36	2	秋季	讲授	考试	是	否	
12	022035	Structure-property Relations of Materials	40	2	春下	讲授	考试	是	否	
12	051003	神经网络理论及应用	40	2	秋下	讲授	考试	是	否	
12	051006	数字信号处理	40	2	春下	讲授	考试	是	否	
12	051007	泛函分析及应用	40	2	春下	讲授	考试	是	否	
12	051009	Internet 原理与技术	32	2	秋下	讲授	考试	是	否	
12	052001	通信网络理论及其应用	40	2	秋上	讲授	考试	是	否	
12	052003	时频分析及其在工程中的应用	40	2	春上	讲授	考试	是	否	
12	052004	Digital Image Processing	60	3	秋季	讲授	考试	是	否	
12	052007	计算机视觉	40	2	春上	讲授	考试	是	否	
12	052015	信号检测与估值	60	3	秋季	讲授	考试	是	否	
12	052016	视频处理与通信	40	2	春上	讲授	考试	是	否	
12	052017	信息论与编码	60	3	春季	讲授	考试	是	否	
12	052019	多传感信息融合	40	2	春上	讲授	考试	是	否	
12	052021	并行计算机体系结构	32	2	春季	讲授	考试	是	否	
12	052022	计算机网络理论及应用	32	2	春季	讲授	考试	是	否	
12	052026	并行计算理论	40	2	春上	讲授	考试	是	否	
12	052027	高等数理逻辑	32	2	春下	讲授	考试	是	否	
12	052030	人工智能原理与技术	40	2	秋上	讲授	考试	是	否	
12	052035	信息系统建模理论与方法	40	2	秋下	讲授	考试	是	否	
12	052036	机器学习与数据挖掘	60	3	春季	讲授	考试	是	否	
12	052043	算法分析与复杂性理论	40	2	春上	讲授	考试	是	否	
12	052059	等离子体电子学	40	2	春下	讲授	考试	是	否	
12	052061	晶体物理	60	3	秋季	讲授	考试	是	否	
12	052065	超大规模集成电路设计	40	2	秋上	讲授	考试	是	否	
12	052071	射频微电子学	40	2	春上	讲授	考试	是	否	
12	052073	天线与无线电波传播	60	3	秋季	讲授	考试	是	否	
12	052075	高等电磁理论（B）	60	3	春季	讲授	考试	是	否	
12	052098	System Optimization and Scheduling	40	2	秋下	讲授	考试	是	否	

续表

组别	课程编号	课程名称	学时	学分	上课时间	授课方式	考试方式	计入总学分	必选	备注
12	052100	机器学习与人工神经网络	40	2	春上	讲授	考试	是	否	
12	052101	智能计算	40	2	春上	讲授	考试	是	否	
12	052113	信息安全工程	40	2	秋下	讲授	考试	是	否	
12	052122	非线性光学及其应用	40	2	春上	讲授	考试	是	否	
12	052129	可信计算 - 理论与技术	40	2	春下	讲授	考试	是	否	
12	052131	高等电磁理论（A）	60	3	秋季	讲授	考试	是	否	
12	052132	线性空间与矩阵分析	60	3	秋季	讲授	考试	是	否	
12	052165	现代反演理论及其应用	60	3	秋季	讲授	考试	是	否	
12	052178	无线通信	40	2	春上	讲授	考试	是	否	
12	052183	非线性系统分析与控制	40	2	春下	讲授	考试	是	否	
12	052184	复杂网络与社会网络分析	40	2	秋下	讲授	考试	是	否	
12	052198	Optimization Theory and Its Applications in Signal	40	2	春上	讲授	考试	是	否	
12	052202	Computational Cognitive Science and Engineering	40	2	春下	讲授	考试	是	否	
12	052217	分布式系统	32	2	春季	讲授	考试	是	否	
12	053174	Multi-Antenna Techniques and Their Applications	40	2	秋季	讲授	考试	是	否	
12	053176	网络空间安全概论	20	1	春下	讲授	考试	是	否	
12	053178	密码学理论与实践	40	2	秋下	讲授	考试	是	否	
12	053180	高级图论	40	2	春下	讲授	考试	是	否	
12	053181	网络攻防与博弈论	40	2	秋上	讲授	考试	是	否	
12	072125	Optimization Method	32	2	春秋季	讲授	考试	是	否	
12	091003	计算方法（B）	102	3	秋季	讲授	考试	是	否	
12	091004	工程优化方法及其应用	40	2	春上	讲授	考试	是	否	
12	091006	数理统计	40	2	秋下	讲授	考试	是	否	
12	091007	随机过程	40	2	春上	讲授	考试	是	否	
12	112004	高等计算机网络与通信	40	2	春季	讲授	考试	是	否	
12	112044	并行计算架构与模式	40	2	秋季	讲授	考试	是	否	
12	112085	自然语言处理	40	2	春季	讲授	考试	是	否	
12	112096	机器学习	40	2	秋季	讲授	考试	是	否	
14	001969	科技或工程报告撰写	0	2	春秋季	讲授	考查	是	是	
14	001986	开题报告（博）	0	2	春秋季	讲授	考查	是	是	

组别	课程编号	课程名称	学时	学分	上课时间	授课方式	考试方式	计入总学分	必选	备注
14	001994	中期考核（博士）	0	6	春秋季	讲授	考查	是	是	
14	001999	学术活动（讲座）博	0	2	春秋季	讲授	考查	是	是	
14	991001	专业实践（工博）	0	8	春秋季	讲授	考查	是	是	

备注：

1. [25]: 外语课

2. [11]: 公共课

3. [12]: 专业学位课（根据导师指导，在本学院制定的博士生学位课目录中选修）

4. [16]: 选修课（根据导师指导，在全校研究生课程目录中选修）

5. [14]: 必修环节

16.6　案例六

浙江大学

16.6.1　培养目标及基本要求

致力于培养德智体美劳全面发展、具有全球竞争力的高素质创新人才和领导者。电子信息工程类博士专业学位应紧密结合我国经济社会和科技发展需求，面向企业（行业）工程实际，坚持以立德树人为根本，培育和践行社会主义核心价值观，培养在相关工程领域掌握坚实宽广的理论基础和系统深入的专门知识，具备解决复杂工程技术问题、进行工程技术创新、组织工程技术研究开发工作等能力，具有高度社会责任感的高层次工程技术人才，为培养造就工程技术领军人才奠定基础。

1. 品德素质

拥护中国共产党的领导，热爱祖国，具有高度的社会责任感；服务科技进步和社会发展；恪守学术道德规范和工程伦理规范。

2. 知识结构

掌握本工程领域坚实宽广的基础理论、系统深入的专门知识和工程技术基础知识；熟悉相关工程领域的发展趋势与前沿，掌握相关的人文社科及工程管理知识；熟练掌握一门外国语。

3. 基本能力

具备解决复杂工程技术问题、进行工程技术创新、组织工程技术研究开发工作的能力及良好的沟通协调能力，具备国际视野和跨文化交流能力。

16.6.2　培养方向

控制工程。

16.6.3　学制及授予学位标准

学制：工程类博士专业学位研究生的学制一般为 4 年。

毕业和授予学位标准如下：

（1）修完必修课程且达到本专业培养方案最低课程学分要求。

（2）完成所有培养过程环节考核并达到相关要求。

（3）通过学位论文答辩，学位论文答辩要求详见《控制学院研究生学位申请管理实施细则》。

（4）符合学校规定的其他毕业要求。

（5）创新成果要求：按《电子信息类别控制工程领域专业学位研究生申请学位的创新成果标准（2022 年）》执行。

16.6.4　质量保证体系

培养遵循以下制度：《浙江大学研究生学位申请实施办法（试行）（浙大发研〔2020〕45 号）》，《浙江大学博士硕士学位论文抽检及结果处理办法（试行）（浙大发研〔2020〕40 号）》，《浙江大学工程类专业学位研究生学位申请实施细则（试行）（浙大研院发〔2021〕32 号）》，《控制学院研究生学位申请管理实施细则》，《电子信息类别控制工程领域专业学位研究生申请学位的创新成果标准（2022 年）》等。

16.6.5　学位论文相关工作

1. 读书（学术、实践）报告

在读期间应提交 6 篇以上读书（学术）报告，其中公开在学科或学院（系）的学术论坛做读书（学术）报告 2 次以上。书面形式的文献摘录、读后感等不能认定为读书报告。详见《控制学院关于研究生学位申请管理的实施细则》。

2. 专业实践环节

电子信息工程类博士的培养是引领企业技术创新的工程技术领军人才，为了提高工程博士的工程实践能力，博士生应结合导师团队的研究方向和合作企业需要，参与一年以上的专业实践。工程博士在答辩前应作为主要成员参与校企合作或企业技术攻关，在研究生院信息系统中提交企业工程实践报告 2 份，完成以上要求环节，共计 8 学分。详见《控制学院关于研究生学位申请管理的实施细则》。

3. 开题报告

（1）应于入学后 1 年内完成学位论文开题报告。

（2）博士生开题报告准备期间，需研读指导教师提供或认可的 10 ~ 20 篇与其研究方向相关的文献。

（3）博士生应就学位论文的选题背景和意义，国内外研究综述，课题的主要研究内容、潜在的创新点和关键技术，拟采取的研究方案和技术路线，已取得的阶段性成果及与前人工作的区别，进一步工作的难点和关键，以及进度安排等进行说明，撰写《浙江大学研究生学位论文开题报告》。

（4）电子信息工程类专业学位博士研究生学位论文选题应来自相关工程领域的重大、重点工程项目，并具有重要的工程应用价值。内容应与解决重大工程技术问题、实现企业技术进步和推动产业升级紧密结合，可以是工程新技术研究、重大工程设计、新产品或新装置研制等。

（5）开题报告的考核由各研究所负责组织，以公开答辩方式进行。详见《控制学院关于研究生学位申请管理的实施细则》。

4. 中期考核（检查）

（1）博士生中期考核一般在入学满 1 年后进行；

（2）考核小组由至少 5 位副高级及以上职称的专家组成（企业专家不少于 1/3），其中至少 3 人具有博士生招生资格，至少 2 人为非本研究所的教师或专家；

（3）中期考核一般以公开答辩的形式进行，由研究所组织实施。详见《控制学院研究生学位申请管理实施细则》。

5. 论文中期进展

研究生应在开题报告后 1 年内，撰写《浙江大学研究生学位论文中期进展报告》，并公开进行学位论文中期进展报告评审。详见《控制学院研究生学位申请管理实施细则》。

6. 预答辩（预审）

研究生通过学位论文预审预答辩后，方可申请学位论文正式评阅。

研究生应提前一周将《控制学院研究生学位论文预答辩／预审申请表》、《控制学院研究生学位论文预审记录表》和学位论文递交给预答辩专家审核。预审预答辩一般以公开答辩方式进行，研究生应提前三天张贴预答辩公告。

16.6.6　课程设置及学分要求

1. 课程设置

关于浙江大学博士研究生的平台课程和方向课程见表 16.6.1 和表 16.6.2。

表 16.6.1　平台课程

必修／选修	课程性质	课程编号	课程名称	学分	总学时	开课学期	备注
必修	公共学位课	0500011	研究生英语应用能力提升	2	64	春、夏、秋、冬	

续表

必修/选修	课程性质	课程编号	课程名称	学分	总学时	开课学期	备注
必修	专业学位课	3142001	信息与计算前沿及应用	2	32	春	大类平台课程
必修	专业学位课	3202001	研究生论文写作指导	1	16	秋	
必修	公共学位课	3310001	中国马克思主义与当代	2	32	春、夏、秋、冬	
必修	专业学位课	5141089	工程前沿技术讲座	2	32	秋冬	案例教学类课程
必修	专业学位课	6043907	工程管理	2	32	秋冬	领导力与职业（科技）伦理课程

表 16.6.2 方向课程

必修/选修	课程性质	课程编号	课程名称	学分	总学时	开课学期	备注
选修	专业选修课	3204002	物理信息系统理论与技术前沿	2	32	秋	
选修	专业选修课	3211002	先进控制理论与方法	3	48	秋冬	
选修	专业选修课	3211003	智能感知与检测专题	2	32	春	
选修	专业选修课	3211004	模式识别与高级人工智能	2	48	秋、冬	
选修	专业选修课	3213001	数据安全与隐私	2	32	冬	
选修	专业选修课	3213002	先进优化理论与方法	2	32	春	
选修	专业选修课	3213003	传感与检测前沿	2	32	夏	
选修	专业选修课	3213004	先进机器人技术	1	16	春	

2. 学分要求

总课程学分至少 14 学分，其中：（1）公共学位课 4 学分（见平台课程）；（2）专业课程 10 学分，包括：专业学位课 7 学分（见平台课程），专业选修课 3 学分（见方向课程）。专业学位课超过部分学分按专业选修课计学分。

国际学生公共学位课设置为：汉语 2 学分，中国概况 2 学分，汉语水平与测试 1 学分。

港澳台地区研究生可用国情课程学分代替公共学位课程系列政治理论类课程学分。

第**17**章

部分课程教学大纲——"线性系统"

17.1 课程基本情况

"线性系统"理论课程的基本情况见表 17.1.1。

表 17.1.1 课程基本情况

课程编号	X081105501	开课学期	秋 季	学 分	3	学 时	54
课程名称	（中文）线性系统理论						
	（英文）Linear System Theory						
课程类别	专业理论课						
教学方式	课堂讲解、专题研讨						
考核方式	期末闭卷考试（70%）+ 综合大作业（30%）						
适用专业	控制科学与工程						
先修课程	高等数学、线性代数、信号与系统、自动控制理论						
教材与参考书	[1] ChiTsong Chen. Linear System Theory and Design, 3rd, Oxford University Press, INC. 1998. [2] 段广仁 . 线性系统理论 [M]. 2 版 . 哈尔滨：哈尔滨工业大学出版社，2004. [3] 郭雷 . 控制理论导论——从基本概念到研究前沿 [M]. 北京：科学出版社，2005. [4] 郑大钟 . 线性系统理论 [M]. 2 版 . 北京：清华大学出版社，2002. [5] 凯拉斯 . 线性系统 [M]. 李清泉，等译 . 北京：科学出版社，1985. [6] 陈启宗 . 线性系统理论与设计 [M]. 2 版 . 北京：科学出版社，1988. [7] W.M. 旺纳姆 . 线性多变量控制：一种几何方法 [M]. 北京：科学出版社，1984. [8] IEEE Control Systems Society. Twenty-five Seminal Papers in Control. IEEE Press, 1998.						

17.2 课程简介

"线性系统"是控制科学与工程专业的一门专业基础核心课程。线性系统是现代控制理论中最基本最成熟的分支，具有其基本的重要性，它一方面在航空、航天、过程控制等领域中起到重要作用；另一方面也为现代控制的其他分支提供理论基础。本课程对于学员系统深入地学习控制理论与控制工程，模式识别与智能控制，检测技术与自动化装置和导航，制导与控制等专业的专门知识具有非常重要的意义。通过本课程的教学，使学员熟练掌握线性系统理论的基本概念、思想和方法，具备解决实际控制问题的能力，为今后从事控制系统的分析和设计打下坚实的专业基础。

17.3 教学目标

通过讲授"线性系统"的基本概念和方法，让控制科学与控制工程等专业的研究生加深对控制科学基本观念和分析方法的理解，同时向计算机科学、通信科学、数学、物理学和管理科学等学科和专业的研究生提供控制科学的思维武器，并通过不同学科学员的交流来加深对控制科学的理解。

17.4 课程内容及教学方法

关于"线性系统"理论课程的内容和方法见表 17.4.1。

表 17.4.1 课程内容及教学方法

教学内容	学 时	教学方法
第 1 章 引言 本课程研究的基本思路：建模—分析—综合设计；了解学科发展和应用的历史与现状、关键性成果及主要人物；了解状态空间法、多项式矩阵法、代数方法和几何方法等线性系统理论的几种研究方法。重点要求掌握本课程的研究思路，强调将数学与物理相结合、时域与频域相结合来理解有关概念的重要性，突出多视角研究问题的观念和思维方式	2	课堂讲解
第 2 章 系统的数学描述 输入输出描述与状态空间描述的有关基本概念，理解线性系统与非线性系统，定常系统与时变系统，集中参数系统与分布参数系统等系统分类方式。重点掌握状态、因果性、物理可实现性等系统层次的概念	2	课堂讲解
第 3 章 数学预备知识 介绍有关数学知识，要求重点掌握：线性代数方程的解、Lyapunov 方程的解、约当型以及凯莱 - 哈密顿定理等，并理解它们在系统分析与设计中的作用	2	课堂讲解
第 4 章 状态方程的解和实现问题 本章主要研究状态方程的解和实现问题。要求重点理解"响应 = 零状态响应 + 零输入响应"的思路和状态转移矩阵、代数等价等概念，掌握定量分析的基本方法	6	课堂讲解

续表

教 学 内 容	学　　时	教 学 方 法
第 5 章　稳定性 本章主要研究稳定性问题，介绍稳定性分析的有关概念与判据。要求掌握有界输入有界输出稳定性（外部稳定）、临界稳定和渐近稳定（内部稳定）等概念，稳定性分析的基本方法、Lyapunov 稳定性定理	6	课堂讲解
补充输入到状态稳定（Input-to-State Stable, ISS）的概念，解析其内涵，掌握 ISS 与外部稳定性和内部稳定性等概念的区别和联系	6	课堂讲解
第 6 章　能控性和能观性 本章主要研究能控性、能观性问题，介绍有关基本概念和判据。要求体会基本概念，理解对偶原理和规范分解的内容，掌握能控性、能观性有关判据以及规范分解的有关方法	8	课堂讲解
第 7 章　最小实现和互质分解 本章重点研究线性时不变系统的最小实现问题，并介绍互质分解的概念及其计算方法	6	课堂讲解
第 8 章　状态反馈与状态估计器 本章研究基于状态方程模型的综合设计问题。要求掌握状态反馈和状态观测器的设计方法，理解分离原理的意义与局限性，理解对偶原理在状态反馈和状态观测器的设计中的关系	6	课堂讲解
第 9 章　极点配置与模型匹配 本章重点研究极点配置与模型匹配问题。要求理解问题的背景、掌握解决问题的基本思路和方法	8	课堂讲解

17.5　课程实践环节

1. 专题研讨Ⅰ，人工智能与控制（2 学时）

2. 专题研讨Ⅱ，系统控制的数理修养（2 学时）

3. 专题研讨Ⅲ，控制工程师的工程素养（2 学时）

4. 专题研讨Ⅳ，控制工程师的思维素养（2 学时）

工程博士研究生培养方案调研报告

18.1 概况

本次调研对象主要面向的高校包括：清华大学、浙江大学、国防科学技术大学、西安交通大学、北京航空航天大学、西北工业大学、哈尔滨工业大学等，均为国内控制科学与工程学科工程博士培养的优势高校。

调研内容主要包括工程博士培养方案的培养目标、培养方式、课程设置与学分要求、学位论文与成果要求等方面。

18.2 课程设置与学分要求分析

各高校工程博士研究生培养方案中的课程设置分为学位理论课和工程实践课两类，课程体现出综合性、前沿性和交叉性，但各高校对工程博士研究生课程学习的学分要求各有不同，从 10 ~ 30 学分不等，各高校的课程设置与学分要求具体情况如下所示：

（1）清华大学：总学分要求不少于 10 学分，可根据工程博士研究生的知识结构、行业背景和研究需要按需选课，具体学分要求包括工程领域前沿讲座（1 学分）、工程领域重大专题研讨课（1 学分）、工程管理类课程（2 学分）、领域专业课程（不少于 4 学分）、选题报告（1 学分）、企业调研（1 学分）。

（2）浙江大学：总课程学分至少 14 学分，其中：公共学位课 4 学分，专业课程 10 学分，包括：专业学位课 7 学分，专业选修课 3 学分。专业学位课超过部分学分按专业选修课计学分。

（3）国防科学技术大学：总学分要求军人研究生不少于 12.5 学分，无军籍研究生不少于 11.5 学分。课程学分要求军人研究生不少于 7 学分、无军籍研究生不少于 6 学分。其中，公共基础系列课程只修政治学分，军人研究生不少于 4 学分、无军籍研究生不少于 3

学分；学科专业课程学分要求控制科学与工程学科 700 级（含）以上课程不少 3 学分。鼓励研究生选修数学、物理、方法论或其他自然科学基础等课程。允许研究生选修国内外高水平大学和研究机构的课程学分。对跨学科录取的博士生，由导师根据培养目标、研究需要和博士生知识结构等在培养方案 500、600 级课程中选取，列入个人培养方案，并要求通过考核（不计学分）。此外，入学教育、课程学习计划、论文研究计划、选课与开题、中期考核、学术交流活动、实习实践等，培养环节不少于 5.5 学分。

（4）西安交通大学：总学分要求不少于 30 学分，其中课程学习至少完成 10 学分（学位课程 6 学分），必修环节 20 学分。课程包括公共学位课（政治理论）、专业学位课、专业选修课。专业学位课可在本学院制定的博士生学位课目录中选修，专业选修课可在全校研究生课程目录中选修。必修环节包括：讲座（2 学分）、开题报告（2 学分）、中期考核（6 学分）、科技或工程报告撰写（2 学分）、专业实践（8 学分）。

（5）北京航空航天大学：总学分要求不少于 25 学分，其中学位课程及环节 19 分，研究学分不少于 6 学分。其中，学位课程及环节包括思想政治理论课程组 2 学分，基础及专业理论课程组 6 学分，专业技术课程组 2 学分，科技素养课程组 6 学分，综合实践环节 3 学分。研究学分包括学生每学期提交进展报告、导师每学期 / 每月综合打分后折算学分。

（6）西北工业大学：工程类博士专业学位研究生的总学分不低于 27 学分，课程学习不低于 16 学分，其中，公共课不低于 6 学分，专业课至少必修 1 门数学或方法论课程、学分不低于 6 学分，跨领域课不低于 4 学分，学术专业交流环节 1 学分，专业实践环节 5 学分，开题报告 1 学分，阶段考核 1 学分，其他科学精神与人文素养教育培养环节 1 学分。

（7）哈尔滨工业大学：总学分要求不少于 14 学分，其中学位课不少于 8 学分，包括公共学位课程 4 学分（中国马克思主义与当代 2 学分，外语课 2 学分），学科核心课至少 4 学分（数学基础 2 学分，专业核心课至少 2 学分）；选修课不少于 2 学分；必修环节 4 学分（综合考评 1 学分，学位论文开题 1 学分，学位论文开题 1 学分，学术交流或社会实践 1 学分）。研究生英语课、研究生核心课及选修课若在硕士阶段已经修完且成绩合格，可以在工程博士阶段申请学分认定。

工程博士研究生课程设置与学分要求的现状反映了不同高校对于工程博士研究生教育的理念、目标和特色。通过对清华大学、浙江大学、国防科学技术大学、西安交通大学、北京航空航天大学、西北工业大学和哈尔滨工业大学七所高校的工程博士培养方案进行比较和分析，我们可以进一步探讨工程博士研究生课程设置的学分要求，并提供一定的指导性意见。

综合性与前沿性的平衡是工程博士研究生课程设置的关键。从各高校的课程设置中可以看出，工程博士培养方案注重培养学生的广泛知识背景和综合能力。例如，清华大学要求工程博士研究生选修工程领域前沿讲座和重大专题研讨课，浙江大学设有公共学位课、专业课和专业学位课，北京航空航天大学强调基础及专业理论课程和科技素养课程。这些课程设置使工程博士研究生能够在广泛的领域中获得前沿知识和跨学科的交叉培养。

然而，在追求综合性的同时，工程博士研究生课程设置也应紧跟科技前沿的发展。高校应积极引入最新的研究成果和前沿技术，确保工程博士研究生能够接触到最新的科学发展和工程实践。在这方面，一些高校的工程博士研究生培养方案已经体现出积极的努力。例如，国防科学技术大学鼓励研究生选修国内外高水平大学和研究机构的课程学分，西北工业大学设有跨领域课程，使学生能够进行多领域的学术交流和合作。

另一个需要思考的问题是工程博士课程学习的学分要求是否适当。从数据上看，各高校对工程博士课程学习的学分要求存在一定的差异，从 10 学分到 30 学分不等。这种差异可能与高校的教育理念、师资力量、研究重点等因素有关。然而，我们也需要反思学分要求是否过于僵化，是否能够灵活适应学生的个性化需求。

在这方面，可以考虑以下几点。首先，应注重培养学生的研究和实践能力。工程博士研究生课程设置不应仅仅停留在理论学习层面，更应注重学生的研究能力和实践能力的培养。可以通过科研项目、工程实践、实习等形式来提供更多机会让学生参与实际问题的解决和工程项目的开展。这样不仅能够提升学生的创新能力，也能够培养他们解决实际问题的能力。

其次，应灵活考虑学生个性化需求。工程博士培养方案应给予学生一定的自主权，允许他们根据自身的研究方向、背景和需求进行选课。这样可以满足学生在学术发展和职业发展方面的个性化需求，同时也能够促进他们对所学知识的深入理解和应用。

最后，应完善指导和评估机制。高校应建立健全的指导机制和评估机制，确保学生在课程学习过程中能够获得有效的指导和反馈。导师和教师在工程博士研究生课程设置中扮演着重要的角色，他们应对学生的学术能力、研究水平和实践能力进行全面评估，帮助学生发现和解决问题。

总之，工程博士研究生课程设置与学分要求的差异体现了不同高校的办学理念和培养目标。在未来的工程博士研究生教育中，应注重平衡综合性与前沿性、强调研究和实践能力的培养、灵活考虑学生个性化需求，并完善指导和评估机制。这样才能更好地培养具备深厚专业知识和创新能力的工程博士研究生人才，为科技进步和社会发展做出贡献。

18.3　培养目标分析

工程博士研究生专业学位获得者应具有相关工程技术领域坚实宽广的理论基础和系统深入的专门知识。

在培养工程博士研究生专业学位获得者时，高校旨在通过课程设置和学习要求，确保学生具备扎实的理论基础和广泛的工程技术知识。这包括对相关学科的核心理论和基本原理的全面理解，以及对新兴技术和前沿领域的了解。此外，学生还应获得深入的专门知识，以便在特定领域内进行独立的科学研究和工程实践。

工程博士研究生专业学位获得者应具备独立从事相关学科科学理论与试验研究、解决复杂工程技术问题、进行工程技术创新及规划、组织实施工程技术研究开发工作、组织实施重大（重点）工程项目和重要科技攻关项目等的能力。

工程博士研究生专业学位的培养目标之一是培养学生具备解决复杂工程技术问题的能力。学生需要熟练掌握科学研究的方法和技巧，能够运用科学理论和实验手段进行研究，并能独立思考和分析问题，提出创新的解决方案。此外，他们还需要具备规划、组织和实施工程技术研究开发工作的能力，以及领导和管理重大工程项目和科技攻关项目的能力。

工程博士研究生专业学位获得者应在推动产业发展和工程技术进步方面做出创造性成果。

培养工程博士研究生专业学位获得者的目标之一是培养他们在推动产业发展和工程技术进步方面做出创造性成果。学生需要具备创新思维和创新能力，能够识别和抓住工程领域的机遇和挑战，并提出创新的解决方案。他们还应具备将研究成果转化为实际应用的能力，促进产业的发展和工程技术的进步。他们的研究工作和成果应该能够对社会、经济和科技产生积极的影响。

工程博士研究生专业学位获得者应具备跨学科合作和交流的能力。

为了适应当今复杂的工程问题和跨学科的特性，工程博士研究生专业学位获得者需要具备跨学科合作和交流的能力。他们应具备与其他学科专家进行有效合作和沟通的能力，以解决涉及多个领域的复杂工程问题。跨学科合作不仅能够提供不同学科的知识和经验，还能促进创新思维和解决问题的多样化方法。

工程博士专业学位获得者应具备国际化视野和全球化竞争力。

随着全球化的进展，工程领域的竞争已经不再局限于国内市场。因此，工程博士专业学位获得者需要具备国际化的视野和全球化的竞争力。他们应具备了解和应用国际工程标准、规范和最佳实践的能力，能够在国际舞台上与其他工程专业人士合作和竞争。此外，他们还应具备跨文化交流和合作的能力，能够适应不同文化背景下的工作环境。

通过实施上述培养目标，工程博士专业学位的获得者将成为能够在工程领域中发挥重要作用的复合型领军人才。他们将具备广泛的工程技术知识和深入的专门知识，能够独立进行科学研究和解决复杂工程问题，具备创新能力和推动产业发展的能力，具备跨学科合作和交流的能力，以及国际化视野和全球化竞争力。他们将为国家的重大战略需求和企业的工程需求提供关键支持，并在工程技术的创新和发展中发挥重要作用。

18.4 培养方式分析

1. 基于校企合作、多学科交叉的导师组培养方式

各高校的工程博士研究生培养多采取基于校企合作、多学科交叉的导师组培养方式，通过聘请工业部门具有丰富工程实践经验的专家（原则上应具有正高职称）与高校导师组成导师组，高校导师为责任导师，企业导师为合作导师。

导师组面向相关领域国家重大战略需求、企业（行业）工程需求、重大/重点项目攻关等，制定一生一策的个性化培养方案，将工程设计、工程管理、关键技术攻关、工程技术创新和工程系统维护等相关知识贯穿于课程学习、综合实践、国内外交流和论文研究等各个培养环节，注重多学科交叉能力、创新思维能力、工程技术创新能力、国际视野和跨文化交流能力的培养。

2. 体现个性化及按需定制的培养方式

各高校根据工程博士研究生培养对象的特点和培养目标要求进行个性化设计，结合实际工作需要，加强薄弱环节，突出优势和特色。通过制订个人培养计划，由高校导师、企业导师与工程博士研究生本人共同制订工程博士研究生个人培养计划。个人培养计划在考虑工程博士研究生知识能力结构与学位论文要求的基础上，充分体现个性化及按需定制的原则。个人培养计划包括课程学习计划、专业实习实践计划和学位论文研究计划。

3. 强化实践环节，注重工程项目参与

为了提高工程博士研究生的实践能力和工程项目参与经验，培养方式应强化实践环节的设置。可以通过开展工程实践课程、组织实践项目或实习，使学生能够参与真实的工程项目，并与企业合作进行实践探索。这种实践环节的安排可以让工程博士研究生在实际工程中应用所学知识，加深对工程理论和实践的理解，培养解决实际问题的能力和团队合作精神。

4. 培养工程博士研究生的科研能力和创新意识

除了课程设置和培养方式外，培养工程博士研究生的科研能力和创新意识也是非常重要的。为此，可以采取以下措施：提供科研导向的学习环境：高校应提供充分的科研资源和实验设施，为工程博士研究生提供良好的科研平台。同时，鼓励研究生参与科研项目，与导师和其他研究人员合作开展科研工作。培养创新思维和解决问题的能力：通过开设科研方法论、创新思维培养等课程，引导工程博士研究生掌握科学研究的基本方法和技能，培养解决复杂问题的能力。鼓励学术交流和发表论文：组织学术研讨会、学术报告等活动，鼓励工程博士研究生积极参与学术交流，并鼓励发表高水平的学术论文。这有助于提高学生的学术影响力和科研能力。强化创新实践：鼓励工程博士研究生参与创新项目和科技成果转化，培养他们的创新能力和创业意识。可以建立创新创业实验室或科技园区，为学生提供创新实践的平台和资源。

5. 加强职业发展指导和就业支持

工程博士研究生毕业后，职业发展和就业问题是他们面临的重要挑战。为了帮助他们顺利过渡到职业生涯，可以采取以下措施：职业规划指导，高校可以设立职业规划指导中心，为工程博士研究生提供职业规划咨询和指导服务。通过个人咨询、职业测评等方式，帮助学生明确自己的职业目标，并制订相应的职业发展计划。就业信息资源共享，建立高校、企业和行业之间的信息共享平台，提供就业市场信息、招聘信息等资源，为工程博士研究生提供更多的就业机会和选择。职业技能培训，根据就业市场需求，开设职业技能培训课程，提供就业所需的专业技能和软技能培训，增强工程博士研究生的就业竞争力。创业支持：对于有创业意向的工程博士研究生，提供创业指导和支持，包括创业培训、创业资金支持等，鼓励他们在创新创业领域发展。

6. 加强质量评估和监管机制

为了确保工程博士研究生课程的质量和培养效果，需要建立健全的质量评估和监管机制：定期评估和监测：制定评估指标和标准，定期对工程博士研究生课程进行评估和监测，及时发现问题并采取改进措施。强化质量监管：建立健全的质量监管机构或部门，加强对高校工程博士研究生教育的监督和指导，确保培养质量和水平。建立反馈机制：建立学生评价和反馈机制，听取学生的意见和建议，及时改进和调整培养方式和课程设置。推动国际认证：积极推动工程博士课程的国际认证，提高其国际认可度和竞争力。

通过加强科研能力和创新意识培养、职业发展指导和就业支持以及质量评估和监管机制的建立，工程博士研究生的培养将更加全面和有效。这将有助于培养出具备创新精神、实践能力和领导才能的工程博士人才，为社会和经济发展做出更大的贡献。

7. 开展国内外学术交流与合作

为了培养具有国际视野和跨文化交流能力的工程博士研究生，培养方式应注重国内外学术交流与合作。可以通过组织国际研讨会、学术论坛、国际合作项目等形式，促进工程博士研究生与国内外优秀学者和研究机构的交流与合作。这样可以让学生接触到国际前沿的研究成果和学术思想，拓宽学术视野，提高创新能力，并为未来的学术和职业发展打下坚实基础。

8. 建立跨学科培养机制

在工程博士课程设置中，应建立跨学科培养机制，鼓励工程博士研究生进行多领域的学术交流和合作。可以设立跨学科课程，引导学生学习其他领域的基础知识和方法论，促进不同学科之间的融合和交叉。同时，可以组织跨学科的研讨会和团队项目，鼓励不同学科的研究生合作开展研究工作。这样可以培养工程博士研究生的综合能力和创新能力，使他们在解决复杂工程问题时能够综合运用不同学科的知识和方法。

综上所述，通过基于校企合作、多学科交叉的导师组培养方式、个性化及按需定制的培养方式以及强化实践环节、国内外学术交流与合作、跨学科培养机制的措施，工程博士培养可以更加贴近实际需求，培养出更具综合能力、创新能力和国际竞争力的工程博士人才。这些措施的落实需要高校、企业和相关机构的共同努力和密切合作。相信通过不断优化和改进培养方式，工程博士教育将为社会和经济发展培养出更多的优秀人才，推动科技进步和工程创新。

18.5 学位论文与成果要求分析

工程博士专业学位的学位论文要求选题紧密结合相关工程领域的重大、重点工程项目，并具有重要的工程应用价值。研究内容应与解决重大工程技术问题、实现企业技术进步和推动产业升级紧密结合，可以涵盖工程新技术研究、重大工程设计、新产品或新装置研制等方面。学位论文的评价主要集中在学术水平、技术创新水平和社会经济效益上，并着重评价其创新性和实用性。

在工程博士专业学位的培养过程中，学位论文的执行遵循严格的过程管理制度，包括开题报告、中期检查、预答辩、外部评阅和正式答辩等环节。开题报告是博士研究生在进行工程实践 6 个月及以上后申请的一项重要报告。此外，工程博士生每年还需要向导师提交研究工作进展报告，并在相关领域内进行口头报告。在学位论文工作基本完成后，工程博士研究生需要在正式申请答辩前三个月内进行最终研究报告，该报告将由指导小组进行审查。只有最终研究报告通过后，才能进入论文的提交送审及申请答辩程序。

此外，各高校为工程博士专业学位设置了独立的成果要求，这些成果应与学位论文的内容相关，并且需要在攻读学位期间获得。这些成果可以包括学术论文、发明专利、行业标准、科技奖励等多种形式，具体的要求在不同高校之间可能存在差异。

工程博士学位论文和成果的要求旨在培养学生的科研能力、创新能力和学术水平，以适应国家重大战略需求和企业（行业）工程需求。通过完成学位论文和取得相关成果，工程博士学生能够在工程领域做出具有重要影响力和实际应用价值的研究成果，推动行业的发展和工程技术的进步。此外，学位论文和成果的要求也对工程博士学生的综合能力提出了较高的要求，包括科学研究能力、创新能力、团队合作能力以及组织管理能力等方面。

总而言之，学位论文与成果要求是工程博士专业学位培养过程中的重要组成部分，旨在培养学生的科研能力和创新能力，并推动相关领域的发展。通过完成学位论文和取得相关成果，工程博士研究生能够在工程领域做出具有重要影响力和实际应用价值的研究成果，为国家的发展和社会的进步做出贡献。同时，学位论文和成果的要求也对工程博士学生的综合能力提出了较高的要求，培养他们成为具有广泛影响力和领导力的工程技术与管理人才。

18.6 调研总结

在本次调研中，我们对工程博士专业学位的培养方案进行了深入研究和分析。通过对各高校的课程设置、培养方式、培养目标以及学位论文与成果要求等方面的调查，我们得出了以下结论和总结：

1. 工程博士专业学位的课程设置

课程设置以跨学科交叉为特点，注重工程设计、工程管理、关键技术攻关、工程技术创新和工程系统维护等领域的知识贯穿。

课程设置体现了个性化和按需定制的原则，根据学生的特点和培养目标进行个性化设计，突出优势和特色。

课程设置重视校企合作，通过聘请具有工程实践经验的专家与高校导师组成导师组，将工业部门需求纳入课程内容。

2. 培养方式的特点

培养方式采用基于校企合作、多学科交叉的导师组模式，高校导师与企业导师共同负责学生的培养工作。

导师组面向国家重大战略需求和企业工程需求，制定个性化培养方案，注重培养学生的多学科交叉能力、创新思维能力、工程技术创新能力和国际视野。

培养方式注重工程实践和综合实践能力的培养，通过参与重大/重点项目攻关、国内外交流和论文研究等环节，提升学生的工程实践能力和创新能力。

3. 培养目标的要求

工程博士专业学位获得者应具备广泛的工程技术领域的理论基础和深入的专门知识。

工程博士专业学位获得者应具备独立从事科学研究和工程技术创新的能力，解决复杂工程技术问题并组织实施重大工程项目。

工程博士专业学位获得者应在推动产业发展和工程技术进步方面做出创造性成果。

4. 学位论文与成果要求

学位论文的选题要求紧密结合相关工程领域的重大、重点工程项目，并具有工程应用价值。

学位论文的评价侧重于学术水平、技术创新水平和社会经济效益，强调创新性和实用性。

学位论文的完成需要按照严格的过程管理制度进行，包括开题报告、中期检查、预答辩、外部评阅和正式答辩等环节。

学位论文与成果的要求差异较大，具体形式包括学术论文、发明专利、行业标准、科技奖励等。不同高校对成果的要求可能存在差异。

综上所述，工程博士专业学位培养方案注重跨学科交叉、校企合作和个性化定制，旨在培养具备广泛知识背景、创新能力和工程实践能力的复合型人才。培养过程中注重学生的综合能力培养和实践能力的提升，通过学位论文和成果要求，促使学生在工程领域做出具有重要影响和实际应用价值的研究成果。然而，在不同高校间，工程博士专业学位培养方案和要求存在一定的差异，需要进一步研究和比较，以促进更好的培养质量和学术水平的提升。

为了进一步完善工程博士专业学位的培养方案，建议：

（1）加强不同高校之间的经验交流和合作，共同探索更加切实可行的培养模式和方案。为了更好地培养工程博士学位获得者的实际应用能力，建议在培养方案中加强实践环节和校企合作。学生应该有机会参与真实的工程项目和实践活动，与企业和行业密切合作，解决实际工程问题，应对挑战和风险。这可以通过与企业建立紧密的合作关系，共同开展研究项目、提供实习机会和行业导师的指导等方式实现。同时，学校可以设立专门的实践基地和实验室，提供先进的设备和技术支持，为学生的实践活动提供良好的条件和环境。通过实践环节和校企合作，学生能够将理论知识应用到实际问题中，提高他们的工程实践能力和解决问题的能力。

（2）注重培养学生的跨学科交叉能力和国际视野，加强与企业的合作，将实际工程问题纳入课程内容和研究课题。

（3）进一步细化学位论文和成果要求，明确评价标准，确保评价的公正性和准确性。

（4）增加学生的实践机会和科研经历，鼓励学生参与国内外学术交流和项目合作，培养国际化的研究视野。

（5）强化创新创业教育：工程博士培养方案应该注重培养学生的创新创业能力。在课程设置中引入创新创业教育的内容，包括创新思维培养、商业模式设计、知识产权保护等方面的知识和技能培养。同时，建立与创新创业相关的实践平台和资源支持体系，为学生提供切实的创业机会和支持，鼓励他们将研究成果转化为实际的商业应用。

（6）加强社会责任教育：作为高层次的工程技术人才，工程博士学位获得者应该具备较高的社会责任感和公共意识。因此，培养方案应该加强社会责任教育的内容，使学生了解和关注社会的重大问题和挑战，并培养他们解决这些问题的能力。这可以通过引入社会伦理、可持续发展等方面的课程来实现，同时鼓励学生参与社会公益活动和社区服务，培养他们的社会责任意识和领导能力。

通过我们的调研，可以看出工程博士专业学位培养方案在促进工程领域的创新发展和人才培养方面发挥了重要作用。然而，也需要进一步研究和改进，以适应不断变化的工程领域需求和发展趋势。只有不断优化培养方案和要求，加强校企合作，提升学生的创新能力和实践能力，才能培养出更多具有国际竞争力的工程博士人才，为我国的科技创新和工程进步做出更大的贡献。